U0258950

"十四五"国家重点出版物出版规划重大工程

量子科学出版工程（第四辑）

国家出版基金项目

NATIONAL PUBLICATION FOUNDATION

Fundamentals and

Experiments of

Quantum Information

石名俊　主编

量子信息基础与实验

中国科学技术大学出版社

内 容 简 介

本书以自主研发的量子前沿科技实验仪器,如金刚石量子计算教学机、光泵磁共振实验系统、红外偏振编码量子密钥分配教学机等为主要载体,介绍量子力学和量子信息基础知识,探究量子信息技术在通信、计算和精密测量等领域的应用.

图书在版编目(CIP)数据

量子信息基础与实验/石名俊主编. --合肥:中国科学技术大学出版社,2024.6
(量子科学出版工程.第四辑)
国家出版基金项目
"十四五"国家重点出版物出版规划重大工程
ISBN 978-7-312-05932-2

Ⅰ.量… Ⅱ.石… Ⅲ.量子力学 Ⅳ.O413.1

中国国家版本馆 CIP 数据核字(2024)第 056984 号

量子信息基础与实验
LIANGZI XINXI JICHU YU SHIYAN

出版	中国科学技术大学出版社
	安徽省合肥市金寨路96号,230026
	http://press.ustc.edu.cn
	https://zgkxjsdxcbs.tmall.com
印刷	合肥华苑印刷包装有限公司
发行	中国科学技术大学出版社
开本	787 mm×1092 mm 1/16
印张	15.75
字数	304千
版次	2024年6月第1版
印次	2024年6月第1次印刷
定价	78.00元

前言

先让我们看看几位大物理学家是怎么说量子力学的.

理查德·费曼说:

曾几何时, 报纸上说只有 12 个人懂得相对论. 我不相信有这样的时候. 也许曾经只有一个人明白相对论, 因为在他写论文之前, 他是唯一一个明白相对论的人. 但在人们读了这篇论文之后, 很多人都以某种方式理解了相对论, 当然不止 12 个人. 另一方面, 我想我可以有把握地说, 没有人理解量子力学.

尼尔斯·玻尔说:

没有量子世界, 只有抽象的量子物理描述. 认为物理学的任务是找出自然是如何存在的想法是错误的. 物理学关注的是我们能对自然说些什么.

阿尔伯特·爱因斯坦说:

海森伯-玻尔的镇静剂哲学——或者说宗教——设计得如此精巧, 以至于暂时为真正的信徒提供了一个温柔的枕头, 让他不容易被唤醒. 那就让他躺在那里吧.

爱因斯坦还说:

我倾向于认为, 量子力学的描述……必须被视为对现实的一种不完整的间接描述, 它将在以后被一种更完整、更直接的描述所取代.

再来看看一些凡人俗语. 一个被量子力学折腾得一头雾水的学生会如此宽慰自己:

"量子力学量力学."就是说,学习量子力学的时候要量力而行,尝试理解量子力学的时候不要过分深入,免得想来想去,想了又想,诸多感受,纷至沓来,最终想无可想.人们如果遇到难以处理的问题,或是处于难以抉择的困境,那么尽可以将责任转嫁给量子力学:"遇事不决,量子力学."

不论是名人名言,还是凡人俗语,都在告诉我们,量子力学很难学,更难理解.这实际上是我们面对某一个物理理论时两种不同的感受:力有不逮和心有不及.力有不逮指的是,这个物理理论的数学形式很复杂,公式不易推导,方程难以求解,简单地说,就是很难学.心有不及的意思是,即便完成了公式推导,求出了方程的解,却不清楚这个物理理论的基本出发点是什么,不知道数学形式如何对应于物理现象,也就是说,很难理解.量子力学给人的感受当属后者.

虽然量子力学很难理解,但是在这本书里,我们并不准备讨论这方面的话题.原因有两个:一个是,如何理解量子力学是一个延续了一百多年的问题,众说纷纭,至今尚无定论.另一个是,为了理解量子力学,势必要了解量子力学的基本形式以及一些它能处理的物理问题,也就是说,既然心有不及,那不妨先做一些力所能及的事.

基于这样的想法,我们在这本书里做了两件事:讲述最简明的理论形式,展示最前沿的实验过程.

本书的前 6 章介绍了量子力学的理论形式.为了形式的简明,我们讨论了最简单的量子系统——自旋 1/2 的粒子,或者更一般地说,双值 (或两态) 量子系统.用二维复空间中的向量便可以描述这样的系统,而且还有几何图像为我们提供形象直观的描述.更重要的是,这样的量子系统正是量子计算和量子信息研究中的基本元素.本书的后 3 章介绍了这方面的实验过程.其中的实验不仅仅是纸上谈兵,而且可以在真实的仪器 (例如国仪量子研发的量子计算教学机) 上实现.虽然本书叫作《量子信息基础与实验》,但它同时也是一本理论与实验紧密结合的量子力学教科书.

本书是集体智慧的结晶,由石名俊(中国科学技术大学)任主编,金家贵(国仪量子技术(合肥)股份有限公司)任副主编,参编人员包括钱泳君(安徽问天量子科技股份有限公司)、张昆(合肥市第一中学)、容兰(合肥市第八中学)、杨全(中国科学技术大学附属中学)、轩阳梦(合肥一六八中学)、尤付益(合肥市第四中学)、刘辉(长沙市长郡中学)、蒋海文(长沙市雅礼中学)、杨一鸣(湖南师范大学附属中学)、孙晴晴(湖北省武昌实验中学)、赵正阳(武汉市第二中学)、吴捷(江苏省天一中学)、徐地虎(江苏省锡山高级中学)、张延赐(浙江省温州中学)、谭国锋(浙江省杭州第二中学)、吕泽乾(四川省成都市第七中学)、胡金平(华南师范大学附属中学)、王树超(北京市第十一中学)、范京(北京市第二中学)、裘杭荣(浙江省衢州第二中学)、史宏博(天津英华实验学校)、王宇(鄂尔多斯市第一中学)、王文昌(天津市南开中学)、许敬川(天津市耀华中学)、宋泽亮(石家庄市第二中学)、于海滨(东北师范大学附属中学).

以这样的方式向大家介绍量子力学,是一种未有先例的尝试.书中难免存在叙述模糊甚至错误之处,恳请读者指正.

编 者

2024 年 1 月

目录

第 1 章

引言

在这本书的开始, 我们并不准备介绍量子力学的建立和发展过程中的历史事件, 原因是, 在绝大多数涉及原子物理或量子力学的教科书和科普书籍中, 都会或多或少地提到这些历史事件. 它们包括但不限于: 氢原子光谱、电子的发现、黑体辐射、放射性现象、光电效应、自旋的发现、康普顿散射等重要实验现象. 我们认为, 再一次重复叙述这些事实意义不大. 重要的是, 我们要认识到这些量子现象是如何改变人们对世界的看法的, 人们又是怎样通过这些量子现象建构了量子力学, 而量子力学又在哪些方面表现出与经典力学的不同的. 出于这样的考虑, 我们在引言中简要讨论两个问题:

(1) 量子现象的特点及其与经典现象的区别.

(2) 量子力学描述世界的方式.

1.1 量子现象

在量子力学诞生之前，经典力学就其能够解释的现象而言已经渐趋完善. 经典的物理对象, 或者说经典系统, 可以具有多种不同的性质, 比如位置、动量、能量等. 在原则上, 我们能够以任意精确的方式测得这些性质的具体数值, 而且丝毫不用担心测量一种性质的时候会对另一种性质产生影响和破坏. 这就是经典系统表现出的"大"的特点.

例如, 我们可以对某个质点的动力学行为进行明确而全面的描述. 在任意时刻, 我们可以测量质点的位置和速度, 测量过程对质点的影响非常非常小, 完全可以忽略不计. 以至于可以说, 在任意时刻, 该质点的位置和动量都具有确定的值, 而且这些值都是事先存在的——测量不过是一种使这些物理性质以数值的形式显现出来的手段而已. 用一个比喻来说就是, 月亮总是在那里, 不论晴天阴天, 也不论是农历初一还是农历十五. 经典力学的巨大成功, 以及它所描绘的符合人们直觉的世界图像, 使人们渐渐地习惯采用一种"所见即所得"的方式来看待世界——我们相信观测到的现象就是事物的根本性质, 通过分析和归纳, 我们便可以获得关于事物本质的认识. 于是, 在经典力学的术语被用来描述现象的同时, 它们也在不知不觉中被用来界定事物的性质.

当深入微观的量子世界的时候, 情况将大为不同. 如果你稍微了解一下开头提到的量子现象, 那么可以看到, 这些实验本身是针对微观粒子和微观过程的, 而实验结果却总是要表现在宏观的经典世界中. 例如, 在阴极射线管里, 我们看到的是内壁上的荧光; 在施特恩–格拉赫实验中, 观测到的结果是接收屏上的亮点或者计数器中的声响; 在碰撞或散射实验中, 观测到的是不同方向上的出射粒子的计数或者云室中的径迹; 量子现象的源头是微观世界中的量子系统, 但是体现在宏观层面的经典世界中, 具体地表现在观测仪器上. 微观世界中量子系统和宏观世界中的观测仪器在尺度上有巨大差异, 我们不能把看到的现象当作微观粒子本身. 而且, 微观粒子有"小"的特点: 观测过程必然会影响甚至破坏微观粒子原有的状态. 因此, 量子测量不能像在经典世界中的观测过程那样不言而自明, 量子现象也不能像经典现象那样不观而自在.

为了描述这些出现在经典世界中的实验结果, 我们自然而然地, 同时也是不可避免地借用了经典力学的术语. 我们可能会用这样的语言描述杨氏双缝实验的结果: "明暗相间的干涉条纹表明电子具有波动性." 但是, 当我们说这句话的时候, 应该提醒自己注意的是, 我们看到的现象仅仅是微观世界中发生的事情在宏观世界中的反映. 那里的"事情"和这里的"现象"之间有着本质上的差异. 实际上, 我们是根据这里的"现象"来推

知那里的 "事情" ——这是一个 "见著知微" 的过程. 如果我们把现象所表现出来的具有经典意味的特性 (如波动性) 随意地延伸或移植到现象的载体 (即微观粒子) 上, 认为后者也具有同样的性质, 那么就在有意或无意中将分属不同层面 (即微观层面和宏观层面) 的事物混为一谈, 由此将带来理解上的混乱. 因此, 我们宁愿以保守而稳妥的态度描述实验现象: "电子在杨氏双缝实验中表现出波动性." 也就是说, 把波动性视作对现象的描述, 而不是对性质的界定. 更明确地, 我们还应该在关于实验现象的陈述中考虑具体的实验环境, 不厌其烦地将其表述为: "在电子的杨氏双缝实验中, 不考虑、也不探测电子的路径, 即不去追问 '电子到底穿过了哪一条缝' 这样的问题, 那么将观测到干涉条纹, 说明电子在这样的实验条件下表现出波动性."

如此这般繁琐的叙述是必要的. 这是因为, 如果我们追问 "电子到底穿过了哪一条缝?" 这个问题, 那么干涉条纹将受到破坏. 这说明, 在这样的实验环境中 (即存在所谓的路径探测器), 电子会表现出一定程度的粒子性. 这里, 我们着重指出, 不论是波动性还是粒子性, 都是关于实验现象的描述, 这些描述借用了经典力学的术语, 而并不意味着微观粒子本身确实具有波动或粒子的性质. 在这个意义上, 也许换一种说法更为合适: "微观粒子在一定的实验环境中的表现行为像经典的波, 而在另一种不同的实验环境中表现得像经典的粒子." 当我们说 "A 像 B" 的时候, 我们应该明白 A 实际上并不是 B. 同样地, 在本书中经常使用的 "微观粒子" 这个词指的是某个量子系统, 而并不表示一个在空间中占据了某个小区域的真实的个体.

因此, 我们应该将语言的使用限制在对现象的描述上. 回避事物本身而只关注表面现象, 是对客观世界认识上的一种倒退. 但同时需要注意到, 这是面对未知世界时应该采取的谨慎态度. 微观世界在尺度上距离我们非常 "遥远", 在那里发生的事情只能间接地而不是直接地、是隐秘地而不是显现地影响着我们的感官. 我们站在这个大尺度的此岸, 只能用此岸的语言描述我们的感受, 甚至可以想象彼岸的场景, 但是, 我们不能贸然地将感受到、观测到的现象当作彼岸世界中的事物, 不能将臆想中的图像视作彼岸世界本身.

柏拉图在《理想国》中有一个关于 "洞穴人" 的比喻:

> 我们想象在一个洞穴里住着一些人, 宽阔的洞口大开, 能透进亮光. 他们被固定在一个位置上, 只能背着洞口看眼前的洞壁, 头也不能掉转, 因为他们的腿和脖子从一出生就被链子锁定了. 在他们背后洞外较高的地方, 有一处火焰在燃烧, 在火焰和囚徒之间有一条路, 路边有一道矮墙, 好像演木偶戏的人表演木偶戏时用的屏幕. ……有些人从这道矮墙的后面走过, 携带着各种

各样的东西——用石头、木头或其他材料制作的人或动物的偶形. ……他们
(囚徒、洞穴人) 是像我们一样的人. 他们只看见被火光映照在洞穴壁上的自
己的影子和彼此的影子, 此外他们什么也看不到. (洞外的) 人们走过这里时
携带的那些东西, 囚徒们也只能看见它们的影子. 如果囚徒们能互相谈话, 他
们在谈论看到的影子时, 不会把影子当成经过这里的实物吗? 再说, 要是有个
经过这里的人发出声音, 囚禁他们的洞穴传来回音, 他们只能认为那是他们
看见的影子发出的声音, 此外还能有什么想法吗? ……对他们来说, 唯一真实
的东西就是那些偶形的影子.

我们就像这些被囚禁的洞穴人, 我们看到的现象也如同墙上的投影. 一个人形的影
子从墙上闪过, 我们能说些什么呢? 是洞外的人的影子, 还是木偶的影子? 我们甚至不
知道洞外有些什么. 也许有一天, 正如柏拉图说的那样, 有一个人挣脱了束缚, 走出洞穴,
看到了洞外发生的一切, 终于明白原先墙上的二维的影像来自一个三维的世界. 对于我
们来说, 这样的一天就是真正地触及微观世界的时刻. 但是目前, 我们只能把观测到的
现象作为稳妥的根据地, 由此出发构造量子理论.

1.2 量子理论的形式系统和解释系统

物理理论由形式系统和解释系统组成. 形式系统又叫作理论的数学形式, 其中包含
符号和方程等数学内容; 解释系统又叫作对应规则, 它建立了形式系统中的数学表示与
客观现象或经验事实之间的联系. 例如, 在牛顿力学中, 第二定律的数学形式是 $\boldsymbol{F} = m\boldsymbol{a}$,
或者写为微分方程:

$$m\frac{\mathrm{d}^2\boldsymbol{r}}{\mathrm{d}t^2} = \boldsymbol{F} \tag{1.1}$$

其中的数学符号对应于具体的现象或观测结果: m 表示物体的质量, $\boldsymbol{r}$ 表示物体的位置,
等等. 经典力学中的解释系统或对应规则显得形象、直观, 也很自然, 因此在很多场合中
我们对此熟视无睹. 但需要注意的是, 物理理论可不仅仅是经典力学, 对于形式上更为
抽象的物理理论, 例如我们正在讨论的量子力学, 我们要认识到, 没有对应规则的形式系
统是一场毫无意义的符号游戏, 没有形式系统的对应规则充其量是对事实的一种支离破
碎的、不会带来成果的描述.

如果说经典物理学的数学形式和观测结果联系密切, 对应规则可有可无, 那么在量

子力学中, 情况就完全不同了. 量子力学的形式系统是建立在希尔伯特空间上的, 而实验结果则体现在我们周围的三维实空间中. 数学形式与观测结果之间有巨大差异. 量子力学的几个重要概念——量子态、观测量、量子态随时间的演化等, 都是在希尔伯特 (Hilbert) 空间中描述的. 从这些抽象的数学形式到具体的实验现象, 这不是一个显而易见的过程. 量子测量理论为这个过程铺设了一条道路, 它告诉我们, 绝大多数情况下, 面向微观世界的实验结果是不确定的, 只能用概率的语言描述. 而且, 结合量子态以及观测量的数学形式, 量子测量理论给出了实验结果出现的概率.

从解释系统的角度来说, 量子测量理论只是完成了部分工作. 它给出了量子概率的计算过程, 却没有给出相应的解释, 没有告诉我们为什么是量子的这样, 而不是像经典的那样. 当然, 物理理论缺乏解释, 这不是到了量子力学才有的事情. 当牛顿提出万有引力的时候, 也只是写出了引力的表达式, 告诉我们如何计算引力, 却没有说引力的来源, 也没有对此做出进一步的解释. 虽然如此, 牛顿的引力理论还是很形象的. 即使缺乏深刻的理解, 却也不乏形象的比喻. 地球像磁铁一样把人吸住, 这种说法虽不正确, 但也算是一个在常识上说得过去的比喻. 然而, 微观世界展现给我们的现象, 或者说量子力学预言的实验结果, 则缺乏形象的类比. 原因也许有两个: 一个是, 微观粒子本身和它在测量仪器上表现出来的现象在尺度上差别太大了, 我们无法跨越至少 10^9 的量级, 用现实世界中的事物去类比微观世界中的粒子; 另一个是, 人们为微观粒子建立的模型实在是太抽象了, 抽象到难以借助具象的事物来描述和解释.

这里说到的模型就是物理理论中的数学形式, 它是很抽象的模型. 模型有两种: 具体的和抽象的. 二者并无确定界限. 飞机模型是实物模型, 是具体的. 图纸则是机械零件的抽象模型. 虽然我们可以从图纸上看出零件的整体轮廓, 但是图纸上的线条还是显得抽象, 而且越是结构复杂的零件, 图纸越是抽象, 越不易被读懂. 物理理论的数学形式则是更为抽象的模型, 数学形式中的符号和方程须经解释系统方能体现其实际意义. 同是抽象的模型, 经典力学的数学形式更为平易近人. 三维实空间 $\mathbb{R}^3$ 中的向量 $\boldsymbol{r}$ 是数学形式, 它代表物体的位置; $\boldsymbol{r}$ 关于时间的导数 $\dfrac{\mathrm{d}\boldsymbol{r}}{\mathrm{d}t}$ 也是数学形式, 它描述了物体运动的速度; 二阶导数 $\dfrac{\mathrm{d}^2\boldsymbol{r}}{\mathrm{d}t^2}$ 描述了速度的变化率; 进而有方程 (1.1), 它支配了经典世界中物体的运动. 在经典力学的理论体系中, 客观对象处于三维实空间 $\mathbb{R}^3$, 数学形式也是在 $\mathbb{R}^3$ 中展开的, 二者属于同一个层面, 并无跨越性的过渡, 这使得经典力学易于被理解. 量子力学的数学形式往抽象的方向迈出了更大的一步, 实际上是在朝向抽象狂奔. 它的基本概念之一——量子态, 全然没有经典意义上的对应. 我们看到三维实空间中的向量 $\boldsymbol{r} \in \mathbb{R}^3$, 可以想象空间中的某个位置; 但是, 当我们看到量子态 $|\psi\rangle \in \mathcal{H}$ 的时候, 却不能说出任

何与实际现象有关的描述, 因为这里没有指明观测对象, 也没有观测过程. 即便我们指明了观测量, 设定了具体的观测过程, 我们看到的观测结果 (虽然是客观而真实的) 也不能像经典物理的实验现象那样反映被观测对象的固有性质. 而且, 在量子力学中随处可见彼此不相容的观测量, 相应的观测结果也是不相容的. 关于相容性的问题, 我们将在下一章讨论.

总之, 这里有着太多的不能用我们的常识来理解的事物, 所以, 我们不满足于量子测量理论给出的计算结果, 想着进一步追问 "为什么会这样?" 或 "怎么理解?" 一类的问题.

这样的追问会把我们带入形而上学 (metaphysics). 对物理理论的理解和解释不可避免地具有哲学或形而上学的内涵. 对客观对象的认识, 虽然完全表现在它与认识者 (或仪器) 的所有可能关系之中, 但是, 仅仅是感觉或观测结果并不能构成知识体系, 知识体系总是与形而上学有着这样或那样的联系. 尽管如此, 我们应该认识到, 解释本身并不是哲学的一部分, 它们仍然与物理理论相关. 物理理论的目标之一是引导我们超越测量结果的预测, 进而获得关于物理世界的概念. 因此, 解释是物理学的, 但不是形而上学的. 而且, 我们还应该注意到, 物理学上所取得的一些最伟大的成就, 正是敢于 "消除形而上学" 的结果. 当爱因斯坦试图把 "在不同地方同时发生的事件" 这一概念归结为可观测的现象时, 当他指出, 认为上述概念必须有它自身的科学意义的信念只是形而上学的偏见的时候, 他已经发现了相对论的关键所在. 当玻尔等人认识到, 任何物理观测必然伴随观测工具对被测对象的影响这个事实的时候, 问题就变得清楚了: 在物理上, 同时准确地确定一个粒子的位置和动量是不可能的. 物理学的发展过程在有意无意地告诉我们, 对于科学方法来说, 重要的是应该放弃带有形而上学性质的因素, 而去考虑那些可观测的事实, 把它们作为概念和建构的最终根源.

1.3　量子力学的世界观

前文我们再三强调了从现象出发的重要性. 现象来源于观测, 而观测是具体的行为. 观测方式多种多样, 站在不同的立场, 采用不同的视角, 使用不同的仪器, 得到的观测结果可以是不同的. 量子现象与经典现象的一个大不同之处是, 所有的经典现象都是相容的, 而不同类型的、来自于不同观测过程的量子现象可以不相容.

我们可能会觉得这种不相容很难理解, 不易接受, 这种不适来自于我们久已习惯的经典力学带给我们的舒适感: 经典力学世界是确定的, 现象和本质是绑定在一起的, 我们的所见所得是真实的. 可是, 你有没有想过, 这种舒适感是我们造就的: 我们为经典力学设定了很多限制条件, 所以它表现得很驯服, 我们就感到很自在. 而量子力学是更自由更活泼的物理理论, 它受到的限制更少. 当我们面临这个自由而活泼的理论时, 很自然地会感到难以把握. 那些不相容不能共存的现象应该更接近于这个世界的本质, 而经典物理描绘的图像可能只是一种幻象. 在这个意义上, 量子力学为我们开启了认识世界的一种新方式, 这是更朴素也更谦逊的方式. 我们尽己所能地观察客观世界, 忠实地记录和描述观测结果, 对观测结果不作主观臆想, 在这个阶段克制自己的想象力, 以避免走入形而上学的沼泽. 但是, 此时的克制将在下一步彻底释放: 请你慢慢地感受量子理论的抽象性——需要怎样的想象力和创造力才能构建如此的抽象, 而抽象是成熟的表现.

第 2 章

量子现象的一个简单模型

在这一章里, 我们要用最简单的模型简述量子现象及其基本特征. 这也是讲述量子力学的最简单的平台: 讨论斯特恩–格拉赫 (Stern-Gerlach, SG) 实验. 在历史上, SG 实验发现了一个被称为 "自旋" 的量子现象. 这个现象不能用经典观念解释, 也不能用经典事物来类比.

先简单介绍一下 SG 实验的过程和结果. 如图 2.1 所示, 被加热的高温银原子从炉子 1 中发射出来, 经过准直以后形成粒子束 2, 然后进入非均匀的磁场 3, 最后在屏幕上留下落点. 经典电磁学对这个实验给出的预言是屏幕上的图案 4, 那是一条直线. 而实验揭示的落点却是彼此分离的, 如图案 5 所示.

为了使我们的讨论显得通俗易懂, 我们暂且不提原子、自旋或自旋角动量这些术语, 而代之以 "量子小球" "颜色" "硬度" 这样一类看起来形象直观的描述. 通过这个最简单的模型, 我们可以感受量子现象与经典现象的大不同.

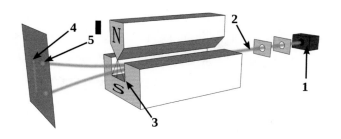

图 2.1　斯特恩–格拉赫实验示意图

在这个最简单的模型中, 量子小球具有双重身份:

(1) 量子小球代表微观世界中的一种真实存在, 即微观粒子, 或者说量子系统, 但是, 由于我们普通的感官难以感受微观粒子, 这使得量子小球的真实性受到一定的削弱, 我们不能用对待经典小球的方式对待量子小球.

(2) 由于量子小球的真实性受到削弱, 在一定意义上它也像一个概念、一个符号. 它是一个为了研究量子现象而构建的理论模型, 这使得我们能用更加自由的方式处理量子小球, 例如为它赋予各种数学结构. 下一章要讨论的量子态和观测量就是这样一些结构.

2.1　经典小球

在开始说量子小球之前, 我们需要看看经典小球. 乒乓球、网球、玻璃球等都属于经典小球. 我们用 "经典小球" 这个概念代表日常生活中见到的各种物体. 它们在我们面前表现出具体的现象. 比如乒乓球较轻, 网球则重一些, 网球比玻璃球软一些, 等等. 这些现象是我们通过观测获得的. 在观测经典小球的时候, 我们丝毫不担心观测过程会对小球带来破坏, 也丝毫不担心看了小球的颜色以后会影响小球的硬度. 在经典世界中, 我们看到什么就是什么, 摸到什么就是什么, 对经典事物的观测是非常自然的事情. 当然, 实际测量是技术活, 提高测量精度不是一件轻而易举的事. 例如, 对于一个运动的物体, 想要准确地测出某个时刻它的位置和速度, 这还是要费一番心思的. 但是, 从理论上说, 经典力学告诉我们, 在任意时刻物体的位置和速度都是真实存在的, 是确定的. 测量只不过是一种让这些真实存在的、固有的、确定的性质以数值形式彰显出来的手段. 所以, 对于经典事物, 我们可以说, 所见即所得. 看到的现象是真实客观的, 而且这些现象一定与经典事物的固有性质紧密地联系在一起, 是固有性质的具体体现.

对于经典小球这个模型, 我们不准备讨论它的位置和速度, 这些概念有明显的物理意味, 我们暂时回避物理上的讨论. 常见的性质有颜色、硬度、质量等. 我们考虑小球的两种性质: 颜色和硬度. 假设我们观测的经典小球的颜色只有两种——白色和黑色; 小球的硬度也只有两种可能的情况——硬球和软球.

现在, 我们拿起一个经典小球, 看了看, 捏了捏, 说: "这是一个白色的硬球." 这句话全面地描述了小球的属性: 白的, 硬的. 在这一句非常普通的描述性语句中, 包含了两种测量方式: 用眼睛看颜色, 用手捏软硬. 这两种测量方式互不影响, 互不干扰, 彼此独立, 彼此相容. 把它们的测量结果放在一句话里说, 一点问题也没有. 类似地, 我们还可以给出这样一些描述: "白色的软球" "黑色的硬球" "黑色的软球".

你看了这些叙述, 一定觉得这是在浪费时间. 你会说: "这是在给幼儿园的孩子上课吗?" 我们说的这些内容的确太过平常、太过普通, 都是些不言自明、显而易见的事. 但是, 请你转念想一想, 如果哪一天你看到了一些现象, 它们和这些平常的、普通的、不言自明的、显而易见的描述有很大差别, 那么你是不是觉得不可思议而难以接受呢?

2.2　量子小球

在这一章开始的时候我们说过, 量子小球是从 SG 实验中抽象出来的模型. 下面的内容是 SG 实验通俗化的叙述.

首先需要明确的是, 量子小球代表量子系统. 它是看不见、摸不着的. 既然如此, 立即有这样的问题: "凭什么说存在量子系统, 或者说存在量子小球呢?" 这个问题实际上是理解量子理论的出发点, 它的答案体现了人们认识微观世界的必经之途: 见著知微. 这里的 "著" 指的是体现在宏观层面上的量子现象, 而 "微" 则是微观粒子. 我们是根据 "大" 现象推知 "小" 粒子的. 一个简单的例子是, 人们看到摆动的树叶, 看到鼓起的船帆, 看到难以拉开的马德堡半球, 然后认识到周围存在空气分子, 认识到空气分子的定向运动形成风, 认识到大气压能够产生令人震惊的效应. 我们不能说看到了空气分子, 只能说看到了空气分子造成的现象.

历史上人们对微观世界的认识都是见著知微的过程. 通过阴极射线管上的荧光发现了电子, 通过照相底片的感光发现了天然放射性, 如此等等. 所谓的 "进入量子世界", 并不是说我们能够与微观粒子直接地、面对面地对话, 而是说我们能够借助实验仪器对微观粒子进行观测和操控. 在实验室里做实验, 在仪器上看到了具体的结果, 把观测到的结果记录下来, 接着进行整理分析, 这些工作都是在宏观层面上完成的. 重要的是, 对实验结果整理分析之后, 我们能否解释实验现象. 例如, 我们可以用牛顿力学解释风的效应: 摆动的树叶, 鼓起的船帆, 牢固的马德堡半球. 但是, 当越来越多的来自微观世界的现象展现在我们面前的时候, 牛顿力学和麦克斯韦的电磁学逐渐显得无能为力了. 将要讨论的量子小球带来的现象便是一个典型的例子.

我们刚刚说过, 量子小球是看不见摸不着的, 所以需要仪器做测量, 根据仪器上的现象推知量子小球的存在以及它的行为. 假设量子小球将面临两种不同的测量, 分别称为 "颜色" 测量和 "硬度" 测量. "颜色" 和 "硬度" 不过是称谓而已, 你可以称之为 "甲" 和 "乙", 或者 "A" 和 "B". 相应的测量仪器有两种, 分别用来检测 "颜色" 和 "硬度", 它们分别叫作 C 仪器和 H 仪器. 我们再假设, 颜色测量 (记作 C-测量) 会给出两个结果, 分别记作 "白" 和 "黑"; 硬度测量 (记作 H-测量) 会给出两个结果, 分别记作 "硬" 和 "软". 需要注意的是, 这里说的 "白" 和 "黑"、"硬" 和 "软", 全然不是通常意义上的颜色和硬度, 而不过是现象的标记. 你可以换一套标记, 称它们为 "甲" 和 "乙"、"子" 和 "丑", 或者 0 和 1, 如此等等, 无关紧要. 下面我们稍微具体地说一下测量仪器, 其中的一些细节对以后的分析很重要.

2.3　C 仪器和 H 仪器

C 仪器用来测量量子小球的颜色. 如图 2.2 所示, 它的左侧有一个入口, 量子小球通过这个入口进入 C 仪器中. 仪器的右侧有两个出口, 分别叫作白出口和黑出口. 如果量子小球从白出口 (或者黑出口) 出来了, 我们就说量子小球在颜色检验中表现为白色 (或者黑色).

当然, 量子小球是看不见的, 怎么知道它们是从哪个出口出去的呢? 于是我们把仪器完善一下, 在两个出口上安装指示灯. 如果白出口上的灯亮了, 就表明量子小球从白出口出去了, 量子小球在这个检测过程中表现为白色; 如果黑出口上的灯亮了, 就表明量子小球从黑出口出去了, 量子小球在这个检测过程中表现为黑色.

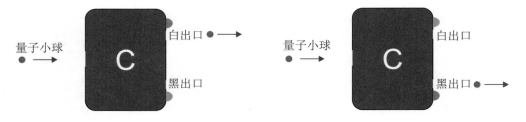

图 2.2　C 仪器示意图

这里我们不厌其烦地再啰嗦几句. 我们并没有看到白色或黑色. "白色" 或 "黑色" 不过是为了区分不同的观测结果而人为设定的一种说法. 当然也可以把它们分别叫作红色和绿色. 总之, 现象 "白" 对应于白出口上指示灯闪亮; 现象 "黑" 对应于黑出口上指示灯闪亮. 所有这些都是见著知微的体现.

H 仪器用来测量量子小球的硬度. 如图 2.3 所示, 和 C 仪器类似, H 仪器的左侧有一个入口, 右侧有两个出口, 一个叫作硬出口, 另一个叫作软出口. 两个出口上各有一盏指示灯, 用来表明量子小球是从哪一个出口出去的, 或者说用来表明量子小球在关于硬度的检测中表现出怎样的现象.

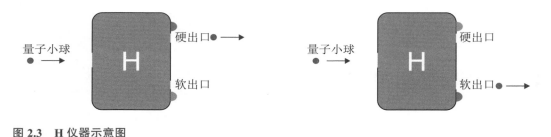

图 2.3　H 仪器示意图

与 C 仪器类似, 现象 "硬" 对应于硬出口上指示灯闪亮; 现象 "软" 对应于软出口上指示灯闪亮.

2.4　测量结果

现在, 我们有了量子小球, 这是我们将要研究的微观对象; 又有了两种不同的测量仪器, 这是我们认识和研究微观对象的手段. 那么就开始做实验吧, 看看哪些现象容易理解, 哪些现象不符合我们的直观感受.

2.4.1 颜色测量

用 C 仪器检测量子小球的 "颜色" (图 2.4), 看到的实验现象是:

图 2.4 用 C 仪器检测量子小球的"颜色"
在这里和以后的图示中, 当我们把两个出口上的指示灯都画成红色的时候, 只是为了说明在实验过程中不会只有一个指示灯在闪亮, 而是两个指示灯同时闪亮.

(1) 当量子小球一个一个地进入 C 仪器时, 每次只有一盏指示灯闪亮, 表明量子小球要么从白出口出来, 要么从黑出口出来. 两盏灯不会同时亮, 就是说, 一个量子小球不会同时从两个出口出来.

(2) 某一个量子小球进入 C 仪器之后, 我们无法断定哪一个出口上的指示灯会闪亮. 但是, 随着进入 C 仪器的量子小球越来越多, 观测结果呈现一定的规律: 白出口上指示灯闪亮的可能性和黑出口上指示灯闪亮的可能性均为 1/2.

第一个现象容易理解, 向 C 仪器输入一个量子小球, 不会在输出端出来两个. 第二个现象可以用经典小球做类比: 一大袋子经典小球, 其中一半是白球, 另一半是黑球. 需要注意的是, 这个类比并不严格, 因为 "可能性为 1/2" 与 "各占一半" 不是一回事, 但是我们不准备讨论这类细节上的问题, 而是近似认为, 在颜色检验中量子小球表现出来的现象并没有体现显著的量子特性.

2.4.2 硬度测量

如图 2.5 所示, 硬度测量的结果与颜色测量的结果类似. 这个现象也可以用经典小球作类比, 没有奇怪之处.

图 2.5　用 H 仪器检测量子小球的"硬度"
让量子小球一个一个地进入 H 仪器, 每次只会看到一个指示灯闪亮, 而且, 观测到现象"硬"和观测到现象"软"的可能性均为 1/2.

2.4.3 重复测量

重复测量就是接连做两次相同的测量, 并且保证在两次测量之间被测对象没有受到任何影响, 它的状态也没有任何改变. 如图 2.6 所示, 第一次颜色测量结束之后, 紧接着再做一次颜色测量, 看到的现象是:

(1) C_1 仪器白出口上的指示灯不断闪亮, 而黑出口上的指示灯始终不亮.

(2) C_2 仪器黑出口上的指示灯不断闪亮, 而白出口上的指示灯始终不亮.

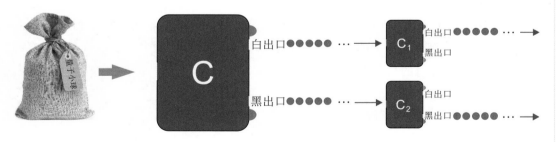

图 2.6　关于颜色的重复检验
在仪器 C_1 和 C_2 上表现出确定的观测结果.

重复测量似乎是人们对第一次测量的结果不放心而进行再一次确认, 再次确认得到的结果与常识相符: 从 C 仪器的白出口出来的量子小球经过 C_1 仪器后, 当然从 C_1 的白出口出来, 这是多么显而易见的事情啊.

同样地, 关于硬度的重复测量有类似的结果.

重复测量的结果是确定的, 不再是随机的. 注意: 重复测量是针对同一个测量对象而言的, 要么是对颜色进行重复测量, 要么是对硬度进行重复测量, 测量颜色之后再测硬度就不是重复测量了, 这是下面要讨论的.

2.4.4　颜色–硬度 (C-H) 测量

我们逐步把测量过程变得复杂一些. 如图 2.7 所示, 这是一个测量序列, 包含两个不同的测量过程: 先测量颜色, 再测硬度. 看到的现象是: 在检测硬度的两个仪器 H_1 和 H_2 上, 硬出口和软出口上指示灯闪亮的概率均为 1/2.

图 2.7　C-H 测量序列
先进行颜色测量, 接着进行硬度测量.

单独查看图 2.7 中白出口和黑出口上的量子小球, 如图 2.8 所示. 在颜色测量中表现为 "白球" 的量子小球面临硬度测量的时候, 以一半的可能性表现为 "硬球", 以一半的可能性表现为 "软球". 同样地, 在颜色测量中表现为 "黑球" 的量子小球面临硬度测量的时候, 以一半的可能性表现为 "硬球", 以一半的可能性表现为 "软球".

如果交换测量次序, 进行硬度–颜色 (H-C) 序列测量, 如图 2.9 所示, 那么将看到类似的现象:

(1) 在硬度测量中表现为 "硬球" 的量子小球面临颜色测量的时候, 以一半的可能性表现为 "白球", 以一半的可能性表现为 "黑球".

(2) 在硬度测量中表现为"软球"的量子小球面临颜色测量的时候, 以一半的可能性表现为"白球", 以一半的可能性表现为"黑球".

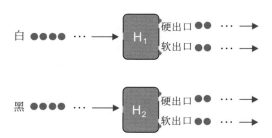

图 2.8 单独对"白球"或"黑球"进行硬度检测

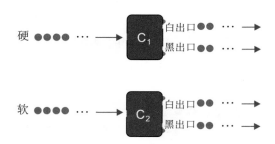

图 2.9 单独对"硬球"或"软球"进行颜色检测

以上现象也可以用经典小球类比. 一个大袋子装了很多经典小球, 其中 (白,硬), (白,软), (黑,硬), (黑,软) 各占 1/4, 那么对这一袋经典小球的测量结果类似于对量子小球的 C-H 或 H-C 测量结果.

到目前为止, 我们还没有看到难以理解的现象.

2.4.5 颜色–硬度–颜色 (C-H-C) 测量

现在考虑如图 2.10 所示的包含 3 个测量过程的测量序列: 先测量颜色, 再测量硬度, 最后又一次地测量颜色. 看到的现象是: 从 C_1 到 C_4, 在每一个仪器的输出端, 白出口和黑出口上指示灯的闪亮概率均为 1/2.

现在我们遇到麻烦了. 图 2.10 所示的实验结果不能用经典小球类比. 图 2.11 描绘了经典小球给出的结果: C_1 和 C_2 仪器只有白出口上的指示灯闪亮, C_3 和 C_4 仪器只有

量子信息基础与实验
Fundamentals and Experiments of Quantum Information

黑出口上的指示灯闪亮. 这才是符合常识的实验结果. 而量子小球带来了奇怪的、不可理喻的、难以解释的现象, 这些违背常识的现象就是非经典现象, 在我们目前讨论的范畴内, 它们属于量子现象.

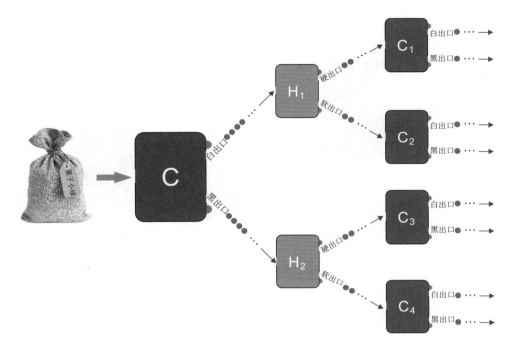

图 2.10　量子小球经过 C-H-C 检验后的结果
注意到从 C_1 到 C_4, 每个仪器的白出口和黑出口上的指示灯都有可能闪亮.

这里我们重申一遍在一开始谈论量子小球的时候说的话: 认识微观世界的必经之途是见著知微. 本节内容没有涉及任何理论结构, 我们是在不断地叙述各种实验现象, 在宏观层面上真实具体的实验现象, 并且尝试着用普通常识去理解这些现象, 直到面临眼下的麻烦: 对于 C-H-C 实验结果, 普通常识无能为力.

这里说的普通常识实际上指的是经典世界观, 是牛顿力学带给我们的世界观. 经典世界观的核心内容是客观实在性: 客观事物有其本质属性. 这些本质属性, 或者说事物的性质, 不会因为被我们观测而发生改变. 这些观点我们已经在第 2.1 节谈论经典小球的时候说过了. 经典世界观, 或者说客观实在性, 是经典力学带给我们的成见. 为了理解量子力学, 我们要在一定程度上削弱客观实在性, 在以后的讨论中将逐步加以说明.

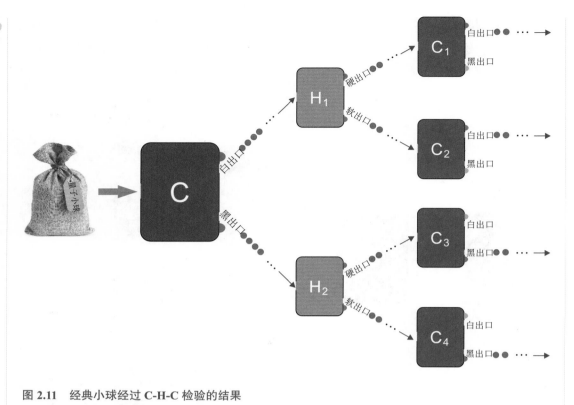

图 2.11 经典小球经过 **C-H-C** 检验的结果

2.5 强调几个基本观点

我们已经看到了量子小球表现出的量子现象, 量子力学就是为了解释并预言量子现象而建立起来的物理理论. 在讨论量子力学的理论框架之前, 我们还需要做些铺垫.

2.5.1 只有看到的才能说是现象

现象不在任何数学形式中, 也不在量子小球上. 现象出现在实验室中, 出现在观测仪器上. 如果没有测量, 没有仪器, 那么就不能说现象, 也就无法讨论量子小球.

在经典力学的理论框架中, 测量并不占据重要地位. 其原因是我们说过的: ① 事物的属性不依赖于测量; ② 测量只是彰显事物性质的手段. 在描述现象的时候, 我们可以不提测量过程. 例如, 我们说 "质点的位置为 r, 速度为 v", 这实际上是经过测量 (至少是看一眼) 才能说的话, 但是我们就这么说了, 不但显得简洁明快, 而且还没有歧义, 也不会让人误解.

在量子力学中, 如果你说 "电子在位置 r 处", 那么笔者肯定要继续追问: "你是怎么知道的? 你看见电子了吗?" 你会说: "我当然看不见电子, 我用了测量仪器, 比如照相底片, 或者云室、气泡室这样一类测量微观粒子的实验装置." 你说的是对的, 这再一次体现了见著知微. 换句话说, 如果你没有动用这些仪器, 没有看到实验现象, 那么就不能说任何有关现象的话. 你不能坐在那里, 心里遥想着 "如果我用仪器去测量了, 那么……" 然后把想象中的实验结果当了真. 我们需要做到真正的实事求是, 做了什么, 看到什么, 才能说什么.

2.5.2 不同类型的测量结果不能共存

我们先说说什么叫 "可以共存". 对于不同类型的测量, 如果都能得到确定的结果, 那么我们说不同类型的测量结果可以共存. 所有经典事物的测量结果都是可以共存的. 例如, 我们看了看一个经典小球, 说 "它是白色的", 又用手捏了捏, 说 "它是硬的", 然后说了一句综合的话: "这是一个白色的硬球." 在这番描述里, 两个现象——"白" 和 "硬", 彼此独立, 互不影响, 可以共存, 可以放在一句话里说. "可以共存" 是经典世界的一个非常朴素的特点, 对此我们早已习以为常. 有时候我们也把 "可以共存" 说成 "可以相容".

"可以共存" 的反面就是 "不能共存". 以量子小球为例, 我们发现, 不存在这样的量子小球, 它们在颜色测量和硬度测量中都表现出确定的结果. 在图 2.8 中我们看到, 观测量子小球的结果是, 在颜色测量中一定表现出现象 "白" (或现象 "黑") 的量子小球在硬度测量中以相同的概率 1/2 表现出现象 "硬" 和现象 "软". 类似地, 在硬度测量中一定表现出现象 "硬" (或现象 "软") 的量子小球在颜色测量中以相同的概率 1/2 表现出现象 "白" 和现象 "黑". 当颜色测量的结果是确定的时候, 硬度测量的结果是完全不确定的; 当硬度测量的结果是确定的时候, 颜色测量的结果是完全不确定的. 这就是我们说的 "不能共存".

不同类型的现象不能共存, 这是量子现象的典型特征.

2.5.3　注意说话的方式

对于量子小球, 你不能说 "这是一个白色的硬球" 之类的话. 原因如下: 不能用 "是" 这个词连接量子系统和实验现象. 量子系统属于微观世界, 实验现象属于宏观世界, 二者怎么能用 "是" 联系在一起呢? 而且, "是" 这个词体现了客观对象固有的属性, 而量子现象, 虽然作为明确而具体的实验结果是客观而真实的, 但是, 它不能被当作量子系统的客观实在性的反映. 随之而来的问题是, 量子系统是否具有客观实在性? 很多文献对这个问题给出了否定的答案. 我们倾向于这个观点, 认为微观粒子确实存在, 但不具备经典意义上的客观实在性.

描述实验结果的时候, 要做到真正的实事求是. 例如, 对于颜色测量的结果 "白", 就老老实实地说: "用 C 仪器观测量子小球, 在白出口上看到了指示灯闪亮, 表明量子小球在这一轮测量中表现出现象 '白'." 我们应该用最朴素的语言就事论事. 没做的事情不要说, 已经做过的事情属于历史, 不要把历史事件随意代入眼前的现实.

2.6　小结

在这一章中, 我们用量子小球代替 SG 实验中的银原子, 用 "颜色""硬度" 代替不同方向上的自旋角动量, 以形象直观的方式描述了一类典型的量子现象. 我们看到, 量子小球展现出来的现象不能用经典小球来模拟, 也不能用经典观念来解释. 量子现象的最重要的特点, 同时也是与经典现象的最大区别, 是不能共存——不同类型的测量结果不能共存. 于是, 面向微观世界的实验呈现给我们的似乎只是碎片化的图像. 如何整理并利用这些碎片? 这就需要建构一个物理理论. 从下一章开始我们要介绍这个理论, 即量子力学. 其中一个重要概念是量子态, 它是这些碎片的数学上的共同根基.

第 3 章

量子力学的 "静态" 假设 I

从现在开始, 我们将逐步讲述量子力学的理论形式. 首先要介绍的是量子力学的三个 "静态" 的假设:

假设一 量子态被表示为希尔伯特空间中的向量.

假设二 观测量被表示为希尔伯特空间上的厄密算子.

假设三 量子测量假设, 又称为玻恩–吕德思 (Born-Lüders) 规则.

你可以暂且不用关心希尔伯特空间、厄密算子等数学概念, 后面会有相关讨论. 目前你需要了解的是:

(1) 这三个假设中不涉及时间, 所以说它们是 "静态" 的. 与时间有关的量子力学假设是薛定谔 (Schrödinger) 方程, 这将在下一章中讨论.

(2) 量子态和观测量都属于量子力学的数学形式中的概念, 它们的物理意义将体现在对测量结果的描述中. 也就是说, 构造这两个概念的目的是给出测量结果的概率分布.

(3) 在量子态和观测量的基础上, 量子测量假设在理论上给出了测量结果的概率. 测量结果是宏观层面上的现象, 所以说, 量子测量过程是连接量子力学的数学形式与实验现象的桥梁.

量子力学的理论形式又被称为量子力学的形式系统或者量子力学的数学形式, 它是为了解释和处理量子现象而建构的数学模型. 这个数学模型非常抽象, 这也正是人们对量子力学多有困惑的原因之一. 说到模型, 有的模型很具体、很直观, 比如航模或船模; 有的模型不那么直观形象, 比如机械制图, 从图纸上不容易立即看出零件的形状. 而量子力学的数学形式则是向着抽象的方向跨出了大大的一步. 这可能是迫不得已的, 因为量子理论面对的毕竟是我们无法感知的微观世界.

为了将如此抽象的理论尽量说明白, 我们选择最简单的模型——是的, 还是量子小球. 不过我们要把这个模型适当地复杂化.

这一章的主题是量子态, 我们要讨论它的数学形式以及它在量子力学理论框架中的作用和意义.

3.1　为量子小球引入观测量

虽然在这一章中我们关注的是量子态, 但是有必要先简要介绍观测量这个概念, 它的数学形式将在第 4 章讨论.

简单地说, 经典力学中的物理量到了量子力学中改头换面被说成了观测量. 在我们的 "小球" 模型中, 经典小球的颜色和硬度到了量子小球那儿就被叫作颜色观测量和硬度观测量. 这个说法虽然简单, 但是从物理量到观测量的改变不仅仅是名称上的变化, 更重要的是内涵的不同.

我们从经典力学中的物理量说起. 经典力学中有位置、动量、角动量以及能量这些基本物理量, 它们描述了物体的运动学和动力学性质. 经典力学认为, 这些性质是确定的, 就是说, 在任意时刻, 这些物理量有明确的值. 如果我们抛开哲学上的讨论, 而仅仅从物理学的角度说, 那么可以认为, 经典力学的这种观点受到实验操作的支持.

具体说来, 我们都应该承认, 物理学只能研究可观测的事物以及观测到的现象, 而观测过程一定会使得被测对象与其外部某些事物发生相互作用, 因此观测过程必然伴随着对被测对象的某种干扰. 一方面, 如果可以忽略与观测相伴随的扰动, 我们就说这个观测对象是 "大" 的, 是属于宏观世界的. 在这个世界里, 我们采用经典力学的观点: 物体的性质是客观实在的. 进而继续说, 不论我们是否去测量, 这些物理量的值不依赖于测量过程而真实存在. 说一个浅显的比喻: 月亮总是在那里, 不论我们看到与否, 不论是农历初一还是十五, 不论是天晴还是天阴. 物理量这个概念是用来描述经典事物的, 其内涵包含了客观实在性.

另一方面, 如果测量过程中的扰动不可忽略, 那么观测对象就是 "小" 的, 是属于微观世界的. 对于面向微观世界的观测, 我们必须借助观测仪器, 通过测量过程获得测量结果. 测量结果是微观粒子和测量仪器相互作用之后, 表现在仪器上的宏观层面上的现象. 我们看到的是现象, 不是微观粒子. 宏观层面上的现象允许我们使用一些经典世界或经典力学中的词汇. 例如, 如果我们在接收屏上看到亮点, 那么可以说有个微观粒子落在此处, 接着可以说这是在测量微观粒子的位置.

说到这里, 应该审视一下 "微观粒子的位置" 这个说法. 要知道, 微观粒子非常小, 看不见也摸不着. 微观粒子——或者通俗地说, 量子小球——虽然是真实的客观存在, 但是必须要通过测量过程才能有所体现, "微观粒子的位置" 实际上是现象的位置. 而且, 如果再考虑测量过程中的扰动, 那么 "微观粒子的位置" 这个说法的真实性和实在性就受到进一步的削弱. 这是因为, 当我们看到屏幕上亮点的时候, 被测粒子已经消失了, 这时再说它的位置已经失去了实际意义; 在一些非破坏测量中, 测量是间接的, 可以让我们看到现象的同时仍然让被测粒子存活, 即便如此, 粒子的位置已经受到了影响.

总之, 我们不能用对待经典物体的态度研究微观粒子, 这是我们在第 2 章开头就说过的话. 用在经典物体身上的物理量到了微观粒子那里就失去了其内涵中的客观实在性. 因此 "微观粒子的位置" 更像是一个抽象的概念, 而不是一个真实的客观性质. 位置是经典力学中的物理量, 用在经典物体上, 是自然而然的事, 如今用在微观粒子上, 就应该有所区别. 所以, 我们把 "微观粒子的位置" 称为位置观测量, 以此强调 "微观粒子的位置" 不能像是 "经典物体的位置" 那样不言而自明、不观而自在. 类似地, 当我们提到微观粒子的动量、角动量、能量等概念的时候, 指的都是观测量.

"接收屏上的亮点难道不是真实客观的吗?" 你一定会有这样的疑问. 是的, 屏上的亮点当然是真实客观的, 观测现象或测量结果永远是真实而客观的, 但是, 我们不能将现象或结果的真实性与客观性延伸到或回溯到微观粒子上. 为了理解这句话, 可以回顾第 2.4.5 小节的内容. 你可以把颜色和硬度视作两个观测量 (稍后我们也正是这么做的), 如果认为颜色观测量像物理量那样是真实的、客观的和实在的, 那么在 C-H-C 测量序列中, 第一次颜色测量的结果应该不会受到后续测量的影响. 就是说, 如果第一次颜色测量的结果是 "白", 那么第二次颜色测量的结果也一定是 "白". 这是经典小球表现出来的现象, 是所有经典事物的共同特征. 然而, 对于量子小球, 这个结论是不成立的.

现在对观测量做一个概括性的说明.

(1) 经典物体有物理量, 微观粒子有观测量, 二者可以对应地说.

(2) 物理量描述了经典物体的固有属性, 观测量是人为地赋予微观粒子的一种 "属性", 这种 "属性" 不具有客观实在性, 只是帮助我们更好地回答 "测量对象是什么" 这类问题.

(3) 物理量的值是经典物体固有性质的量化表示, 观测量的值首先是测量结果的标记, 但是可以进一步融入量子力学的整体框架, 进而给出具有物理意义的数值.

举例说明上述第 (3) 点. 在真实的 SG 实验中, 观测量是粒子的自旋角动量. 在实验中我们看到的现象是屏上的亮点, 得到的数据是亮点的位置, 该位置可以作为观测量的取值, 这就是第 (3) 点里说的 "观测量的值首先是测量结果的标记". 但是这个表示位置的值显然不能用来描述粒子的自旋角动量. 亮点的位置是一个宏观层面的量, 粒子的观测量, 即自旋角动量, 是微观层面的量, 量级约为 10^{-34} 焦耳 · 秒. 如何从位置推知自旋角动量? 这要用到量子力学的理论知识, 也就是第 (3) 点里说的将测量结果融入量子力学的整体框架, 进而给出具有物理意义的数值.

现在回到量子小球. 我们可以测量颜色和硬度. 再次不惧啰嗦地重申一遍, 颜色和硬度不过是些名称, 看到的现象 "白""黑" 或 "硬""软" 也不过是现象的标记. 现在可以说, 量子小球有颜色观测量, 它表现出来的测量结果是 "白" 或 "黑", 也可以说它的可能取值是 "白" 和 "黑". 量子小球也有硬度观测量, 它表现出来的测量结果是 "硬" 或 "软", 也可以说它的可能取值是 "硬" 和 "软".

我们把叙述方式稍微抽象化一些. 颜色观测量换一个名称, 叫作观测量 Z. 对观测量 Z 的测量就叫作 Z 测量, 需要的仪器记作 M_Z. 硬度观测量改名为观测量 X, 测量 X 用到的仪器记作 M_X. 颜色测量的两个结果不再用 "白" 和 "黑" 来标记, 而是记作 $z+$ 和 $z-$; 硬度测量的两个结果记作 $x+$ 和 $x-$. 测量仪器 M_Z 的结构与 C 仪器相同, 两个出口就用现象的名称标记, 它们是 $z+$ 和 $z-$. 测量仪器 M_X 的结构与 H 仪器相同, 两个出口分别是 $x+$ 和 $x-$. 测量仪器的出口上都有指示灯, 指示灯闪亮, 表明在该出口上探测到量子小球. 暂时我们为量子小球赋予两个观测量——Z 和 X, 以后你会看到, 量子小球可以有无穷多个观测量.

从经典力学到量子力学, 物理量成为观测量. 观测量的可能取值不再是微观粒子的固有属性的体现, 而是观测结果的标记. 位置、动量、角动量、能量都是这样的. 但是, 需要注意的是, 一些基本性质, 例如质量、电荷等, 仍然是真实的、客观的、实在的, 它们不会受到测量过程的影响, 所以, 我们不把微观粒子的质量、电荷当作观测量.

3.2 为量子小球赋予量子态

用最简单的语言说: 量子态是量子小球 (或者说微观粒子) 的状态. 这个说法非常模糊, 甚至让人觉得什么都没有说. 于是我们换一个具有实验意味的说法: 量子态是人们构造出来的一种数学形式, 它要完成的任务是为所有可能的测量给出统计意义上的解释.

先让我们解释一下上面这段话, 然后再来回答一些相关问题. 说量子态是微观粒子的状态, 这句话没有错. 但是, 微观粒子是不可见、不可触摸的, 它的状态需要测量过程和测量结果才能体现. "具有实验意味的说法" 正是指出了这一点, 同时为量子态给出了操作意义上的定义. 说量子态是数学形式, 这是毫无疑义的. 不但量子态是数学形式, 经典物体状态的描述也是数学形式 [1], 只不过经典状态可以直接对应于物体的性质 (即物理量), 也可以直接对应于观测结果, 这使得经典状态的数学描述具有了更多的物理含义. 而量子态本身不能体现观测结果, 观测结果一定是测量后得到的宏观现象, 因此, 谈论量子态的时候必须连带上观测量、测量仪器以及量子测量假设.

一个相关的问题是, 我们不是已经为量子小球赋予观测量了吗, 为什么还要再来一个量子态呢? 原因在于, 仅仅利用观测量, 还不足以很好地描述测量结果. 观测量的测量结果不是确定的, 与不同的测量结果对应的量子小球的状态是不同的, 我们需要对它们做进一步的描述, 这就需要量子态来帮忙. 举例来说, 考虑两束不同的量子小球: 一束来自测量仪器 M_Z 的 z+ 出口, 另一束来自测量仪器 M_X 的 x+ 出口, 让它们分别经历 Z 测量. 对于同一个观测量 Z, 这两束量子小球将表现出不同的现象, 因此我们需要明确的形式描述这两种不同的量子小球.

经过上面的考虑, 我们现在要做的事情是: 将某个具体的测量结果与量子小球的状态联系起来. 这种做法也是受益于量子小球的概念性的内涵. 我们用狄拉克 (Dirac) 符号 $|\cdot\rangle$ 表示量子态, 其中可以写入一些说明性的符号或文字. 例如, $|z+\rangle$ 表示这样的量子态: 处于该状态的量子小球或者是刚刚从测量仪器 M_Z 的 z+ 出口出来的, 或者是在即将进行的 Z 测量 (使用测量仪器 M_Z) 后一定表现出现象 z+. 类似地, 如果量子小球处于 $|x-\rangle$, 那么这样的量子小球或者是刚刚从测量仪器 M_X 的 x− 出口出来的, 或者是在即将进行的 X 测量 (使用测量仪器 M_X) 后一定表现出现象 x−.

现在, 我们为量子小球装备了两种数学形式: 量子态和观测量, 让我们用这些形式

---

[1] 经典物体的状态是用位置 r 和动量 p 描述的. (r, p) 对应于相空间中的点, 这就是经典状态的数学形式.

把上一章中的测量过程简要地重述一遍. 设想用仪器 M_Z 测量量子小球, 即测量 Z, 测量结果为 $z+$ 的概率是 1/2, 结果为 $z-$ 的概率也是 1/2. 从 M_Z 的 $z+$ 出口出来的小球处于状态 $|z+\rangle$, 从 $z-$ 出口出来的小球处于状态 $|z-\rangle$. 如果测量 X, 那么有 1/2 的概率观测到量子小球从 M_X 的 $x+$ 出口出来, 这些量子小球处于量子态 $|x+\rangle$; 有 1/2 的概率观测到量子小球从 M_X 的 $x-$ 出口出来, 这些量子小球处于量子态 $|x-\rangle$.

上一章说的 C-H 测量在这里就是 Z-X 测量. 从 M_Z 的 $z+$ 出口出来的量子小球经过 X 测量后, 以相同的概率 1/2 从 M_X 的 $x+$ 出口或 $x-$ 出口出来; 从 M_Z 的 $z-$ 出口出来的量子小球经过 X 测量后, 以相同的概率 1/2 从 M_X 的 $x+$ 出口或 $x-$ 出口出来. 用量子态的语言来说, 处于 $|z+\rangle$ 的量子小球经历了 X 测量后, 以概率 1/2 表现出现象 $x+$, 并在测量后处于状态 $|x+\rangle$; 以概率 1/2 表现出现象 $x-$, 并在测量后处于状态 $|x-\rangle$. 处于 $|z-\rangle$ 的量子小球在 X 测量过程中, 以概率 1/2 表现出现象 $x+$, 并在测量后处于状态 $|x+\rangle$; 以概率 1/2 表现出现象 $x-$, 并在测量后处于状态 $|x-\rangle$.

上一章说的 H-C 测量在这里就是 X-Z 测量. 处于 $|x+\rangle$ 的量子小球经历了 Z 测量后, 以概率 1/2 表现出现象 $z+$, 并在测量后处于状态 $|z+\rangle$; 以概率 1/2 表现出现象 $z-$, 并在测量后处于状态 $|z-\rangle$. 处于 $|x-\rangle$ 的量子小球在 Z 测量过程中, 以概率 1/2 表现出现象 $z+$, 并在测量后处于状态 $|z+\rangle$; 以概率 1/2 表现出现象 $z-$, 并在测量后处于状态 $|z-\rangle$.

请大家忍受叙述语言的繁复. 繁复的语言显得枯燥而啰嗦, 但是严谨. 严谨的语言并不会限制我们的想象力, 而且可以让我们避开思维的误区.

目前我们定义的量子态只有四种形式: $|z\pm\rangle$ 和 $|x\pm\rangle$, 这显然是不够的, 下面将给出一般形式的量子态.

3.3　先走一小步, 搭建一个二维复空间

如果我们来测量量子小球的观测量 Z, 也就是说, 用仪器 M_Z 进行测量, 那么, 以下事实是大家所熟悉的:

(1) 如果量子小球的状态是 $|z+\rangle$, 那么测量结果一定是 $z+$, 这表现为仪器 M_Z 的 $z+$ 出口上的指示灯一定闪亮, 而 $z-$ 出口上的指示灯始终不亮.

(2) 如果量子小球的状态是 $|z-\rangle$, 那么测量结果一定是 $z-$, 这表现为仪器 M_Z 的 $z-$ 出口上的指示灯一定闪亮, 而 $z+$ 出口上的指示灯始终不亮.

上述现象都是确定的而不是随机的. 我们由此得到一个朴素的结论: 在 Z 测量过程中, 量子小球的状态 $|z\pm\rangle$ 所对应的现象 $z\pm$ 是彼此互斥的. 意思是, 若测量 Z, 则处于 $|z+\rangle$ 的量子小球绝对不会给出结果 $z-$, 而处于 $|z-\rangle$ 的量子小球也绝对不会给出结果 $z+$. 现象的互斥如何反映在量子态上呢? 请看看下面的办法是否可行: 把 $|z+\rangle$ 和 $|z-\rangle$ 分别表示为

$$|z+\rangle = \begin{pmatrix} 1 \\ 0 \end{pmatrix}, \quad |z-\rangle = \begin{pmatrix} 0 \\ 1 \end{pmatrix} \tag{3.1}$$

没错, 你看到了向量. 这是量子力学的第一个假设在最简单的情形下的数学形式: 量子态被表示为一个二维向量. 量子态也常常被叫作态向量或态矢量.

容易看出, 这两个向量是垂直的. 但是请注意, "垂直" 这个词一般用在二维或三维实空间中, 在更一般的空间中, 我们说 "正交". 这里的 $|z+\rangle$ 和 $|z-\rangle$ 是彼此正交的. 我们稍后用更严格的方式描述正交这个概念, 目前你就把它当作垂直理解好了.

于是我们做了一件很有意义的事: 宏观层面上两个互斥的测量结果对应于量子小球的两个彼此正交的量子态. 不要小看这件事, 因为它在帮助我们建立量子理论的数学形式与实验现象之间的联系.

两个向量 $|z+\rangle$ 和 $|z-\rangle$ 都是单位向量. 单位向量的意思是, 向量的 "长度" 等于 1. 在二维或三维实空间中, 向量的长度很形象, 容易理解. 在更一般的空间中, 我们不说 "长度", 而是说 "范数". 当我们看着两个彼此正交的范数为 1 的向量 $|z\pm\rangle$, 会想到什么呢? 可以用这两个向量搭建一个二维空间, 或者说, 这两个向量张开了一个二维空间. 我们把这个二维空间记作 $\mathbb{C}^2$, 其中 $\mathbb{C}$ 表示复数域, 因此 $\mathbb{C}^2$ 的意思是二维复空间. 后面的讨论将告诉我们, 在表示量子态的时候, 复数是必需的. 向量 $|z+\rangle$ 和 $|z-\rangle$ 被称为 $\mathbb{C}^2$ 空间的基向量, 而且, 由于它们的形式是最为简单的, 式 (3.1) 通常也被称为自然基向量.

二维复空间 $\mathbb{C}^2$ 中的任意向量可以表示为

$$c_+ |z+\rangle + c_- |z-\rangle \tag{3.2}$$

其中, c_+ 和 c_- 是复数, 式 (3.2) 可以说是 $|z+\rangle$ 和 $|z-\rangle$ 在复数域上的线性叠加, 它是量子小球一般形式的量子态, 式 (3.2) 中涉及复数和线性空间等数学概念, 我们将在下一节讨论.

3.4 二维复空间

让我们花点时间说说二维复空间 $\mathbb{C}^2$，它将是以后相当长的一段时间内我们的工作空间. 这部分内容在数学上属于线性空间的知识，我们在这里只做简要介绍.

3.4.1 二维实空间

可以先看一下更简单的二维实空间 $\mathbb{R}^2$. 在这个空间中装上一个坐标架 xOy，将 x 轴上的单位向量记作 $\boldsymbol{e}_x$，将 y 轴上的单位向量记作 $\boldsymbol{e}_y$. 这两个向量彼此垂直，长度为 1，是 $\mathbb{R}^2$ 空间的两个基向量. 于是 $\mathbb{R}^2$ 中的任意向量 $\boldsymbol{r}$ 可以写为

$$\boldsymbol{r} = x\boldsymbol{e}_x + y\boldsymbol{e}_y$$

其中，x 和 y 分别是向量 $\boldsymbol{r}$ 在 x 轴和 y 轴上的分量. 有时候，为了让基向量看起来更形象直观，我们会把基向量 $\boldsymbol{e}_x$ 和 $\boldsymbol{e}_y$ 表示为 [①]

$$\boldsymbol{e}_x = \begin{pmatrix} 1 \\ 0 \end{pmatrix}, \quad \boldsymbol{e}_y = \begin{pmatrix} 0 \\ 1 \end{pmatrix} \tag{3.3}$$

于是 $\boldsymbol{r}$ 的形式是

$$\boldsymbol{r} = \begin{pmatrix} x \\ y \end{pmatrix}$$

这说明，在 $\mathbb{R}^2$ 空间中设定了基向量以后，我们可以将 $\mathbb{R}^2$ 中的任意向量表示为基向量的叠加形式.

向量 $\boldsymbol{r}$ 的长度可以表示为

$$r = |\boldsymbol{r}| = \sqrt{x^2 + y^2} \tag{3.4}$$

$\mathbb{R}^2$ 中任意两个彼此垂直的单位向量都可以作为基向量. 例如，设

$$\boldsymbol{e}_x' = \frac{1}{\sqrt{2}}\boldsymbol{e}_x + \frac{1}{\sqrt{2}}\boldsymbol{e}_y = \begin{pmatrix} \frac{1}{\sqrt{2}} \\ \frac{1}{\sqrt{2}} \end{pmatrix}, \quad \boldsymbol{e}_y' = \frac{1}{\sqrt{2}}\boldsymbol{e}_x - \frac{1}{\sqrt{2}}\boldsymbol{e}_y = \begin{pmatrix} \frac{1}{\sqrt{2}} \\ -\frac{1}{\sqrt{2}} \end{pmatrix} \tag{3.5}$$

---

① 严格地说，把基向量表示成如式 (3.3) 所示的向量形式，这是不合适的，但为了叙述方便，姑且这么做了. 以后讲到复空间的时候，也会写这类虽不严格但是形象易懂的形式.

那么 e'_x 和 e'_y 便是一组新的基向量. 在这组新的基向量上, 向量 r 的分量记作 x' 和 y', 它们当然不同于原先的分量 x 和 y. 在基向量 e'_x 和 e'_y 上, r 的长度应该写为

$$r = \sqrt{x'^2 + y'^2}$$

一个显然的事实是, 向量 r 的长度不会改变, 即

$$\sqrt{x^2 + y^2} = \sqrt{x'^2 + y'^2}$$

上述讨论表明, 同一个向量在不同的基向量上有不同的分量, 或者说有不同的表示, 但是向量的长度是不会改变的, 与基向量的选择无关.

式 (3.3) 表示一组基向量, 式 (3.5) 表示另一组基向量, 这在数学上是很平常的事, 但是, 在后面的叙述中, 在量子力学的数学形式中, 我们要把基向量的选择与测量方式联系在一起, 数学上平常在物理上就变得不平常了.

下面将要讨论复空间, 需要先说一下复数.

3.4.2 复数

1. 复数的定义

复数是实数的进一步推广. 我们知道, 在数的发展过程中, 每一次数域的推广都与运算的封闭性有关. 一开始人们使用的是自然数, 两个自然数相加或相乘, 结果都是自然数. 我们说, 加法运算和乘法运算在自然数中是封闭的. 形象地说, 对自然数施加加法和乘法运算, 其结果没有跑出自然数这个圈子. 如果对自然数作减法运算, 则不能保证封闭性, 因为运算结果 (差) 不一定是自然数了. 例如 "2 减 3" 的结果不属于自然数集合. 这就有了数域的第一次扩展: 引入了负数. 于是有了整数. 加法、减法和乘法在整数中都是封闭的. 那么除法呢? 在整数中, 很多时候一个整数不能被另一个整数整除, 除法不能封闭. 因此引入分数, 将整数扩大至有理数域, 使除法运算在有理数上是封闭的. 当开方运算出现的时候, 有理数又不够用了, 无理数进入, 数域扩大至实数域. 人们又注意到, 在实数域中, 负数不能开偶次方. 所以开方运算还不能做到真正的封闭. 为此需要考虑负数开偶次方.

考虑 -1 在操作上的意义. 用 -1 去乘某个实数 x, 得到 $-x$, 这可以说 x 在 -1 的作用下变为 $-x$, 即变为关于坐标原点的对称点. 设想一下, 如果这个操作只进行了一

半, 这就是 $\sqrt{-1}$ 的意思, 那么 x 该变成了什么呢? 岂不是被变到了 y 轴上了, 可以记作 $\sqrt{-1}x$, 或者记作 $\mathrm{i}x$. 当然, 这些只是形象的说法, 我们可以直接定义

$$\mathrm{i}^2 = -1$$

有了 i 的定义以后, 我们就可以给负数开偶次方了, 例如

$$\sqrt{-2} = \sqrt{2}\mathrm{i}$$

还可以说, -2 的平方根有两个: $\sqrt{2}\mathrm{i}$ 和 $-\sqrt{2}\mathrm{i}$.

复数的定义是, 所有形如 $x + y\mathrm{i}$ 的数叫作复数, 这里 x 和 y 为实数. 复数域记作 $\mathbb{C}$, 其中包含了实数和虚数. 在表达式 $z = x + y\mathrm{i}$ 中, 如果 $y = 0$, 则 z 表示实数; 如果 $y \neq 0$, 则 z 表示一个虚数; 如果 $x = 0$ 并且 $y \neq 0$, 则 z 叫作纯虚数. 我们把 x 叫作 z 的实部, y 叫作 z 的虚部.

2. 复数的表示

复数可以与二维平面上的一个点对应起来. $z = x + y\mathrm{i}$ 对应于 $\mathbb{R}^2$ 平面上坐标为 (x, y) 的一个点, 或者说对应于从原点指向点 (x, y) 的一个向量, 即 $\boldsymbol{r} = \begin{pmatrix} x \\ y \end{pmatrix}$. 由于一个复数需要两个实数来表示, 复数又被称为二元数.

复数 z 可以用直角坐标 (x, y) 表示, 也可以用极坐标表示. 点 (x, y) 到原点的距离为

$$r = \sqrt{x^2 + y^2}$$

向量 $\boldsymbol{r}$ 与 x 轴的夹角记作 θ, 显然

$$x = r\cos\theta, \quad y = r\sin\theta$$

或者说, 角度 θ 满足

$$\tan\theta = \frac{y}{x}$$

复数 z 可以改写为

$$z = r\cos\theta + (r\sin\theta)\mathrm{i} \tag{3.6}$$

在这种表示中, r 叫作复数 z 的模, θ 叫作 z 的幅角, 它们又可以表示为

$$r = |z|, \quad \theta = \arg(z)$$

现在, 我们引入一个非常著名的公式——Euler 公式:

$$\mathrm{e}^{\mathrm{i}\theta} = \cos\theta + \mathrm{i}\sin\theta \tag{3.7}$$

其中, e 是自然对数的底, 是一个无理数, $e \approx 2.71828\cdots$. 如果要对这个公式做具体说明, 那么需要更多的数学知识, 所以我们就不展开说明了, 不过可以欣赏一下当 $\theta = \pi$ 时的 Euler 公式:

$$e^{i\pi} + 1 = 0$$

式 (3.7) 表示的是一个单位复数. 就是说, 复数 $e^{i\theta}$ 的模为 1. 当幅角 θ 从 0 变化到 2π 的时候, $e^{i\theta}$ 在二维平面上描绘了一个单位圆.

根据 Euler 公式, 我们可以把式 (3.6) 重写为

$$z = re^{i\theta}$$

3. 复数的运算

再来说说复数的加减乘除运算. 加减运算容易说: 实部和实部相加减, 虚部和虚部相加减. 设

$$z_1 = x_1 + y_1 i, \quad z_2 = x_2 + y_2 i$$

那么有

$$z_1 \pm z_2 = (x_1 \pm x_2) + (y_1 \pm y_2)i$$

相乘的过程是这样的:

$$\begin{aligned}
z_1 z_2 &= (x_1 + y_1 i)(x_2 + y_2 i) \\
&= x_1 x_2 + x_1 y_2 i + y_1 x_2 i + y_1 y_2 i^2 \\
&= x_1 x_2 + x_1 y_2 i + y_1 x_2 i - y_1 y_2 \\
&= (x_1 x_2 - y_1 y_2) + (x_1 y_2 + x_2 y_1)i
\end{aligned}$$

注意: 其中用到了 $i^2 = -1$ 这个基本关系. 这里可以介绍一下复数的复共轭这个概念. 改变 $z = x + yi$ 的虚部的符号, 令

$$z^* = x - yi$$

这个 z^* 就是 z 的复共轭, 当然, z 也是 z^* 的复共轭, 它们两个是互为复共轭的. 互为复共轭的两个复数的模相等, 关于 x 轴对称. 对于实数, 没必要说它的复共轭, 因为实数的复共轭等于它自身.

如果用模和幅角表示 z, 即 $z = re^{i\theta}$, 那么复共轭的形式是

$$z^* = r\cos\theta - (r\sin\theta)i = re^{-i\theta}$$

容易看到, 两个互为复共轭的复数相乘, 结果是模的平方:

$$zz^* = (x + y\mathrm{i})(x - y\mathrm{i})$$
$$= (x^2 + y^2) + (xy - xy)\mathrm{i} = x^2 + y^2 = |z|^2$$

或者

$$zz^* = r\mathrm{e}^{\mathrm{i}\theta}\, r\mathrm{e}^{-\mathrm{i}\theta} = r^2$$

至于两个复数相除, 实际上可以通过复共轭转化为复数的相乘:

$$\frac{z_1}{z_2} = \frac{z_1 z_2^*}{z_2 z_2^*}$$
$$= \frac{(x_1 + y_1\mathrm{i})(x_2 - y_2\mathrm{i})}{x_2^2 + y_2^2}$$
$$= \frac{(x_1 x_2 + y_1 y_2) - (x_1 y_2 - x_2 y_1)\mathrm{i}}{x_2^2 + y_2^2}$$
$$= \frac{x_1 x_2 + y_1 y_2}{x_2^2 + y_2^2} - \frac{x_1 y_2 - x_2 y_1}{x_2^2 + y_2^2}\mathrm{i}$$

如果用模和幅角表示复数, 那么它们乘除运算很简单. 设 $z_1 = r_1 \mathrm{e}^{\mathrm{i}\theta_1}$, $z_2 = r_2 \mathrm{e}^{\mathrm{i}\theta_2}$, 有

$$z_1 z_2 = r_1 \mathrm{e}^{\mathrm{i}\theta_1}\, r_2 \mathrm{e}^{\mathrm{i}\theta_2} = r_1 r_2 \mathrm{e}^{\mathrm{i}(\theta_1 + \theta_2)}$$
$$\frac{z_1}{z_2} = \frac{r_1 \mathrm{e}^{\mathrm{i}\theta_1}}{r_2 \mathrm{e}^{\mathrm{i}\theta_2}} = \frac{r_1}{r_2} \mathrm{e}^{\mathrm{i}(\theta_1 - \theta_2)}$$

接着容易看到, 两个复数相乘 (或相除) 的模等于它们的模相乘 (或相除), 即

$$|z_1 z_2| = |z_1|\, |z_2|, \quad \left|\frac{z_1}{z_2}\right| = \frac{|z_1|}{|z_2|}$$

两个复数相乘或相除之后取复共轭, 等于它们分别取复共轭后再相乘或相除, 即

$$(z_1 z_2)^* = r_1 r_2 \left(\mathrm{e}^{\mathrm{i}(\theta_1 + \theta_2)}\right)^* = r_1 r_2\, \mathrm{e}^{-\mathrm{i}(\theta_1 + \theta_2)}$$
$$z_1^* z_2^* = r_1 \mathrm{e}^{-\mathrm{i}\theta_1}\, r_2 \mathrm{e}^{-\mathrm{i}\theta_2} = r_1 r_2\, \mathrm{e}^{-\mathrm{i}(\theta_1 + \theta_2)}$$

类似地有

$$\left(\frac{z_1}{z_2}\right)^* = \frac{z_1^*}{z_2^*}$$

3.4.3 二维复空间中的向量

前面介绍了复数. 一个复数相当于两个实数, 于是, 一维复空间相当于二维实空间. 现在要讨论二维复空间 $\mathbb{C}^2$, 那就相当于四维实空间. 这个空间是画不出来的, 是比较抽

象的. 但是, 数学就是用来处理抽象的, 线性空间的基本概念可以用在形象直观的二维或三维实空间, 也可以用于抽象的二维复空间或更高维的空间.

回想一下, 二维实空间 $\mathbb{R}^2$ 中的向量是怎么表示的? 先定义两个基向量, 然后再把 $\mathbb{R}^2$ 中的任意向量表示为这两个基向量的线性组合. 在 $\mathbb{C}^2$ 空间中也是如此. 将基向量设为式 (3.1) 所示的 $|z+\rangle$ 和 $|z-\rangle$, 即自然基向量, 对于任意的 $|\psi\rangle \in \mathbb{C}^2$, 有

$$|\psi\rangle = c_+ |z+\rangle + c_- |z-\rangle = \begin{pmatrix} c_+ \\ c_- \end{pmatrix} \tag{3.8}$$

这里, c_+ 和 c_- 叫作叠加系数, 也可以说是向量 $|\psi\rangle$ 在 $|z+\rangle$ 和 $|z-\rangle$ 上的分量, 它们都是复数, 即 $c_+, c_- \in \mathbb{C}$. 现在你看到了, 实空间和复空间的区别就在于, 实空间中向量的分量是实数, 复空间中向量的分量是复数. 这么说来, 复空间没什么不好接受的吧.

接着就要介绍复空间中向量的 "长度" 了. 前面说了, 在一般情况下, 不说 "长度", 而是说 "范数". 虽然向量的叠加系数或分量可以是复数, 但是它的范数必须是非负实数——毕竟范数是和长度对应的. $|\psi\rangle$ 的范数记作 $\|\psi\|$, 它是这样定义的:

$$\|\psi\| = \sqrt{|c_+|^2 + |c_-|^2}$$

回头看一下式 (3.4), 这是不是和 $\mathbb{R}^2$ 中向量 $\boldsymbol{r}$ 的长度很像?

我们还需要介绍一个重要概念——正交. 为此需要先说内积.

3.4.4　内积

如果说向量的范数衡量的是向量的 "长度", 那么内积这个概念就是用来衡量两个向量之间的 "夹角" 的. 当然了, 只有在二维或三维实空间中, 夹角才是形象直观的, 在更高维的空间中, 我们就不再说夹角了.

首先看看最简单的情形——二维实空间. 设 $\boldsymbol{r}_1, \boldsymbol{r}_2 \in \mathbb{R}^2$, 具体地,

$$\boldsymbol{r}_1 = x_1 \boldsymbol{e}_x + y_1 \boldsymbol{e}_y = \begin{pmatrix} x_1 \\ y_1 \end{pmatrix}$$

$$\boldsymbol{r}_2 = x_2 \boldsymbol{e}_x + y_2 \boldsymbol{e}_y = \begin{pmatrix} x_2 \\ y_2 \end{pmatrix}$$

定义 $\boldsymbol{r}_1$ 和 $\boldsymbol{r}_2$ 的内积是

$$(\boldsymbol{r}_1, \boldsymbol{r}_2) = x_1 x_2 + y_1 y_2$$

用 $(\boldsymbol{r}_1, \boldsymbol{r}_2)$ 表示内积, 这是数学上的写法, 物理上一般说 "标量积" 或者 "点乘", 写为

$$\boldsymbol{r}_1 \cdot \boldsymbol{r}_2 = x_1 x_2 + y_1 y_2 \tag{3.9}$$

为什么说内积可以反映向量的夹角呢? 这是因为式 (3.9) 还可以表示为

$$\boldsymbol{r}_1 \cdot \boldsymbol{r}_2 = r_1\, r_2 \cos\theta \tag{3.10}$$

其中, r_1, r_2 分别是向量 $\boldsymbol{r}_1$, $\boldsymbol{r}_2$ 的长度, θ 是这两个向量之间的夹角. 在这个意义上, 内积可以反映向量的夹角.

在复空间 $\mathbb{C}^2$ 中, 设

$$|\psi\rangle = c_+ |z+\rangle + c_- |z-\rangle = \begin{pmatrix} c_+ \\ c_- \end{pmatrix}, \quad |\varphi\rangle = d_+ |z+\rangle + d_- |z-\rangle = \begin{pmatrix} d_+ \\ d_- \end{pmatrix} \tag{3.11}$$

这两个向量的内积是

$$(\psi, \varphi) = c_+^* d_+ + c_-^* d_-$$

可以看到, 两个向量作内积的时候, 需要对排在前面的向量的分量取复共轭. 因此, 复空间中的内积与次序有关, 就是说, $|\psi\rangle$ 和 $|\varphi\rangle$ 的内积不等于 $|\varphi\rangle$ 和 $|\psi\rangle$ 的内积, 这一点有别于实空间中的内积. 实际上, 容易验证

$$(\varphi, \psi) = d_+^* c_+ + d_-^* c_-$$

也就是说, 交换次序前后的内积互为复共轭:

$$(\psi, \varphi) = (\varphi, \psi)^* \tag{3.12}$$

内积是将两个向量变成一个数的运算, 不论是在 $\mathbb{R}^2$ 中还是在 $\mathbb{C}^2$ 中都是如此. 在 $\mathbb{R}^2$ 中, 内积的结果是一个实数; 在 $\mathbb{C}^2$ 中, 内积的结果是一个复数.

有了内积的定义之后, 我们可以说两个特殊情形:

(1) 范数可以用内积表示. 对于式 (3.8) 的 $|\psi\rangle$, 考虑和它自己的内积

$$(\psi, \psi) = |c_+|^2 + |c_-|^2$$

这表明范数可以写为

$$\|\psi\| = \sqrt{(\psi, \psi)} \tag{3.13}$$

(2) 如果两个向量的内积等于零, 那么它们是正交的. 这就是一般情形下向量正交的定义.

看两个简单的例子. 设

$$|\xi_1\rangle = \begin{pmatrix} \dfrac{1}{\sqrt{2}} \\ \dfrac{1}{\sqrt{2}} \end{pmatrix}, \quad |\xi_2\rangle = \begin{pmatrix} \dfrac{1}{\sqrt{2}} \\ -\dfrac{1}{\sqrt{2}} \end{pmatrix}$$

它们是正交的:

$$(\xi_1, \xi_2) = \frac{1}{\sqrt{2}} \times \frac{1}{\sqrt{2}} + \frac{1}{\sqrt{2}} \times \left(-\frac{1}{\sqrt{2}}\right) = 0$$

再设

$$|\eta_1\rangle = \begin{pmatrix} \dfrac{1}{\sqrt{2}} \\ \dfrac{\mathrm{i}}{\sqrt{2}} \end{pmatrix}, \quad |\eta_2\rangle = \begin{pmatrix} \dfrac{1}{\sqrt{2}} \\ -\dfrac{\mathrm{i}}{\sqrt{2}} \end{pmatrix}$$

它们也是正交的:

$$\begin{aligned}
(\eta_1, \eta_2) &= \frac{1}{\sqrt{2}} \times \frac{1}{\sqrt{2}} + \left(\frac{\mathrm{i}}{\sqrt{2}}\right)^* \times \left(-\frac{\mathrm{i}}{\sqrt{2}}\right) \\
&= \frac{1}{2} + \left(-\frac{\mathrm{i}}{\sqrt{2}}\right) \times \left(-\frac{\mathrm{i}}{\sqrt{2}}\right) \\
&= \frac{1}{2} + \frac{\mathrm{i}^2}{2} \\
&= \frac{1}{2} - \frac{1}{2} = 0
\end{aligned}$$

以后我们会经常计算内积, 所以需要了解一下内积的基本性质.

性质 1 $(\psi, \varphi) = (\varphi, \psi)^*$, 这在前面已经说过了, 即式 (3.12).

性质 2 考虑 ψ 与一个叠加形式的向量 $c_1\varphi_1 + c_2\varphi_2$ 之间的内积,

$$(\psi, c_1\varphi_1 + c_2\varphi_2) = c_1(\psi, \varphi_1) + c_2(\psi, \varphi_2) \tag{3.14}$$

式 (3.14) 的意思是, 内积运算关于第二个位置上的向量是线性的.

通过上面两个性质, 有

$$(c_1\psi_1 + c_2\psi_2, \varphi) = c_1^*(\psi_1, \varphi) + c_2^*(\psi_2, \varphi) \tag{3.15}$$

这表明, 内积运算关于第一个位置上的向量是反线性的. 我们把上面的结论推导一下:

$$\begin{aligned}
(c_1\psi_1 + c_2\psi_2, \varphi) &= (\varphi, c_1\psi_1 + c_2\psi_2)^* && \text{利用性质 1} \\
&= [c_1(\varphi, \psi_1) + c_2(\varphi, \psi_2)]^* && \text{利用性质 2} \\
&= c_1^*(\varphi, \psi_1)^* + c_2^*(\varphi, \psi_2)^* \\
&= c_1^*(\psi_1, \varphi) + c_2^*(\psi_2, \varphi) && \text{再利用性质 1}
\end{aligned}$$

我们已经看到, 可以用内积定义范数, 即式 (3.13). 有一个非常重要的定理, 描述了内积和范数之间的联系, 即柯西–施瓦茨不等式:

$$|(\psi, \varphi)| \leqslant \|\psi\| \, \|\varphi\| \tag{3.16}$$

就是说, 两个向量的内积的模小于或等于这两个向量的范数的乘积. 当 $\psi \propto \varphi$ 时, 等式成立.

我们不在这里证明柯西–施瓦茨不等式, 但有一点需要指出, 这个不等式是具有一般意义的, 在任何定义了内积和范数的线性空间中都成立. 例如, 我们可以感受一下最简单的情形. 在本小节中我们讲了 $\mathbb{R}^2$ 中两个向量的内积式 (3.10), 容易看出

$$|\boldsymbol{r}_1 \cdot \boldsymbol{r}_2| = |r_1 r_2 \cos \theta| \leqslant r_1 \, r_2$$

这是柯西–施瓦茨不等式在 $\mathbb{R}^2$ 空间中的体现.

3.4.5　右矢和左矢

即将介绍的右矢和左矢的概念, 也就是狄拉克符号, 它们将在后面的讨论中给我们带来很多好处.

右矢实际上就是前面说过的向量, 即 $|\psi\rangle$. 由于这个狄拉克符号的箭头方向指向右边, 所以就称之为右矢. 通常右矢表示为列向量, 如式 (3.8) 所示. 左矢用箭头指向左边的符号表示, 即 $\langle\psi|$. 这里, 我们不准备讲述关于左矢的更深入的数学内容, 而只是介绍一下它的形式和相关的运算过程.

给定形如式 (3.8) 的右矢 $|\psi\rangle$, 存在唯一的与之对应的左矢 $\langle\psi|$, 具体形式是一个行向量:

$$\langle\psi| = \begin{pmatrix} c_+^* & c_-^* \end{pmatrix} \tag{3.17}$$

从形式上简单地说, 把列向量形式的右矢放倒, 让它变为行向量, 再对其中的分量取复共轭, 就得到了左矢.

所有的右矢构成了右矢空间, 我们正在讨论的 $\mathbb{C}^2$ 就是一个右矢空间. 相应地, 所有的左矢构成了左矢空间. 根据一一对应的关系, 右矢空间中的基向量对应于左矢空间中的基向量, 即

$$\langle z+| \longleftrightarrow |z+\rangle, \quad \langle z-| \longleftrightarrow |z-\rangle$$

$\langle z\pm|$ 的具体形式是

$$\langle z+| = (1 \quad 0), \quad \langle z-| = (0 \quad 1)$$

左矢空间就是由左矢基向量 $\langle z\pm|$ 张开的二维空间, 其中任意向量 $\langle \eta|$ 都是左矢形式, 表示为 $\langle z+|$ 和 $\langle z-|$ 的线性组合:

$$\langle \eta| = b_+ \langle z+| + b_- \langle z-| = (b_+ \quad b_-)$$

其中, b_+ 和 b_- 都是复数. 左矢 $\langle \eta|$ 唯一地对应于右矢 $|\eta\rangle$:

$$|\eta\rangle = b_+^* |z+\rangle + b_-^* |z-\rangle = \begin{pmatrix} b_+^* \\ b_-^* \end{pmatrix}$$

如果单独地看左矢空间, 就是说, 如果不关心它和右矢空间的对应关系, 我们也可以把这里讨论的左矢空间当作一个二维复空间. 但是, 在数学上, 左矢被视为关于右矢的线性泛函, 对此我们不做讨论, 只是提醒大家, 左矢不是一个独立的概念, 是要和右矢联系在一起讨论的, 所以我们不把这里的左矢空间叫作二维复空间, 避免和右矢空间有同样的名字. 合理的说法是, 左矢空间是右矢空间的对偶空间. 或者, 你不用关心这些数学上的细节, 简单而直接地说左矢空间.

右矢和左矢是量子力学中很常用的数学形式. 下面我们用右矢和左矢将前面说过的一些内容重述一遍, 目的是让大家对这些形式有很好的了解.

我们可以用左矢和右矢的 "背靠背" 的形式表示向量的内积. 回到式 (3.11), $|\psi\rangle$ 和 $|\varphi\rangle$ 的内积现在可以写为

$$(\psi, \varphi) = \langle \psi|\varphi\rangle = (c_+^* \quad c_-^*) \begin{pmatrix} d_+ \\ d_- \end{pmatrix} = c_+^* d_+ + c_-^* d_- \tag{3.18}$$

这里, 我们把行向量看作一行两列的矩阵, 把列向量看作两行一列的矩阵, 然后用到了矩阵的乘法. 矩阵的乘法我们以后再讲, 目前请把式 (3.18) 所示的运算作为一个规则先接受下来. 以后你看到了左矢和右矢 "背靠背" 的形式, 就知道那是一个内积, 结果是一个复数.

右矢和左矢还可以构成 "头对头" 的形式 $|\psi\rangle\langle\varphi|$, 叫作 "外积", 它具有矩阵形式, 我们以后再说.

上一小节说过, 我们既可以用内积定义范数, 又可以用内积说明正交. 现在用右矢和左矢的形式把这些说法再表示一下. 我们知道, 基向量是单位向量, 而且两个基向量彼此正交, 即

$$\langle z+|z+\rangle = 1, \quad \langle z-|z-\rangle = 1 \tag{3.19}$$

$$\langle z+|z-\rangle = 0, \quad \langle z-|z+\rangle = 0 \tag{3.20}$$

上面几个表达式表明了基向量的特征: 正交归一. 所谓的归一, 指的是范数等于 1. 如果你回想一下我们说过的二维实空间中的基向量, 那么就不会觉得这里的说法陌生了.

我们还知道, $\mathbb{C}^2$ 中的任意向量 $|\psi\rangle$ 可以表示为

$$|\psi\rangle = c_+ |z+\rangle + c_- |z-\rangle$$

其中的叠加系数 c_+ 和 c_- 可以用内积表示. 在这个等式的两端用基向量 $|z+\rangle$ 去作内积:

$$\langle z+|\psi\rangle = c_+ \langle z+|z+\rangle + c_- \langle z+|z-\rangle$$

在上式右端, $\langle z+|z+\rangle = 1$, $\langle z+|z-\rangle = 0$, 所以有

$$c_+ = \langle z+|\psi\rangle$$

类似地, 用 $|z-\rangle$ 作内积, 得到

$$c_- = \langle z-|\psi\rangle$$

这些表达式将在后面用于计算测量结果的概率.

基向量的正交归一性还可以帮助我们计算内积. 在式 (3.18) 中, 我们把左矢和右矢分别表示成了行向量和列向量, 也可以把它们分别表示为左矢空间和右矢空间中基向量的叠加形式:

$$\langle \psi| = c_+^* \langle z+| + c_-^* \langle z-|, \quad |\varphi\rangle = d_+ |z+\rangle + d_- |z-\rangle$$

然后把它们组成 "背靠背" 的形式:

$$\begin{aligned}
\langle \psi|\varphi\rangle &= (c_+^* \langle z+| + c_-^* \langle z-|)(d_+ |z+\rangle + d_- |z-\rangle) \\
&= c_+^* d_+ \langle z+|z+\rangle + c_+^* d_- \langle z+|z-\rangle + c_-^* d_+ \langle z-|z+\rangle + c_-^* d_- \langle z-|z-\rangle \\
&= c_+^* d_+ + c_-^* d_-
\end{aligned}$$

如果 $|\psi\rangle$ 和自己作内积, 那么有

$$\langle \psi|\psi\rangle = |c_+|^2 + |c_-|^2$$

它就是范数的平方, 即 $\langle \psi|\psi\rangle = \|\psi\|^2$.

上一小节中说过的内积的性质可以改写为

$$\langle \psi|\varphi\rangle = \langle \varphi|\psi\rangle^*$$

量子信息基础与实验
Fundamentals and Experiments of Quantum Information

$$\langle\psi|\,(c_1\,|\varphi_1\rangle + c_2\,|\varphi_2\rangle) = c_1\,\langle\psi|\varphi_1\rangle + c_2\,\langle\psi|\varphi_2\rangle$$

柯西–施瓦茨不等式 (3.16) 也可以改写为

$$|\langle\psi|\varphi\rangle| \leqslant \sqrt{\langle\psi|\psi\rangle}\,\sqrt{\langle\varphi|\varphi\rangle}$$

3.4.6 小结

这一节我们讲了不少数学内容, 现在来做个小结.

本节的目的是建立一个二维复空间 $\mathbb{C}^2$, 其中的向量用来描述量子小球的量子态. 和我们熟悉的三维实空间 $\mathbb{R}^3$ 一样, 为了在 $\mathbb{C}^2$ 表示向量, 首先需要设定基向量. 通常我们把自然基向量作为默认选择, 我们把它们记作 $|z+\rangle$ 和 $|z-\rangle$, 即式 (3.1).

有了基向量, 就可以用它们的线性叠加形式表示 $\mathbb{C}^2$ 中的任意向量. 与大家熟悉的实空间相比, 复空间中的向量的分量 (或叠加系数) 可以是复数. 于是在这一节里我们也简要地介绍了复数. 复数包括实数和虚数, 它的表示形式中有实部和虚部. 复数就像是二维实空间中的一个向量, 复数的模像是向量的长度, 复数的幅角像是向量的方向 (与 x 轴的夹角).

二维复空间中的向量是用两个复数表示的, 相当于四个实数, 所以不是很形象, 不具有直观性. 一些原本直观的数学概念也有了相应的变化, 比如我们介绍的范数和内积.

我们又引入了狄拉克符号. 狄拉克符号有两种形式: 右矢和左矢. 右矢就是原先常说的向量, 形式为列向量. 左矢被表示为行向量. 左矢和右矢是一一对应的. 左矢可以和右矢 "背靠背" 地放在一起, "背靠背" 的运算结果是复数, 这就是内积. 以后还会用到 "头对头" 的形式, 那是矩阵.

3.5 两个不同的表象

前面讲了一大堆数学知识, 现在要逐步把它们用在量子力学中, 为此我们要引入表象这个概念. 从数学的角度说, 表象对应于希尔伯特空间基向量的选择; 从物理的角度说, 表象对应于测量方式的选择.

对量子小球有两种测量方式: 颜色测量和硬度测量. 回顾第 3.1 节和第 3.2 节, 颜色观测量被称为 Z 观测量, 硬度观测量被称为 X 观测量, 相应的测量结果和测量后量子小球的状态如表 3.1 所示.

表 3.1 量子小球的观测量和测量结果

	观测量 Z (颜色)	观测量 X (硬度)
测量结果	$z+$, $z-$	$x+$, $x-$
测量后量子小球的状态	$|z+\rangle$, $|z-\rangle$	$|x+\rangle$, $|x-\rangle$

在第 3.3 节中, 根据测量结果的互斥性, 我们把 $|z+\rangle$ 和 $|z-\rangle$ 表示为

$$|z+\rangle = \begin{pmatrix} 1 \\ 0 \end{pmatrix}_Z, \quad |z-\rangle = \begin{pmatrix} 0 \\ 1 \end{pmatrix}_Z \tag{3.21}$$

这里我们添上了下标 Z, 以此表明这些形式都是基于观测量 Z 的考虑而得到的. 因为 $|z+\rangle$ 和 $|z-\rangle$ 彼此正交且归一, 它们被用作 $\mathbb{C}^2$ 的基向量, 任意向量 $|\psi\rangle \in \mathbb{C}^2$ 可以表示为式 (3.2) 或者式 (3.8), 即

$$|\psi\rangle = c_+ |z+\rangle + c_- |z-\rangle = \begin{pmatrix} c_+ \\ c_- \end{pmatrix}_Z \tag{3.22}$$

向量 $|\psi\rangle$ 可以用来表示量子小球的一般形式的量子态.

这里我们要引入一个与表示形式有关的概念: 表象. 用 $|z+\rangle$ 和 $|z-\rangle$ 作为 $\mathbb{C}^2$ 空间的基向量, 这就是一个特定的表象, 可以称之为 Z 表象 (也可以形象地说是颜色表象). 在 Z 表象中, 基向量 $|z\pm\rangle$ 有式 (3.21) 所示的向量形式. 也就是说, Z 表象所用的基向量是自然基向量. 在 Z 表象中, 任意的态向量 $|\psi\rangle$ 用 $|z\pm\rangle$ 展开为式 (3.22).

除了观测量 Z, 量子小球还有观测量 X (即硬度观测量). 测量结果 $x+$ 和 $x-$ 彼此互斥, 相应的态向量 $|x+\rangle$ 和 $|x-\rangle$ 彼此正交, 设

$$|x+\rangle = \begin{pmatrix} 1 \\ 0 \end{pmatrix}_X, \quad |x-\rangle = \begin{pmatrix} 0 \\ 1 \end{pmatrix}_X \tag{3.23}$$

这里的下标 X 表明式 (3.23) 来自对观测量 X 的考虑, 同时也是为了区别于式 (3.21). 显然, $|x+\rangle$ 和 $|x-\rangle$ 也是满足正交归一性的, 可以作为 $\mathbb{C}^2$ 的基向量. 于是我们有了另一个表象: X 表象. 出现在式 (3.22) 中的量子态 $|\psi\rangle$ 在这个表象中应该用 $|x+\rangle$ 和 $|x-\rangle$ 表示:

$$|\psi\rangle = d_+ |x+\rangle + d_- |x-\rangle = \begin{pmatrix} d_+ \\ d_- \end{pmatrix}_X \tag{3.24}$$

这里 d_+ 和 d_- 是复数, 列向量的下边 X 提醒我们这是 X 表象中的形式.

以上结果写在表 3.2 中.

表 3.2　Z 表象和 X 表象

	Z 表象	X 表象
基向量	$\{\,\lvert z+\rangle,\ \lvert z-\rangle\,\}$	$\{\,\lvert x+\rangle,\ \lvert x-\rangle\,\}$
列向量形式的基向量	$\begin{pmatrix}1\\0\end{pmatrix}_Z\quad\begin{pmatrix}0\\1\end{pmatrix}_Z$	$\begin{pmatrix}1\\0\end{pmatrix}_X\quad\begin{pmatrix}0\\1\end{pmatrix}_X$
量子态 $\lvert\psi\rangle$ 的表示	$\lvert\psi\rangle = c_+\lvert z+\rangle + c_-\lvert z-\rangle$	$\lvert\psi\rangle = d_+\lvert x+\rangle + d_-\lvert x-\rangle$
$\lvert\psi\rangle$ 的列向量形式	$\lvert\psi\rangle = \begin{pmatrix}c_+\\c_-\end{pmatrix}_Z$	$\lvert\psi\rangle = \begin{pmatrix}d_+\\d_-\end{pmatrix}_X$

你看到了这些形式之后, 可能会有这样的疑问:

(1) 既然表象对应于基向量的选择, 那么当我们指明基向量之后, 引入表象这个概念岂不多此一举?

(2) Z 表象中列向量形式的基向量与 X 表象中列向量形式的基向量看上去是一样的, 二者之间当然不能画等号, 那么它们有怎样的联系?

我们先来回答疑问 (1). 表象对应于希尔伯特空间的基向量的选择, 这仅仅是数学形式上的考虑. 如果我们只是讨论数学内容, 那么没有必要引入表象这个概念. 数学书中讨论线性空间的时候确实没有提到表象. 引入表象, 是为了让数学形式和物理操作建立联系.

设想如下场景. 我们在数学领地中漫步, 所到之处, 所见皆是数学符号. 我们清楚地知道, 这些数学形式应该以某种方式对应于实验结果, 这片数学领地应该有通向现实世界的通道. 某种方式到底是什么样的方式? 通道又在哪里? 如果我们不知道与实验结果或现实世界的联系方式, 那么将永远陷在抽象的数学中. 幸运的是, 当我们走到边缘地带时, 看到了一些延伸到不同方向的桥梁, 桥的尽头是通向现实世界的大门. 穿过那道门, 就再也不能回到这片数学领地了. 可能是因为对数学环境的留念, 也可能是因为对未知世界的惶恐, 我们会在每一座桥上徘徊. 回首望去, 我们看到了不同的风景. 最后, 我们选择了一座桥, 穿过那扇门……

在这个场景中, 数学领地代表量子力学的形式系统, 这里有向量, 它们表示量子态; 有厄密算子, 它们表示观测量; 有酉算子 (又叫作幺正算子), 它们表示某些变换; 还有一些方程或等式, 它们建立了形式系统中各个成员之间的联系. 桥梁意味着表象, 它通向实验结果或现实世界. 我们站在某一座桥上回首观望, 就是选择了某个表象看待形式系

统中的所有成员, 或者说, 选择了某一组基向量表示所有的数学形式. 在不同的桥上我们看到不同的景象, 这就是说, 同一个数学形式 (比如向量) 在不同的基向量上有不同的表示, 请你回顾式 (3.22) 和式 (3.24), 它们说的是不同表象中的同一个向量 $|\psi\rangle$. 当我们还站在桥上的时候, 当我们还没有彻底离开这片数学领地的时候, 表象的存在, 如你所言, 可能是多余的. 可是, 我们终究要走出这个形式系统, 这个形式系统中的数学符号需要通过桥尽头的那扇门指向现实世界. 那扇门代表测量过程, 穿过门之后, 我们便看到了实验结果. 所以, 桥的意义在于: 它的一头联系着数学领地, 另一头联系着走出领地的门. 换句话说, 表象的意义在于, 它在数学上相当于基向量的选择, 在物理上指向即将进行的测量.

还有一个需要说明的地方. 在这个场景中, 是什么通过了桥上的那扇门? 是什么经历了测量过程? 在我们的描述中, 是数学形式穿过了那扇门, 经历了测量过程. 这听起来有些荒唐, 数学形式怎么可能被测量? 而且被测量后还展现出实验结果, 实际上, 被测量的是微观粒子. 但是, 请你回想一下第 3.1 节和第 3.2 节, 在那里, 我们为量子小球引入了观测量, 赋予了量子态, 其目的就是为看不见摸不着的量子小球建立数学模型. 在这个意义上, 微观粒子的模型不是物理上的, 而是数学上的. 狄拉克和海森伯曾说过这样的话, 在物理学中, 对于大自然的自洽的数学描述是通向真理之路. 要求形象化或要求得到物理描述, 这只是经典物理学的残余.

现在来回答第 (2) 个疑问. 在表 3.2 中我们看到, Z 表象中 $\mathbb{C}^2$ 空间的基向量与 X 表象中的基向量在形式上是相同的, 但是实际上是不同的. 这里需要区别另一种情形: 形式上不同, 但是实际上等价. 典型的例子是, 式 (3.22) 和式 (3.24) 虽然在形式上是不同的, 但是实际上描述的是同一个向量 $|\psi\rangle$.

疑问 (2) 可以转述为: "如何在 Z 表象中表示 $|x\pm\rangle$? 或者, 如何在 X 表象中表示 $|z\pm\rangle$?" 为了回答这个问题, 我们需要实验结果的帮助, 而且还要用到量子测量假设. 在下一节我们将介绍量子测量假设, 所以, 对这个问题的回答将延续到下一节.

我们先说结论, 然后再逐步分析. 在 Z 表象中, $|x\pm\rangle$ 被表示为

$$|x+\rangle = \frac{1}{\sqrt{2}}|z+\rangle + \frac{1}{\sqrt{2}}|z-\rangle, \quad |x-\rangle = \frac{1}{\sqrt{2}}|z+\rangle - \frac{1}{\sqrt{2}}|z-\rangle \tag{3.25}$$

或者写为列向量:

$$|x+\rangle = \begin{pmatrix} \frac{1}{\sqrt{2}} \\ \frac{1}{\sqrt{2}} \end{pmatrix}_Z, \quad |x-\rangle = \begin{pmatrix} \frac{1}{\sqrt{2}} \\ -\frac{1}{\sqrt{2}} \end{pmatrix}_Z \tag{3.26}$$

式 (3.26) 中的下标表示 Z 表象.

对上面的形式稍作运算, 即可得到在 X 表象中 $|z\pm\rangle$ 的形式:

$$|z+\rangle = \frac{1}{\sqrt{2}}|x+\rangle + \frac{1}{\sqrt{2}}|x-\rangle, \quad |z-\rangle = \frac{1}{\sqrt{2}}|x+\rangle - \frac{1}{\sqrt{2}}|x-\rangle \tag{3.27}$$

或者用列向量表示:

$$|z+\rangle = \begin{pmatrix} \dfrac{1}{\sqrt{2}} \\ \dfrac{1}{\sqrt{2}} \end{pmatrix}_X, \quad |z-\rangle = \begin{pmatrix} \dfrac{1}{\sqrt{2}} \\ -\dfrac{1}{\sqrt{2}} \end{pmatrix}_X \tag{3.28}$$

继续分析之前, 再次提醒大家, 不能光看向量的分量, 更要注意向量所在的表象. 向量 (3.26) 和向量 (3.28) 的分量是相同的, 但是它们身处不同的表象, 二者绝不相同.

不知道大家看到了式 (3.25) 之后有没有这样的疑问: 为什么不把 $|x\pm\rangle$ 表示为别的形式? 比如说下面两个向量:

$$\frac{1}{2}|z+\rangle + \frac{\sqrt{3}}{2}|z-\rangle, \quad \frac{\sqrt{3}}{2}|z+\rangle - \frac{1}{2}|z-\rangle \tag{3.29}$$

容易验证, 上面的两个向量都是单位向量, 而且彼此正交, 当然可以作为 $\mathbb{C}^2$ 的基向量. 为什么不选用这两个向量作为 $|x\pm\rangle$ 在 Z 表象中的形式呢? 这个问题涉及 $|x\pm\rangle$ 与测量结果之间的联系, 是一个具有物理意义的提问. 为了回答这个问题, 我们需要求助于量子测量假设.

3.6 量子测量假设

之所以在 Z 表象中将 $|x\pm\rangle$ 表示为式 (3.25), 或者在 X 表象中将 $|z\pm\rangle$ 表示为式 (3.27), 是因为我们不仅要让这些形式满足数学上的要求 (例如正交归一), 更要让它能够解释物理事实. 回顾如图 2.9 所示的测量结果: 在硬度测量中表现为现象 "硬" 的量子小球经过颜色测量以后, 以概率 1/2 表现出现象 "白", 以概率 1/2 表现出现象 "黑". 后来, 在第 3.1 节, 我们重新谈论了量子小球, 并且把颜色观测量改名为观测量 Z, 把硬度观测量改名为观测量 X, 接着描述了这样的测量结果:

处于 $|x+\rangle$ 的量子小球经历了 Z 测量后, 以概率 $1/2$ 表现出现象 $z+$, 并在测量后处于状态 $|z+\rangle$; 以概率 $1/2$ 表现出现象 $z-$, 并在测量后处于状态 $|z-\rangle$. 处于 $|x-\rangle$ 的量子小球在 Z 测量过程中, 以概率 $1/2$ 表现出现象 $z+$,

并在测量后处于状态 $|z+\rangle$; 以概率 1/2 表现出现象 $z-$, 并在测量后处于状态 $|z-\rangle$.

在这些叙述中, 我们关心的不仅是数学形式, 还有测量结果及其概率. 因此, 现在需要将数学形式与测量结果联系起来, 量子力学的测量假设建立了两者间的联系. 测量假设可以说是量子理论的核心, 这是因为, 量子力学的一个重要任务是预言测量结果的概率分布. 在这里, 量子力学要用数学形式计算出上面提到的概率 1/2.

量子力学的测量假设是这么说的, 以观测量 Z 为例:

(1) 量子小球有观测量 Z. 如果我们想了解观测量 Z, 那么就要选择 Z 表象, 要用仪器 M_Z 做测量. 观测结果是 $z+$ 或 $z-$, 这些结果出现的概率分别记作 $p(z+)$ 和 $p(z-)$.

(2) 概率 $p(z+)$ 和 $p(z-)$ 与量子小球所处的量子态有关. 设量子小球的态向量是 $|\psi\rangle$, 在 Z 表象中, 用基向量 $|z+\rangle$ 和 $|z-\rangle$ 将 $|\psi\rangle$ 表示为

$$|\psi\rangle = c_+ |z+\rangle + c_- |z-\rangle$$

测量结果为 $z+$ 的概率 $p(z+)$ 和测量结果为 $z-$ 的概率 $p(z-)$ 分别为

$$p(z+) = |c_+|^2, \quad p(z-) = |c_-|^2 \tag{3.30}$$

(3) 当得到结果 $z+$ 时, 量子小球处于状态 $|z+\rangle$; 当得到结果 $z-$ 时, 量子小球处于状态 $|z-\rangle$.

如果测量对象是观测量 X, 那么就要在 X 表象中把上述内容重述一遍. 例如, $|\psi\rangle$ 应该展开为

$$|\psi\rangle = d_+ |x+\rangle + d_- |x-\rangle$$

测量结果为 $x+$ 和 $x-$ 的概率分别为

$$p(x+) = |d_+|^2, \quad p(x-) = |d_-|^2$$

我们以后还要深入讨论量子测量过程, 目前先将上述测量假设用在 "处于 $|x+\rangle$ 的量子小球经历了 Z 测量后, 以概率 1/2 表现出现象 $z+$, 以概率 1/2 表现出现象 $z-$" 这个描述中, 看看会有怎样的结论. 也就是说, 我们先来回答上一节遗留下来的问题: 为什么不把 $|x\pm\rangle$ 表示为式 (3.29)?

既然要做 Z 测量, 就要选择 Z 表象. 设 $|x+\rangle$ 在 Z 表象中表示为

$$|x+\rangle = c_+ |z+\rangle + c_- |z-\rangle$$

然后, 测量假设告诉我们, 测量结果是 $z+$ 或 $z-$. 从实验角度说, 得到 $z+$ 或 $z-$ 的概率是一样的, 即

$$p(z+) = \frac{1}{2}, \quad p(z-) = \frac{1}{2}$$

而测量假设告诉我们的是式 (3.30), 所以有

$$|c_+|^2 = \frac{1}{2}, \quad |c_-|^2 = \frac{1}{2}$$

注意到 c_+ 和 c_- 都是复数, 这里只要求它们的模等于 $1/2$, 因此这里的 c_+ 和 c_- 是不能唯一确定的. 我们选择最简单的形式, 让它们都等于 $1/\sqrt{2}$, 于是有了式 (3.25) 中的 $|x+\rangle$.

再者, 考虑到 "处于 $|x-\rangle$ 的量子小球经历了 Z 测量后, 以概率 $1/2$ 表现出现象 $z+$, 以概率 $1/2$ 表现出现象 $z-$" 这一结果, 根据量子力学的测量假设, $|x-\rangle$ 应该表示为

$$|x-\rangle = d_+ |z+\rangle + d_- |z-\rangle$$

其中, $|d_+|^2 = |d_-|^2 = 1/2$. 同样地, $d_\pm$ 不是唯一确定的, 但是, 现在有一个限制条件: $|x-\rangle$ 必须与 $|x+\rangle$ 正交. 考虑到这个条件, 我们把 d_+ 选择为 $1/\sqrt{2}$, 把 d_- 选择为 $-1/\sqrt{2}$, 于是有式 (3.25) 中的 $|x-\rangle$.

最后来看一下式 (3.27), 即

$$|z+\rangle = \frac{1}{\sqrt{2}} |x+\rangle + \frac{1}{\sqrt{2}} |x-\rangle, \quad |z-\rangle = \frac{1}{\sqrt{2}} |x+\rangle - \frac{1}{\sqrt{2}} |x-\rangle$$

它说的是 $|z\pm\rangle$ 在 X 表象中的形式. 一方面, 这个形式可以从式 (3.25) 通过简单运算得到; 另一方面, 它也符合图 2.8 所示的测量结果.

前一章中描述的所有观测现象以及测量结果的概率如今都可以根据量子测量假设计算出来, 大家不妨逐一验证. 在第 4.6 节我们会再次讨论量子测量假设.

3.7 第三个观测量, 需要复数

你注意到了吗? 虽然我们介绍了复数的概念, 也讲了二维复空间, 但是在运用量子力学的测量假设计算概率的时候还没有真正地用到复数.

没有看到复数, 那是因为观测量不够多. 我们讨论过的观测量有 Z 和 X, 二者的关系已经体现在从式 (3.25) 到式 (3.28) 的表达式中. 现在我们设想量子小球还有别的观

测量, 比如说 "味道". 下面我们说得抽象一些, 就说观测量 Y 吧. 和以前说过的内容类似, 为了考虑观测量 Y, 就要选择 Y 表象. 为了得到具体的观测结果, 就要用一个特定的仪器 M_Y 进行测量. 在这个仪器上我们能看到两个彼此互斥的现象, 记作 $y+$ 和 $y-$, 与这两个现象对应的量子小球的状态分别是 $|y+\rangle$ 和 $|y-\rangle$. 这两个量子态应该满足正交归一的条件, 即

$$\langle y+|y+\rangle = \langle y-|y-\rangle = 1, \quad \langle y+|y-\rangle = 0$$

可以像以前一样, 把 $|y\pm\rangle$ 表示为

$$|y+\rangle = \begin{pmatrix} 1 \\ 0 \end{pmatrix}_Y, \quad |y-\rangle = \begin{pmatrix} 0 \\ 1 \end{pmatrix}_Y$$

这一切都顺理成章, 接着考虑不同表象之间的联系. 对处于量子态 $|y+\rangle$ 或 $|y-\rangle$ 的量子小球进行 Z 测量或 X 测量, 实际的观测过程给出如下事实:

Z 测量结果 处于 $|y+\rangle$ 的量子小球经历了 Z 测量后, 以概率 $1/2$ 表现出现象 $z+$, 并在测量后处于状态 $|z+\rangle$; 以概率 $1/2$ 表现出现象 $z-$, 并在测量后处于状态 $|z-\rangle$. 处于 $|y-\rangle$ 的量子小球在 Z 测量过程中, 以概率 $1/2$ 表现出现象 $z+$, 并在测量后处于状态 $|z+\rangle$; 以概率 $1/2$ 表现出现象 $z-$, 并在测量后处于状态 $|z-\rangle$.

X 测量结果 处于 $|y+\rangle$ 的量子小球经历了 X 测量后, 以概率 $1/2$ 表现出现象 $x+$, 并在测量后处于状态 $|x+\rangle$; 以概率 $1/2$ 表现出现象 $x-$, 并在测量后处于状态 $|x-\rangle$. 处于 $|y-\rangle$ 的量子小球在 X 测量过程中, 以概率 $1/2$ 表现出现象 $x+$, 并在测量后处于状态 $|x+\rangle$; 以概率 $1/2$ 表现出现象 $x-$, 并在测量后处于状态 $|x-\rangle$.

接下来我们需要做的是, 根据上述事实, 运用量子力学的测量假设, 构造出 $|y\pm\rangle$ 在 Z 表象和 X 表象中的形式.

这类事情我们在上一节已经做过了. 在那里, 我们根据遇到的现象建立了 Z 表象中 $|x\pm\rangle$ 的表示形式以及 X 表象中 $|z\pm\rangle$ 的表示形式. 现在, 我们面临两个类似的问题:

(1) 在 Z 表象中如何表示 $|y\pm\rangle$?

(2) 在 X 表象中如何表示 $|y\pm\rangle$?

针对第 (1) 个问题, 首先立即写出

$$|y+\rangle = g_+ |z+\rangle + g_- |z-\rangle \tag{3.31}$$

这是 Z 表象中 $|y+\rangle$ 的形式. 根据前面提到的 "Z 测量结果" 以及量子测量假设, 有

$$|g_+|^2 = |g_-|^2 = 1/2$$

但这不是问题的最终答案, 我们要的答案是, g_+ 和 g_- 各等于多少? 首先需要明确的是, 式 (3.31) 中的 $g_\pm$ 不可能是实数. 如果 $g_\pm$ 取实数值, 那么它们只能是 $+\frac{1}{\sqrt{2}}$ 或 $-\frac{1}{\sqrt{2}}$.

如果 $g_+ = g_- = +\frac{1}{\sqrt{2}}$, 那么 $|y+\rangle = |x+\rangle$. 在这种情况下, 测量 X, 结果一定是 $x+$, 这不符合前面给出的 "X 测量结果".

如果 $g_+ = +\frac{1}{\sqrt{2}}$, $g_- = -\frac{1}{\sqrt{2}}$, 那么 $|y+\rangle = |x-\rangle$. 测量 X 的结果一定是 $x-$, 同样不符合 "X 测量结果".

如果 $g_+ = -\frac{1}{\sqrt{2}}$, $g_- = +\frac{1}{\sqrt{2}}$, 那么 $|y+\rangle = -|x-\rangle$. 如果测量 X, 那么根据测量假设, 得到 $x+$ 的概率为 0, 得到 $x-$ 的概率为 $|-1|^2 = 1$, 不符合 "X 测量结果".

如果 $g_+ = g_- = -\frac{1}{\sqrt{2}}$, 那么 $|y+\rangle = -|x+\rangle$. 测量 X, 得到 $x+$ 的概率为 $|-1|^2 = 1$, 不符合 "X 测量结果".

综上可知, 如果想在 Z 表象中表示 $|y\pm\rangle$, 那么实数是不够用的. 于是我们将叠加系数 $g_\pm$ 设为复数:

$$|y+\rangle = \frac{1}{\sqrt{2}}|z+\rangle + \frac{\mathrm{i}}{\sqrt{2}}|z-\rangle, \quad |y-\rangle = \frac{1}{\sqrt{2}}|z+\rangle - \frac{\mathrm{i}}{\sqrt{2}}|z-\rangle \tag{3.32}$$

大家可以自行验证一下它们的正交归一性. 上面的 $|y\pm\rangle$ 就是 Y 表象中 $\mathbb{C}^2$ 的基向量.

反过来, 我们来验证一下用式 (3.32) 表示 $|y\pm\rangle$ 是否合理? 先看看 "Z 测量结果". 设量子小球的量子态是 $|y+\rangle$, 测量 Z, 结果是 $z+$ 或 $z-$. 因为情况逐渐变得复杂了, 所以这里用 $p(z+ | y+)$ 表示 "对处于 $|y+\rangle$ 的量子小球测量 Z, 得到结果 $z+$ 的概率". 竖线右边的符号用来指明量子系统所处的状态, 竖线左边的符号表示测量结果. 根据测量假设, 有

$$p(z+ | y+) = \left|\frac{1}{\sqrt{2}}\right|^2 = \frac{1}{2}, \quad p(z- | y+) = \left|\frac{\mathrm{i}}{\sqrt{2}}\right|^2 = \frac{1}{2}$$

设量子小球的量子态是 $|y-\rangle$, 那么测量 Z, 得到结果 $z+$ 或 $z-$ 的概率分别是

$$p(z+ | y-) = \left|\frac{1}{\sqrt{2}}\right|^2 = \frac{1}{2}, \quad p(z- | y-) = \left|-\frac{\mathrm{i}}{\sqrt{2}}\right|^2 = \frac{1}{2}$$

上述理论计算结果符合实验给出的 "Z 测量结果". 至此我们完成了第 (1) 问的回答.

来看第 (2) 个问题: 根据 "X 的测量结果", 在 X 表象中表示 $|y\pm\rangle$. 我们可以仿照前面的过程, 把 $|y\pm\rangle$ 表示为 $|x+\rangle$ 和 $|x-\rangle$ 的线性叠加, 叠加系数是复数, 且模为 $\frac{1}{\sqrt{2}}$,

然后想办法确定这两个复数. 更好的做法是, 利用已知的 $|z\pm\rangle$ 和 $|x\pm\rangle$ 之间的关系 [见式 (3.25) 和式 (3.27)], 从式 (3.32) 直接推出我们要的结论.

我们先把已知的关系记在下面:

$$|z+\rangle = \frac{1}{\sqrt{2}}|x+\rangle + \frac{1}{\sqrt{2}}|x-\rangle, \quad |z-\rangle = \frac{1}{\sqrt{2}}|x+\rangle - \frac{1}{\sqrt{2}}|x-\rangle$$

$$|y+\rangle = \frac{1}{\sqrt{2}}|z+\rangle + \frac{\mathrm{i}}{\sqrt{2}}|z-\rangle, \quad |y-\rangle = \frac{1}{\sqrt{2}}|z+\rangle - \frac{\mathrm{i}}{\sqrt{2}}|z-\rangle$$

将上面的关系组合起来, 容易得到

$$|y+\rangle = \frac{1+\mathrm{i}}{2}|x+\rangle + \frac{1-\mathrm{i}}{2}|x-\rangle, \quad |y-\rangle = \frac{1-\mathrm{i}}{2}|x+\rangle + \frac{1+\mathrm{i}}{2}|x-\rangle \tag{3.33}$$

这和我们以前熟悉的形式有点不一样, 有必要对它们做些计算. 首先要确认一下正交归一性, 即计算 $\langle y+|y+\rangle$, $\langle y-|y-\rangle$ 以及 $\langle y+|y-\rangle$. 计算的过程中要正确写出它们的左矢形式, 比如

$$\langle y+| = \frac{1-\mathrm{i}}{2}\langle x+| + \frac{1+\mathrm{i}}{2}\langle x-|$$

还要利用 $|x\pm\rangle$ 的正交归一性, 然后有

$$\begin{aligned}
\langle y+|y+\rangle &= \left(\frac{1-\mathrm{i}}{2}\langle x+| + \frac{1+\mathrm{i}}{2}\langle x-|\right)\left(\frac{1+\mathrm{i}}{2}|x+\rangle + \frac{1-\mathrm{i}}{2}|x-\rangle\right) \\
&= \frac{1-\mathrm{i}}{2}\frac{1+\mathrm{i}}{2}\langle x+|x+\rangle + \frac{1+\mathrm{i}}{2}\frac{1-\mathrm{i}}{2}\langle x-|x-\rangle \\
&= \left|\frac{1+\mathrm{i}}{2}\right|^2 + \left|\frac{1+\mathrm{i}}{2}\right|^2 \\
&= 1
\end{aligned}$$

同样地, $\langle y-|y-\rangle = 1$, 说明它们都是归一的.

$$\begin{aligned}
\langle y+|y-\rangle &= \left(\frac{1-\mathrm{i}}{2}\langle x+| + \frac{1+\mathrm{i}}{2}\langle x-|\right)\left(\frac{1-\mathrm{i}}{2}|x+\rangle + \frac{1+\mathrm{i}}{2}|x-\rangle\right) \\
&= \frac{1-\mathrm{i}}{2}\cdot\frac{1-\mathrm{i}}{2}\langle x+|x+\rangle + \frac{1+\mathrm{i}}{2}\cdot\frac{1+\mathrm{i}}{2}\langle x-|x-\rangle \\
&= \frac{1}{4}(1-\mathrm{i}-\mathrm{i}+\mathrm{i}^2) + \frac{1}{4}(1+\mathrm{i}+\mathrm{i}+\mathrm{i}^2) \\
&= -\frac{\mathrm{i}}{2} + \frac{\mathrm{i}}{2} \\
&= 0
\end{aligned}$$

这体现了正交性. 于是 $|y\pm\rangle$ 确实可以作为 $\mathbb{C}^2$ 空间的基向量.

接着需要验证式 (3.33) 能否满足 "X 测量结果". 这已经是 X 表象中的形式了, 我们直接对叠加系数取模的平方就可以知道测量结果的概率了, 即

量子信息基础与实验
Fundamentals and Experiments of Quantum Information

$$p(x+|y+) = \left|\frac{1+i}{2}\right|^2 = \frac{1}{2}, \quad p(x-|y+) = \left|\frac{1-i}{2}\right|^2 = \frac{1}{2}$$

$$p(x+|y-) = \left|\frac{1-i}{2}\right|^2 = \frac{1}{2}, \quad p(x-|y-) = \left|\frac{1+i}{2}\right|^2 = \frac{1}{2}$$

符合 "X 测量结果". 所以, 式 (3.33) 是 $|y\pm\rangle$ 的合理形式.

还应该注意到, 根据式 (3.33), 我们可以反过来用 $|y\pm\rangle$ 表示 $|x\pm\rangle$, 即在 Y 表象中表示 $|x\pm\rangle$. 得到的数学形式可以解释这样的实验事实: 如果量子小球的状态是 $|x+\rangle$ 或者 $|x-\rangle$, 那么测量 Y, 得到结果 $y+$ 或 $y-$ 的概率都是 1/2.

到目前为止, 我们介绍了三个表象以及三者之间的联系, 并且将量子测量假设用于这三个表象, 接着可以考虑更一般的情形了.

3.8 一般形式的量子态

所谓的 "一般形式" 指的是二维复空间 $\mathbb{C}^2$ 中量子态的一般形式, 我们不打算讲更高维数的复空间. 量子态不仅仅是复空间中的向量, 它是要为测量和测量结果的概率负责的, 所以我们在讨论量子态的时候要引入一般意义上的观测量, 并且计算测量结果的概率分布. 通过这一节的讨论, 我们应该对量子态有更全面的认识.

3.8.1 量子态表示为归一化的向量

回顾前面的内容, 我们看到, $\mathbb{C}^2$ 空间中的基向量可以有无穷多种不同的选择方式, 这意味着有无穷多种表象. 任意的量子态 $|\psi\rangle \in \mathbb{C}^2$ 因而有无穷多种不同的表示形式. 以 Z 表象、X 表象和 Y 表象为例, 某个量子态 $|\psi\rangle$ 可以表示为

$$|\psi\rangle = c_+ |z+\rangle + c_- |z-\rangle = d_+ |x+\rangle + d_- |x-\rangle = g_+ |y+\rangle + g_- |y-\rangle$$

或者用列向量表示:

$$|\psi\rangle = \begin{pmatrix} c_+ \\ c_- \end{pmatrix}_Z = \begin{pmatrix} d_+ \\ d_- \end{pmatrix}_X = \begin{pmatrix} g_+ \\ g_- \end{pmatrix}_Y$$

我们能在不同的表示之间画等号, 是因为它们表示的是同一个向量、同一个量子态. 它们的具体形式当然不同, 这是很自然的, 因为基向量不同, 即表象不同. 稍后我们会讲到

这些叠加系数之间的关系.

在众多表象中, 我们当然应该选择一个形式最简单的作为讨论问题的出发点. 我们选择 Z 表象, 但是做一点小小的改变. 以后我们把 Z 表象的基向量记作 $|0\rangle$ 和 $|1\rangle$, 即

$$|0\rangle \longleftrightarrow |z+\rangle, \quad |1\rangle \longleftrightarrow |z-\rangle$$

这么做是合乎情理的: 当一切还没有展开的时候, 我们先构建一个最为简单朴素的框架, 这是再自然不过的事情了. 量子态 $|\psi\rangle$ 的形式改写为

$$|\psi\rangle = c_0 |0\rangle + c_1 |1\rangle \tag{3.34}$$

在这组基向量上, $|\psi\rangle$ 的列向量形式是

$$|\psi\rangle = \begin{pmatrix} c_0 \\ c_1 \end{pmatrix}, \quad c_0, c_1 \in \mathbb{C} \tag{3.35}$$

再提醒一句: 写列向量形式的时候要注意表象.

一般情况下, 系数 c_0, c_1 的模不一定等于 $1/2$. 但是, 我们对它们提一个合理的要求:

$$|c_0|^2 + |c_1|^2 = 1 \tag{3.36}$$

就是说, 表示量子态的向量必须满足归一化条件. 为什么会有这个条件呢? 考虑对处于状态 $|\psi\rangle$ 的量子小球测量它的观测量 Z, 你现在可以立即给出测量结果的描述: 得到结果 $z+$, $z-$ 的概率分别是

$$p(z + |\psi\rangle = |c_0|^2, \quad p(z - |\psi\rangle = |c_1|^2$$

这两个概率必须满足一个条件: 它们的和等于 1, 即

$$p(z + |\psi\rangle) + p(z - |\psi\rangle) = 1 \tag{3.37}$$

这正是归一化条件式 (3.36).

对式 (3.37) 稍做解释. 简单一点说, 目前我们将面临两个实验结果, 一个是 $z+$, 另一个是 $z-$. 对于某一次观测, 我们虽不能肯定哪一个结果一定出现或一定不出现, 但是出现的结果一定是二者之一, 不可能有第三种情况, 所以这两个概率相加必须等于 1.

我们还想从实际操作的角度再讨论一下式 (3.37), 并顺带谈一谈从频率到概率的过渡. 设想有 N 个量子小球, 每一个都处于状态 $|\psi\rangle$. 让它们一个个地通过测量仪器 M_Z. 测完这 N 个量子小球之后, 我们数了数结果 $z+$ 出现的次数, 记作 N_+; 也数了数结果

量子信息基础与实验
Fundamentals and Experiments of Quantum Information

$z-$ 出现的次数, 记作 N_-. 在整个实验过程中, 量子小球的数量既没有增加也没有减少, 所以应该有

$$N_+ + N_- = N$$

结果 $z+$ 和 $z-$ 出现的频率分别定义为它们出现的次数占总数的百分比, 即

$$\frac{N_+}{N}, \quad \frac{N_-}{N}$$

显然, 这两个频率相加等于 1, 即

$$\frac{N_+}{N} + \frac{N_-}{N} = 1$$

在实际实验中, 频率并不是一个固定值. 例如, 假设第一轮实验你用了 $N = 100$ 个量子小球来做实验, 发现频率是 $\frac{N_+}{N} = 0.65$, $\frac{N_-}{N} = 0.35$. 第二轮实验你用了 $N = 1000$ 个量子小球, 发现 $\frac{N_+}{N} = 0.58$, $\frac{N_-}{N} = 0.42$. 但是, 随着 N 越来越大, 我们将发现, 两个频率越来越趋近于某个固定值, 比如说 $\frac{N_+}{N}$ 越来越可能分布在 0.6 附近, 而 $\frac{N_-}{N}$ 越来越可能分布在 0.4 附近. 于是, 在统计理论中, 将接受检验的量子小球的个数 N 推向无穷大, 并将频率的极限定义概率:

$$p(z+|\psi) = \lim_{N \to \infty} \frac{N_+}{N}, \quad p(z-|\psi) = \lim_{N \to \infty} \frac{N_-}{N}$$

这里 lim 表示 "极限" (limit) 的意思. 当 N 趋于无穷的时候, N_+ 或 N_- 也都趋于无穷, 但是它们比值是一个有限值, 这是频率的极限值, 该极限值被定义为概率. 就这个例子中,

$$p(z_+|\psi) = 0.6, \quad p(z_-|\psi) = 0.4$$

在式 (3.37) 中, 两个概率的和为 1, 这反映了实验过程中的粒子数守恒. 所以说, 归一化条件是概率守恒或粒子数守恒对量子态提出的要求.

回来看 $|\psi\rangle$ 的表达式 (3.34) 或式 (3.35). 叠加系数 c_0 和 c_1 的模平方给出概率, 我们把 c_0, c_1 叫作概率幅. 它们作为 2 个复数, 对应于 4 个实数. 设

$$c_0 = a_0 + b_0 \mathrm{i}, \quad c_1 = a_1 + b_1 \mathrm{i}$$

其中, a_0, b_0, a_1 和 b_1 都是实数. 归一化条件式 (3.36) 被表示为

$$a_0^2 + b_0^2 + a_1^2 + b_1^2 = 1 \tag{3.38}$$

这个方程是一个限制条件, 使得 $\mathbb{C}^2$ 中的量子态的数学形式有 3 个独立的实参数. 对限制条件式 (3.38) 的一个形象解读是, $\mathbb{C}^2$ 中的量子态分布在四维实空间中的单位球面上.

既然只需要 3 个独立的实参数描述量子态, 我们不妨换一种表示方式, 用 3 个角度 θ, ϕ 和 γ 及其三角函数将 $|\psi\rangle$ 写为

$$|\psi\rangle = \mathrm{e}^{\mathrm{i}\gamma}\left(\cos\frac{\theta}{2}\ \mathrm{e}^{-\mathrm{i}\frac{\phi}{2}}\ |0\rangle + \sin\frac{\theta}{2}\ \mathrm{e}^{\mathrm{i}\frac{\phi}{2}}\ |1\rangle\right) \tag{3.39}$$

或者写为列向量

$$|\psi\rangle = \mathrm{e}^{\mathrm{i}\gamma}\begin{pmatrix}\cos\dfrac{\theta}{2}\ \mathrm{e}^{-\mathrm{i}\frac{\phi}{2}}\\[2mm] \sin\dfrac{\theta}{2}\ \mathrm{e}^{\mathrm{i}\frac{\phi}{2}}\end{pmatrix} \tag{3.40}$$

你可能觉得这种形式很繁琐, 但实际上它是有很大好处的. 以后你将看到, 这种形式会展现形象的几何图像.

3.8.2 测量结果及概率分布

如果仅仅说 $\mathbb{C}^2$ 空间中量子态的数学表示, 那么能说的内容也就这些了. 但是我们知道, 量子态承担的任务是, 结合测量假设给出测量结果的概率分布, 因此我们要在量子态的数学形式的基础上, 讨论观测量的测量结果及其概率.

式 (3.34) 可以立即用来说明 Z 测量的结果及其概率, 这在前面的讨论中已经给出了. 换一个观测量, 提这样的问题: "测量 X, 得到结果 $x\pm$ 的概率是多少?" 这时应该在 X 表象中表示 $|\psi\rangle$. 根据式 (3.27), 用 $|x\pm\rangle$ 表示 $|0\rangle$ 和 $|1\rangle$, 将 $|\psi\rangle$ 改写为

$$\begin{aligned}|\psi\rangle &= c_0\ \frac{1}{\sqrt{2}}(\,|x+\rangle + |x-\rangle\,) + c_1\ \frac{1}{\sqrt{2}}(\,|x+\rangle - |x-\rangle\,)\\[2mm] &= \frac{c_0 + c_1}{\sqrt{2}}\ |x+\rangle + \frac{c_0 - c_1}{\sqrt{2}}\ |x-\rangle\end{aligned}$$

于是测量 X 得到 $x\pm$ 的概率是

$$p(x+|\psi) = \frac{1}{2}|c_0 + c_1|^2, \quad p(x-|\psi) = \frac{1}{2}|c_0 - c_1|^2$$

类似地, 可以回答 "测量 Y, 得到结果 $y\pm$ 的概率是多少?" 这样的问题.

现在, 让我们想得更多些, 想得更一般些. 设量子小球有某个一般意义上观测量, 我们也不讲什么通俗的名称了, 就把它记作 A. 测量 A, 可能的结果有两个, 记作 a_0 和 a_1. 这两个结果是宏观层面上的现象, 设这两个现象分别对应于量子小球的量子态 $|\alpha_0\rangle$ 和 $|\alpha_1\rangle$. 按照我们最早在第 3.3 节提出且后来一直采用的观点: 与互斥的现象对应的量子态是彼此正交的, 这里的 $|\alpha_0\rangle$ 和 $|\alpha_1\rangle$ 是彼此正交的, 即内积为零, $\langle\alpha_0|\alpha_1\rangle = 0$. 而且,

我们还要求它们都是归一的. 这就是说, $|\alpha_0\rangle$ 和 $|\alpha_1\rangle$ 可以作为 $\mathbb{C}^2$ 的基向量, 这就有了 A 表象. 继续想下去, 还可以有 B 表象、C 表象等, 实际上有无穷多个表象.

现在我们提问: 设量子小球处于量子态 $|\psi\rangle$, 那么测量 A, 得到结果 a_0 或 a_1 的概率分别是多少? 这个问题的答案有两个版本: 一个很简单, 只是运用量子测量假设给出形式上的答案; 另一个有点复杂, 需要较为全面的考虑.

我们先说简单的版本. 测量对象是观测量 A, 那么就应该选择 A 表象, 用 $|\alpha_0\rangle$ 和 $|\alpha_1\rangle$ 作为 $\mathbb{C}^2$ 的基向量, 并且将 $|\psi\rangle$ 在这组基向量上展开. 按照这个说法, 我们应该写

$$|\psi\rangle = d_0 |\alpha_0\rangle + d_1 |\alpha_1\rangle \tag{3.41}$$

这里的 $d_0, d_1 \in \mathbb{C}$, 并且满足归一化条件, 即 $|d_0|^2 + |d_1|^2 = 1$. 有了这个形式之后, 我们就可以说, 测量 A, 得到结果 a_0, a_1 的概率分别是

$$p(a_0|\psi) = |d_0|^2, \quad p(a_1|\psi) = |d_1|^2$$

以上叙述只是将测量假设用在对 A 的测量过程中, 这就是简单的版本给出的回答.

如果你仔细想一下, 那么会发现上述过程中很多细节没有交代: $|\psi\rangle$ 的表达式是什么? 两个基向量 $|\alpha_0\rangle$ 和 $|\alpha_1\rangle$ 怎么表示? 是在 A 表象中写为

$$|\alpha_0\rangle = \begin{pmatrix} 1 \\ 0 \end{pmatrix}_A, \quad |\alpha_1\rangle = \begin{pmatrix} 0 \\ 1 \end{pmatrix}_A$$

还是像上一小节说的那样, 选择最简单的 Z 表象作为出发点, 在 Z 表象中表示它们?

为了解决这些细节上的问题, 稳妥的做法是, 先写出 Z 表象中量子态 $|\psi\rangle$ 的表达式. 这么做的原因如下: 在面向微观粒子的实验中, 一开始的时候通常要将实验对象的状态制备到某个可控的已知状态, 否则, 对初始状态的无知势必导致后续过程无法定义, 后续结果无从知晓. 现在 Z 表象相当于我们的根据地, 所以我们把 $|\psi\rangle$ 表示为

$$|\psi\rangle = c_0 |0\rangle + c_1 |1\rangle$$

假设 c_0 和 c_1 是已知的, 当然, 它们满足归一化条件, 即 $|c_0|^2 + |c_1|^2 = 1$. 这里有一个数学上的运算值得一提, 而且下面也要用到. 对上面的等式的两端用 $|0\rangle$ 作内积, 有

$$\langle 0|\psi\rangle = c_0 \langle 0|0\rangle + c_1 \langle 0|1\rangle = c_0$$

类似地, 用 $|1\rangle$ 作内积, 有

$$\langle 1|\psi\rangle = c_0 \langle 1|0\rangle + c_1 \langle 1|1\rangle = c_1$$

这表明, 利用基向量的正交归一性, 我们可以把叠加系数表示为内积的形式:

$$c_0 = \langle 0|\psi\rangle, \quad c_1 = \langle 1|\psi\rangle \tag{3.42}$$

现在要对量子小球的观测量 A 做测量, 这意味着我们要去 A 表象一探究竟, 也就是说, 要在 A 表象中将 $|\psi\rangle$ 表示为式 (3.41), 即

$$|\psi\rangle = d_0 |\alpha_0\rangle + d_1 |\alpha_1\rangle \tag{3.43}$$

式 (3.43) 中的 d_0 和 d_1 是未知的, 也正是需要求解的, 这样才能通过计算它们的模的平方得到测量结果的概率.

同一个态 $|\psi\rangle$, 有两种不同的表示, 它们应该是等价的, 即

$$|\psi\rangle = c_0 |0\rangle + c_1 |1\rangle = d_0 |\alpha_0\rangle + d_1 |\alpha_1\rangle \tag{3.44}$$

我们的目标是求出 d_0 和 d_1, 为此暂时忽略一些细节上的考量, 比如说, 应该如何表示 $|\alpha_0\rangle$ 和 $|\alpha_1\rangle$? 这个问题稍后再考虑, 现在利用 $|\alpha_0\rangle$ 和 $|\alpha_1\rangle$ 的正交归一性, 对式 (3.44) 中的每一项用 $|\alpha_0\rangle$ 作内积:

$$\langle \alpha_0|\psi\rangle = c_0 \langle \alpha_0|0\rangle + c_1 \langle \alpha_0|1\rangle = d_0 \langle \alpha_0|\alpha_0\rangle + d_1 \langle \alpha_0|\alpha_1\rangle \tag{3.45}$$

注意到 $\langle \alpha_0|\alpha_0\rangle = 1$, $\langle \alpha_0|\alpha_1\rangle = 0$, 有

$$\langle \alpha_0|\psi\rangle = c_0 \langle \alpha_0|0\rangle + c_1 \langle \alpha_0|1\rangle = d_0 \tag{3.46}$$

这就获得了 d_0 的表达式. 类似地, 用 $|\alpha_1\rangle$ 作内积, 并考虑 $|\alpha_0\rangle$ 和 $|\alpha_1\rangle$ 的正交归一性, 我们可以写出 d_1:

$$\langle \alpha_1|\psi\rangle = c_0 \langle \alpha_1|0\rangle + c_1 \langle \alpha_1|1\rangle = d_0 \langle \alpha_1|\alpha_0\rangle + d_1 \langle \alpha_1|\alpha_1\rangle = d_1 \tag{3.47}$$

在以上计算 d_0 和 d_1 的过程中, 我们利用了基向量的正交归一性. 即便目前还不知道 $|\alpha_0\rangle$ 和 $|\alpha_1\rangle$ 的具体形式, 也能得到我们想要的 d_0 和 d_1 的表达式.

现在应该考虑那些被忽略的细节了. 为了算出式 (3.46) 和式 (3.47) 中的内积, 我们需要知道 $|\alpha_0\rangle$ 和 $|\alpha_1\rangle$ 是什么样子. 这个问题的全面回答要等到下一节, 这里我们换个说法. 在 $\mathbb{C}^2$ 空间中构造两个正交归一的向量, 把它们当作 $|\alpha_0\rangle$ 和 $|\alpha_1\rangle$, 然后将计算继续下去. 为了构造两个正交归一的 $|\alpha_0\rangle$ 和 $|\alpha_1\rangle$, 我们先任意写一个向量, 把它视作 $|\alpha_0\rangle$:

$$|\alpha_0\rangle = s\,|0\rangle + t\,|1\rangle$$

其中, $s, t \in \mathbb{C}$, 且 $|s|^2 + |t|^2 = 1$. 与 $|\alpha_0\rangle$ 正交的单位向量容易给出, 记作 $|\alpha_1\rangle$:

$$|\alpha_1\rangle = -t^*\,|0\rangle + s^*\,|1\rangle$$

$|\alpha_1\rangle$ 的归一是显然的, 验证一下与 $|\alpha_0\rangle$ 的正交:

$$
\begin{aligned}
\langle \alpha_0 | \alpha_1 \rangle &= (s^*\,\langle 0| + t^*\,\langle 1|)(-t^*\,|0\rangle + s^*\,|1\rangle) \\
&= -s^* t^* + t^* s^* \\
&= 0
\end{aligned}
$$

如果采用式 (3.40) 所示的角度表示, 那么下面两个向量是正交归一的, 可作为 $|\alpha_0\rangle$ 和 $|\alpha_1\rangle$:

$$|\psi_0\rangle = \mathrm{e}^{\mathrm{i}\gamma}\begin{pmatrix} \cos\dfrac{\theta}{2}\ \mathrm{e}^{-\mathrm{i}\frac{\phi}{2}} \\[2mm] \sin\dfrac{\theta}{2}\ \mathrm{e}^{\mathrm{i}\frac{\phi}{2}} \end{pmatrix}, \quad |\psi_1\rangle = \mathrm{e}^{\mathrm{i}\delta}\begin{pmatrix} -\sin\dfrac{\theta}{2}\ \mathrm{e}^{-\mathrm{i}\frac{\phi}{2}} \\[2mm] \cos\dfrac{\theta}{2}\ \mathrm{e}^{\mathrm{i}\frac{\phi}{2}} \end{pmatrix} \tag{3.48}$$

这种形式先放在这里, 我们以后会用到.

现在我们有了一组正交归一的向量:

$$|\alpha_0\rangle = s\,|0\rangle + t\,|1\rangle, \quad |\alpha_1\rangle = -t^*\,|0\rangle + s^*\,|1\rangle \tag{3.49}$$

接下来就要考虑 d_0 和 d_1, 它们分别由式 (3.46) 和式 (3.47) 表示. d_0 的表达式是 $\langle \alpha_0 | \psi \rangle$, 让我们把 $|\alpha_0\rangle$ 和 $|\psi\rangle$ 放在一起:

$$|\alpha_0\rangle = s\,|0\rangle + t\,|1\rangle, \quad |\psi\rangle = c_0\,|0\rangle + c_1\,|1\rangle$$

它们都是在基向量 $|0\rangle$, $|1\rangle$ 上的展开形式, 计算二者的内积是容易的:

$$d_0 = \langle \alpha_0 | \psi \rangle = s^* c_0 + t^* c_1$$

类似地有

$$d_1 = \langle \alpha_1 | \psi \rangle = -t c_0 + s c_1$$

观测到结果 a_0, a_1 的概率分别是

$$p(a_0|\psi) = |d_0|^2 = |s^* c_0 + t^* c_1|^2, \quad p(a_1|\psi) = |d_1|^2 = |-t c_0 + s c_1|^2$$

请大家验证一下 $p(a_0|\psi) + p(a_1|\psi) = 1$, 它既是式 (3.43) 的归一化的要求, 也是测量过程概率守恒的体现.

3.8.3 补充说明

首先对二维复空间的"二维"做一个补充说明. 我们讨论的模型是量子小球, 它对应于真实的 SG 实验. 在这个模型中, 可以严格区分的实验现象有两个, 于是我们用二维复空间描述量子小球的量子态. 二维复空间可以用来描述自旋 1/2 粒子这样一类双值量子系统, 又叫两态量子系统或者两能级量子系统. 一般情况下, 在面向微观粒子的实验中, 如果对于某一种类型的测量, 发现可以严格区分的现象的个数为 N, 那么我们就用 N 维复空间 $\mathbb{C}^N$ 来描述微观粒子的状态.

第二个补充说明是关于表象的. 一方面, 我们说过的话、做过的事是这样的: 如果考虑观测量 A, 就要选择 A 表象, 在基向量 $|\alpha_0\rangle$ 和 $|\alpha_1\rangle$ 上表示量子态 $|\psi\rangle$, 然后根据测量假设, 可以确定测量结果的概率等于展开系数的模的平方. 这番毫无疑义的叙述反映在式 (3.41) 中, 但这个表达式不易处理, 我们是退回到 Z 表象才解出 d_0 和 d_1 的. 回到 Z 表象的原因是, 我们需要一个初态制备的过程, 制备好的量子态在 Z 表象中有明确的已知形式, 然后再考虑对观测量 A 做测量. 所以说, 从 A 表象到 Z 表象的切换是初始条件的限制——制备的量子态具有 Z 表象中的形式. 另一方面, 这个表象的切换过程只是数学变换, 是为了计算 d_0 和 d_1 而采用的一种数学方法, 它并不违反量子测量假设里对表象的规定——我们真正需要的 d_0 和 d_1 只能在 A 表象中, 而不是在 Z 表象或其他表象中才能看到. 在这个意义上, 为了计算 d_0 和 d_1, 你可以切换到任意表象中.

我们对上一段最后一句话做具体说明. 设有一个观测量 B, 对应的有 B 表象以及 $\mathbb{C}^2$ 的基向量 $|\beta_0\rangle$ 和 $|\beta_1\rangle$. 如果你能够确定在 B 表象中量子态 $|\psi\rangle$ 可以表示为

$$|\psi\rangle = f_0 |\beta_0\rangle + f_1 |\beta_1\rangle \tag{3.50}$$

那么测量 A, 得到结果 a_0 和 a_1 的概率是多少? 回顾一下从式 (3.44) 到式 (3.46) 的处理过程, 可以立即写出概率

$$p(a_0|\psi) = |\langle \alpha_0|\psi \rangle|^2, \quad p(a_1|\psi) = |\langle \alpha_1|\psi \rangle|^2 \tag{3.51}$$

上述表达式具有一般意义, 其中我们甚至看不到用于表示 $|\psi\rangle$ 的具体的表象或基向量. 只是在具体计算的时候, 我们才会关心哪一个表象是合适的. 例如在这里, 若是选用 B 表象, 那么 $|\psi\rangle$ 的形式是已知的, 即式 (3.50). 为了计算 $\langle \alpha_0|\psi \rangle$ 或 $\langle \alpha_1|\psi \rangle$, 需要将 $|\alpha_0\rangle$ 和 $|\alpha_1\rangle$ 在 B 表象中表示出来, 如同前面讨论过的在 Z 表象中表示 $|\alpha_0\rangle$ 和 $|\alpha_1\rangle$. 这里涉及量子测量假设的运用, 我们将在第 4.6 节继续讨论.

3.9 叠加原理

大家经常看到如下类型表达式：

$$|\psi\rangle = c_0 |0\rangle + c_1 |1\rangle$$

对于这类表达式，我们是这么说的：它是态向量 $|\psi\rangle$ 在 Z 表象中的表示，是 $|\psi\rangle$ 在基向量 $|0\rangle$ 和 $|1\rangle$ 上的展开，也可以说是量子态 $|0\rangle$ 和量子态 $|1\rangle$ 分别以概率幅 c_0 和 c_1 的线性叠加。

现在把叠加这个概念说得再严格一些。我们遇到过这几个空间：简单的二维实空间 $\mathbb{R}^2$，最为熟悉的三维实空间 $\mathbb{R}^3$，以及正在讨论的二维复空间 $\mathbb{C}^2$，它们都是线性空间。线性空间的一个基本性质是，其中任意两个向量的线性组合仍然属于这个空间。以 $\mathbb{C}^2$ 为例，设 $|\psi_1\rangle \in \mathbb{C}^2$，$|\psi_2\rangle \in \mathbb{C}^2$，那么有

$$c_1 |\psi_1\rangle + c_2 |\psi_2\rangle \in \mathbb{C}^2, \quad c_1, c_2 \in \mathbb{C}$$

这样的线性组合也被称为线性叠加。这里 $|\psi_1\rangle$ 和 $|\psi_2\rangle$ 是 $\mathbb{C}^2$ 中的任意向量，不一定是态向量，也不一定是基向量。形如 $c_0 |0\rangle + c_1 |1\rangle$ 的表达式则是基向量的线性叠加，我们前面遇到的叠加形式都是基向量的线性叠加。

向量的线性叠加是数学概念，到了量子力学中，就成了叠加原理。叠加原理就一句话：态向量的线性叠加仍然是态向量。

很多时候，简单的一句话反而需要更多的话加以解释。从叠加原理的数学表示来看，它不过是线性空间的一条基本性质。但是，从量子力学的角度看，它为量子系统的状态提供了无限可能。不仅如此，量子态叠加后将展现出经典力学无法解释的现象，下面来讨论这种情形。

我们知道，如果量子小球的态向量是 $|z+\rangle$（这里用 $|z+\rangle$ 比 $|0\rangle$ 显得更形象），那么 X 测量的结果是，以相同的概率 $1/2$ 得到结果 $x+$ 或 $x-$。如果量子小球的态向量是 $|z-\rangle$，那么 X 测量的结果同样是以相同的概率 $1/2$ 得到结果 $x+$ 或 $x-$。现在考虑 $|z+\rangle$ 和 $|z-\rangle$ 如下形式的线性叠加：

$$|\psi\rangle = \frac{1}{\sqrt{2}} |z+\rangle + \frac{1}{\sqrt{2}} |z-\rangle \tag{3.52}$$

叠加原理说，$|\psi\rangle$ 是量子小球的可能状态。我们对 $|\psi\rangle$ 问这样的问题：用仪器 M_X 对观测量 X 进行测量，得到结果 $x+$ 和 $x-$ 的概率分别是多少？

这里先提一下常见的对式 (3.52) 的错误解读:

$$\text{量子小球可能处于 } |z+\rangle, \text{ 也可能处于 } |z-\rangle, \text{ 概率都是 } 1/2. \qquad (3.53)$$

这样的解读来自于经典世界带给我们的成见. 如果按照这种解读, 那么有下面的推理:

(1) 当量子小球处于 $|z+\rangle$ 的时候, X 测量给出结果 $x+$ 的概率为 $1/2$, 给出结果 $x-$ 的概率也是 $1/2$.

(2) 当量子小球处于 $|z-\rangle$ 的时候, X 测量给出结果 $x+$ 或 $x-$ 的概率都是 $1/2$.

(3) 根据式 (3.53) 的观点, 对 $|\psi\rangle$ 进行 X 测量, 得到结果 $x+$ 的概率是

$$\frac{1}{2} \times \frac{1}{2} + \frac{1}{2} \times \frac{1}{2} = \frac{1}{2}$$

式 (3.53) 的观点是将 $|\psi\rangle$ 错误地理解为经典意义上的混合 ——就像各以概率 $1/2$ 将红豆和绿豆混合在一起.

式 (3.52) 表达的是叠加 ——而不是混合; 是量子态按概率幅的叠加, 而不是现象按概率的混合. 在叠加形式的量子态中, 叠加系数能且只能是概率幅, 不可能是概率, 概率出现在测量过程中. 如果没有测量, 就不能随意地将叠加形式中的概率幅进行模平方, 不能说量子小球以怎样的概率处于某个状态. 换句话说, 模平方这个数学上的操作需要对应于物理上的测量.

对式 (3.52) 的正确看法是这样的: 既然要测量 X, 就应该在 X 表象中看看 $|\psi\rangle$ 是什么样的. 以前的讨论告诉我们,

$$|\psi\rangle = \frac{1}{\sqrt{2}} |z+\rangle + \frac{1}{\sqrt{2}} |z-\rangle = |x+\rangle \qquad (3.54)$$

于是立即得到正确结论: 对 $|\psi\rangle$ 测量 X, 一定得到结果 $x+$.

强调几点:

(1) 叠加是对量子态而言的, 叠加系数是概率幅.

(2) 再看看式 (3.54). 你可以说, 对应于 Z 的测量结果的量子态 (即 $|z\pm\rangle$) 叠加成了 X 的某个测量结果 (即 $x+$) 所对应的量子态 (即 $|x+\rangle$), 但是你不能说 Z 的测量结果叠加成了 X 的测量结果.

(3) 量子态也是可以按概率进行混合的, 其结果叫作混合态, 这里就不讨论这个话题了.

(4) 不能干瞪着量子态就说概率, 只能做了测量才能说概率.

第 4 章

量子力学的 "静态" 假设 Ⅱ

这一章将讨论量子力学的 "静态" 假设中的第二个基本概念——观测量.

我们早在第 3.1 节就介绍了观测量的概念, 随后经常使用这个概念. 构造观测量这个概念的目的是, 在量子力学的理论框架中为测量结果找一个栖身之所, 让量子现象能够回溯到一个以数学形式表示的源头. 例如, 测量结果 "白" 或 "黑" 应该归属于一个名为 "颜色" 的观测量, "硬" 或 "软" 是一个名为 "硬度" 的观测量表现出来的现象. 你一定注意到了, 虽然量子现象常常出乎我们的意料, 超出我们的直觉, 但是我们还是用经典世界中的词汇为观测量命名. 且不说量子小球的 "颜色""硬度" 观测量, 它们是我们有意引入的通俗说法, 缺乏物理意义, 量子力学中的 "位置""动量""角动量" 等观测量都是借用经典力学中物理量的名称. 这么做是有道理的, 因为所有的现象, 不论是经典的还是量子的, 都是体现在观测仪器上、出现在实验室中的. 即便量子现象不能用经典物理学解释, 它也必然存在于经典世界中, 我们用经典物理学的术语为其命名, 当然合情合理. 需要注意的是, 我们只是借用经典物理学中物理量的名称, 而不是把这些物理量直接照搬到量子力学中, 不是把经典物理学的基本概念的内涵移植到量子力学中. 经典力学中的物理量与量子力学中的观测量相比, 最大的差别在于, 物理量有确定值, 是客观对象性质的反映; 而观测量不具有明确的值, 甚至无 "值" 可言.

上面的叙述涉及对量子力学的理解和认识, 这是一个很难说清楚的话题, 对此不宜多谈. 让我们回过头来介绍观测量的数学形式, 即量子力学的第二个假设: 观测量被表示为希尔伯特空间上的厄密算子. 目前我们讨论的希尔伯特空间是简单的 $\mathbb{C}^2$ 空间, 厄密算子是 2×2 的厄密矩阵.

4.1　一个含义深刻但无法深究的素材

对于量子小球, 观测量被表示为 $\mathbb{C}^2$ 空间中的厄密矩阵. 这是量子力学的公理性的假设, 我们可以直接接受这个说法而不做任何评论. 这么做当然无可厚非, 但毕竟显得有些武断, 所以我们尽量找些素材来解释一下这个假设.

从较为深刻的层面上说, 经典力学中的基本物理量 (这里不说观测量, 而说物理量) 支配或决定了时空变换. 这些基本物理量是位置、动量、角动量、能量 ①. 在数学形式上, 这些基本物理量扮演的角色被称为相应的时空变换的生成元. 例如, 动量是空间平移变换的生成元, 角动量是空间旋转变换的生成元, 能量是时间平移变换的生成元. 我们不可能在本书中将这些观点讲清楚, 因为这需要在数学和物理两方面都有足够深入的讨论. 我们列举这种观点的目的是让大家有这样的感受: 物理量参与了让系统的状态 "动起来" 的变换, 因此物理量有着比系统状态更高一级的 "身份".

这个更高一级的 "身份" 有着怎样的数学形式呢? 让我们看看最简单的情形. 考虑二维复空间 $\mathbb{R}^2$, 其中向量 $\boldsymbol{r}$ 表示为

$$\boldsymbol{r} = x\boldsymbol{e}_x + y\boldsymbol{e}_y = \begin{pmatrix} x \\ y \end{pmatrix}$$

这里的分量 x 和 y 可以用向量的长度 r 和方向 θ (向量与 x 轴的夹角) 表示:

$$x = r\cos\theta, \quad y = r\sin\theta$$

这个向量可以看作系统的状态, 比如说, 它是某个质点的位置. 当然了, 从物理理论的角度说, 质点的位置尚不足以全面地反映它的状态. 质点状态的全面描述需要位置和动量,

---

① 严格地说, 这里的能量应该是哈密顿量, 暂时不用对此深究.

量子信息基础与实验
Fundamentals and Experiments of Quantum Information

这两个物理量构成了相空间. 对此我们不做进一步讨论. 这里只谈位置, 是为了让问题简化.

现在想让向量 $\boldsymbol{r}$ 绕原点逆时针旋转角度 ϕ, 变成 $\boldsymbol{r}'$:

$$\boldsymbol{r} \xrightarrow{\text{逆时针旋转角度 } \phi} \boldsymbol{r}'$$

如图 4.1 所示. 旋转后的向量 $\boldsymbol{r}'$ 的形式为

$$\boldsymbol{r}' = \begin{pmatrix} x\cos\phi - y\sin\phi \\ x\sin\phi + y\cos\phi \end{pmatrix} = \begin{pmatrix} r\cos(\theta+\phi) \\ r\sin(\theta+\phi) \end{pmatrix} \tag{4.1}$$

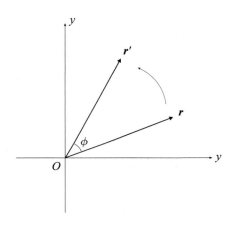

图 4.1 $\mathbb{R}^2$ 空间中向量的旋转变换

为了刻画这个旋转变换, 引入矩阵的概念. 令

$$R(\phi) = \begin{pmatrix} \cos\phi & -\sin\phi \\ \sin\phi & \cos\phi \end{pmatrix} \tag{4.2}$$

$R(\phi)$ 是一个两行两列的矩阵, 或者说是一个 2×2 的矩阵. 用这个矩阵作用于向量 $\boldsymbol{r}$ 就实现了逆时针旋转角度 ϕ 的操作.

$$R(\phi)\boldsymbol{r} = \begin{pmatrix} \cos\phi & -\sin\phi \\ \sin\phi & \cos\phi \end{pmatrix} \begin{pmatrix} x \\ y \end{pmatrix} \tag{4.3}$$

这里的运算规则是这样的: 用矩阵的第一行的两个元素 $\cos\phi$ 和 $-\sin\phi$, 依次去乘向量的两个分量 x 和 y, 分别得到 $x\cos\phi$ 和 $-y\sin\phi$, 然后把它们相加, 得到新向量的 x 分量, 即 $x\cos\phi - y\sin\phi$; 再用矩阵的第二行的两个元素 $\sin\phi$ 和 $\cos\phi$, 依次去乘向量的两个分量 x 和 y, 分别得到 $x\sin\phi$ 和 $y\cos\phi$, 然后把它们相加, 得到新向量的 y 分量, 即

$x\sin\phi + y\cos\phi$. 最后有式 (4.1). 形象地说, 这里的运算过程是 "拐着弯" 相乘, 用矩阵的行去乘向量的列.

让向量 "动起来" 的操作在数学上被称为算子. 在有限维空间中, 算子被表示为矩阵形式. 例如由式 (4.2) 表示的 $R(\phi)$ 决定了二维实空间中向量的旋转变换. 结合前面说过但没有深究的结论——基本物理量决定了对系统状态的变换, 我们就可以这么说, 在某个物理理论中, 如果系统的状态用向量表示, 那么物理量就要用矩阵表示. 把这种看法用于量子力学, 把物理量改称为观测量, 这也许就是一个有助于理解量子力学第三个静态假设的素材. 我们说 "也许", 是因为这个素材还是很抽象的, 为了搞清楚其中含义还需要走很长的路. 即便如此, 这个素材能够带给我们这样一种感受: 量子力学的假设不完全是空穴来风, 在一定程度上和一定意义上, 量子力学的假设分享了物理理论的基本理念; 在经典物理学中说得通的话, 换一种形式也能在量子力学中说得通. 另外需要注意的是, 我们提供素材是为了更好地理解, 不是为了证明. 量子力学的假设是无法证明的, 要是能证明的话就不是假设了.

4.2 二维复空间上的矩阵

现在我们回到 $\mathbb{C}^2$ 空间, 讨论该空间上的矩阵. 这里只关心 2×2 的矩阵.

为了体现 "让向量动起来" 的操作, 我们来看一个简单的例子. 如果我们想把向量 $|\varphi\rangle$ 变为 $|\psi\rangle$, 那么该用什么形式的变换呢? 我们试着将右矢 $|\psi\rangle$ 和任意某个左矢 $\langle\eta|$ 拼接成 "头对头" 的形式:

$$|\psi\rangle\langle\eta|$$

为了看得更清楚, 假设

$$|\psi\rangle = \begin{pmatrix} c_0 \\ c_1 \end{pmatrix}, \quad |\eta\rangle = \begin{pmatrix} f_0 \\ f_1 \end{pmatrix}$$

这里的表象默认为 Z 表象, 基向量是 $|0\rangle$ 和 $|1\rangle$. 于是, "头对头" 形式的 $|\psi\rangle\langle\eta|$ 表示为

$$|\psi\rangle\langle\eta| = \begin{pmatrix} c_0 \\ c_1 \end{pmatrix} \begin{pmatrix} f_0^* & f_1^* \end{pmatrix} \tag{4.4}$$

把式 (4.4) 中的列向量当作两行一列的矩阵, 行向量当作一行两列的矩阵. 式 (4.4) 可视为两个矩阵的相乘.

现在需要简单地说一下矩阵的基本运算——加法和乘法. 设两个矩阵 A 和 B 有如下形式:

$$A = \begin{pmatrix} a_{11} & a_{12} \\ a_{21} & a_{22} \end{pmatrix}, \quad B = \begin{pmatrix} b_{11} & b_{12} \\ b_{21} & b_{22} \end{pmatrix} \tag{4.5}$$

其中, 下标包含两个数字: 第一个表示行数, 叫作行指标; 第二个表示列数, 叫作列指标. 例如 a_{12} 表示了矩阵 A 的第一行第二列的元素 (又叫矩阵元), b_{22} 表示了矩阵 B 的第二行第二列的矩阵元. 像 a_{11} 和 a_{22} 这样行指标和列指标相同的矩阵元叫作对角矩阵元. 对角矩阵元所在的那条对角线叫作主对角线 (很多时候简单说对角线). 如果一个矩阵只有对角矩阵元是非零的, 那么它叫作对角矩阵. 例如

$$\begin{pmatrix} d_{11} & 0 \\ 0 & d_{22} \end{pmatrix}$$

是对角矩阵. 以后我们会看到, 观测量在其自身表象中的矩阵形式是对角的.

矩阵的加法很简单. 两个矩阵相加, 得到一个矩阵:

$$A + B = C$$

矩阵 C 的矩阵元等于 A 的矩阵元加 B 的同位置的矩阵元, 即

$$C = \begin{pmatrix} a_{11} + b_{11} & a_{12} + b_{12} \\ a_{21} + b_{21} & a_{22} + b_{22} \end{pmatrix}$$

矩阵的乘法要麻烦一些. 两个矩阵相乘, 其结果也是一个矩阵:

$$AB = D$$

矩阵 D 的矩阵元是这样的: 用 A 矩阵的第 i 行的矩阵元依次去乘 B 矩阵的第 j 列的矩阵元, 然后再相加, 将得到的结果放在 D 矩阵的第 i 行第 j 列的位置上. 例如, 用 A 的第一行依次乘 B 的第二列, 相加后有

$$a_{11}b_{12} + a_{12}b_{22}$$

这个结果要放在 D 的第一行第二列. D 的完整形式是

$$AB = D = \begin{pmatrix} a_{11}b_{11} + a_{12}b_{21} & a_{11}b_{12} + a_{12}b_{22} \\ a_{21}b_{11} + a_{22}b_{21} & a_{21}b_{12} + a_{22}b_{22} \end{pmatrix} \tag{4.6}$$

需要注意, 矩阵的乘法不满足交换律. 一般来说, $AB \neq BA$. 那些能满足乘法交换律的矩阵称为对易的. 我们再引入一个叫作对易子的概念: 令

$$[A, B] = AB - BA \tag{4.7}$$

$[A, B]$ 就叫作 A 和 B 的对易子. 当且仅当 $[A, B] = 0$, A 和 B 是对易的.

虽然矩阵的乘法不满足交换律, 但是满足结合律和分配律, 这表现在, 设 A, B, C 是矩阵, x, y 是任意复数, 那么有

$$(AB)C = A(BC)$$
$$A(xB + yC) = xAB + yAC$$

回到式 (4.4), 根据矩阵的乘法规则, 有

$$|\psi\rangle\langle\eta| = \begin{pmatrix} c_0 \\ c_1 \end{pmatrix} \begin{pmatrix} f_0^* & f_1^* \end{pmatrix} = \begin{pmatrix} c_0 f_0^* & c_0 f_1^* \\ c_1 f_0^* & c_1 f_1^* \end{pmatrix} \tag{4.8}$$

这是一个矩阵. 所以, 以后大家要是看到了右矢和左矢 "头对头" 的形式, 就应该马上明白这是一个矩阵. 回想一下, "背靠背" 的形式是什么?

如果我们现在把 $|\psi\rangle\langle\eta|$ 作用于向量 $|\varphi\rangle$, 那么有

$$\big(\,|\psi\rangle\langle\eta|\,\big)\,|\varphi\rangle$$

你肯定能看出来上式是一个矩阵乘以一个列向量, 就像是式 (4.3) 那样, 结果一定是一个向量. 那么, 你能看出来这是怎样的一个向量吗? 一方面, 我们可以做具体计算, 根据矩阵的乘法规则, 用式 (4.8) 去乘列向量形式的 $|\varphi\rangle$, 这个过程不难, 就是有点繁琐, 你可以去练习一下; 另一方面, 更好的做法是, 把 $\big(\,|\psi\rangle\langle\eta|\,\big)\,|\varphi\rangle$ 当作三个矩阵的相乘, 用一下结合律, 有

$$\big(\,|\psi\rangle\langle\eta|\,\big)\,|\varphi\rangle = |\psi\rangle\,\big(\,\langle\eta|\,\ |\varphi\rangle\,\big) = |\psi\rangle\,\big(\,\langle\eta|\varphi\rangle\,\big)$$

上式右端括号里的项正是 "背靠背" 的形式, 我们在第 3.8 节多次看到这种形式了, 它是一个复数. 用矩阵相乘的观点也是说得通的: $\langle\eta|$ 是一个行向量, 视为一行两列的矩阵, $|\psi\rangle$ 是一个列向量, 视为两行一列的矩阵. 二者相乘, 得到一个一行一列的矩阵, 当然是一个数了. 于是我们看到, 用 $|\psi\rangle\langle\eta|$ 作用于 $|\psi\rangle$, 将得到一个正比于 $|\psi\rangle$ 的向量, 它和 $|\psi\rangle$ 的差别仅仅是一个复数因子 $\langle\eta|\varphi\rangle$. 这基本上完成了本节开头的任务——将向量 $|\varphi\rangle$ 变成 $|\psi\rangle$. 如果令 $|\eta\rangle = |\varphi\rangle$, 那么 $|\psi\rangle\langle\varphi|$ 就确确实实地将 $|\varphi\rangle$ 变成 $|\psi\rangle$.

上述例子很简单, 从变换的角度来说也很粗糙. 我们说这个例子的目的是:

(1) 介绍矩阵以及矩阵的加法和乘法.

(2) 体现矩阵的 "身份" 比向量高一级, 它能让向量发生改变.

(3) 右矢和左矢可以构成 "头对头" 的形式, 又称为外积, 其形式是矩阵.

现在, 让我们把外积的 "头对头" 形式用在基向量上, 看看能得到什么结果. 选择 Z 表象, $\mathbb{C}^2$ 空间的基向量是 $|0\rangle$, $|1\rangle$. 用它们可以构造出四个外积:

$$|0\rangle\langle 0| = \begin{pmatrix} 1 \\ 0 \end{pmatrix} \begin{pmatrix} 1 & 0 \end{pmatrix} = \begin{pmatrix} 1 & 0 \\ 0 & 0 \end{pmatrix}, \quad |0\rangle\langle 1| = \begin{pmatrix} 1 \\ 0 \end{pmatrix} \begin{pmatrix} 0 & 1 \end{pmatrix} = \begin{pmatrix} 0 & 1 \\ 0 & 0 \end{pmatrix} \tag{4.9}$$

$$|1\rangle\langle 0| = \begin{pmatrix} 0 \\ 1 \end{pmatrix} \begin{pmatrix} 1 & 0 \end{pmatrix} = \begin{pmatrix} 0 & 0 \\ 1 & 0 \end{pmatrix}, \quad |1\rangle\langle 1| = \begin{pmatrix} 0 \\ 1 \end{pmatrix} \begin{pmatrix} 0 & 1 \end{pmatrix} = \begin{pmatrix} 0 & 0 \\ 0 & 1 \end{pmatrix} \tag{4.10}$$

可见, $|0\rangle\langle 0|$ 表示了第一行第一列的矩阵元为 1, 其余矩阵元为 0 的矩阵, 另外三个外积也有类似的说法. 上面四个外积可以视作 "基", 用来表示任意某个矩阵 A, 设

$$A = \begin{pmatrix} a_{00} & a_{01} \\ a_{10} & a_{11} \end{pmatrix}$$

与式 (4.5) 中的矩阵 $\boldsymbol{A}$ 的形式相比, 这里我们有意改写了下标, 例如第一行第一列的矩阵元记作 a_{00}, 而不是 a_{11}. 这里的 a_{11} 则是第二行第二列的矩阵元. 这么做的目的是与式 (4.9) 和式 (4.10) 中的 "基" 的标记方式匹配. 矩阵 $\boldsymbol{A}$ 可以表示为

$$\boldsymbol{A} = a_{00} |0\rangle\langle 0| + a_{01} |0\rangle\langle 1| + a_{10} |1\rangle\langle 0| + a_{11} |1\rangle\langle 1| \tag{4.11}$$

或者用求和号表示

$$\boldsymbol{A} = \sum_{i,j=0}^{1} a_{ij} |i\rangle\langle j|$$

类似地, 我们可以把矩阵 $\boldsymbol{B}$ 写为

$$\boldsymbol{B} = b_{00} |0\rangle\langle 0| + b_{01} |0\rangle\langle 1| + b_{10} |1\rangle\langle 0| + b_{11} |1\rangle\langle 1|$$
$$= \sum_{i,j=0}^{1} b_{ij} |i\rangle\langle j|$$

把前面说过的矩阵的加法和乘法用现在的形式再写一遍.

$$\boldsymbol{A} + \boldsymbol{B} = \sum_{i,j=0}^{1} a_{ij} |i\rangle\langle j| + \sum_{i,j=0}^{1} b_{ij} |i\rangle\langle j|$$
$$= \sum_{i,j=0}^{1} (a_{ij} + b_{ij}) |i\rangle\langle j|$$

再看矩阵的相乘:

$$AB = \left(\sum_{i,j=0}^{1} a_{ij} |i\rangle\langle j| \right) \left(\sum_{i',j'=0}^{1} b_{i'j'} |i'\rangle\langle j'| \right)$$

$$= \sum_{i,j=0}^{1} \sum_{i',j'=0}^{1} a_{ij} b_{i'j'} |i\rangle\langle j| \ |i'\rangle\langle j'|$$

观察上面表达式中的 $\langle j| \ |i'\rangle$, 你应该认出它是一个 "背靠背" 形式的内积 $\langle j|i'\rangle$, 是一个数. 你还应该认出这是基向量的正交归一性的表示, 就是说, 当 $j = i'$ 的时候, 该内积等于 1; 当 $j \neq i'$ 的时候, 内积为零. 因此, 在求和的指标中, j 必须要和 i' 是一样的. AB 改写为

$$AB = \sum_{i,j'=0}^{1} \left(\sum_{j=0}^{1} a_{ij} b_{jj'} \right) |i\rangle\langle j'|$$

大家可以验证一下上面的结果, 看看它的具体的矩阵形式是不是式 (4.6).

关于矩阵的性质和运算还有很多内容可以说, 但是, 我们还是赶紧回到我们的主题——观测量的矩阵形式.

4.3　基本观测量的矩阵形式

这一节我们讨论三个基本的观测量——Z, X 和 Y, 通过一些启发性的而不是原理性的叙述, 写出它们的矩阵形式, 这三个矩阵叫作 Pauli 矩阵, 它们非常重要.

从观测量 Z 开始. 前面说过, 它的观测结果有两个, 分别用 $z+$ 和 $z-$ 标记, 它们对应的量子小球的状态分别是 $|z+\rangle$ 和 $|z-\rangle$, 后来我们把它们改写为 $|0\rangle$ 和 $|1\rangle$. 而且, $|0\rangle$ 和 $|1\rangle$ 是 Z 表象中 $\mathbb{C}^2$ 空间的基向量.

现在我们要把观测量 Z 表示为 2×2 的矩阵形式, 设

$$\begin{aligned} Z &= z_{00} |0\rangle\langle 0| + z_{01} |0\rangle\langle 1| + z_{10} |1\rangle\langle 0| + z_{11} |1\rangle\langle 1| \\ &= \begin{pmatrix} z_{00} & z_{01} \\ z_{10} & z_{11} \end{pmatrix} \end{aligned} \tag{4.12}$$

接下来的问题是, 矩阵元 z_{ij} 是什么? 以下是我们的想法.

首先, 我们希望在表达式 (4.12) 中要能反映测量结果. 以前我们一直用 $z\pm$ 表示测量结果, 但是, 对于真正的观测量, 即那些在量子力学中与物理量对应的观测量, 它们的观测结果应该是具体的数值.

举例来说, 观测量 Z 实际上对应于自旋 1/2 粒子的 z 方向上自旋角动量, 记作 S_z. 在量子力学里, S_z 的可能的取值是 $+\dfrac{\hbar}{2}$ 和 $-\dfrac{\hbar}{2}$. 而 $\hbar \approx 1.055 \times 10^{-34}$ 焦耳 $\cdot$ 秒, 这个值实在是太小太小了, 是不可能在实验中测到的. 在实验中, 比如在 SG 实验中, 看到的是粒子在屏上落点的位置. 人们根据这个宏观层面上的结果, 再结合量子力学的理论内容, 进行推断和计算才得到 S_z 的取值 $\pm\dfrac{\hbar}{2}$. 所以测量结果 $z+$ 和 $z-$ 应该用具体的数值表示. 显然, 用 $\pm\dfrac{\hbar}{2}$ 是非常合理的, 但是, 目前我们讨论的是理论框架, 可以适当放松测量结果的严格性. 因此, 为了形式上的简洁, 我们将观测量 Z 的测量结果简单地记作 $+1$ 和 -1, 即

$$+1 \longleftrightarrow z+, \quad -1 \longleftrightarrow z- \tag{4.13}$$

再补充一句, 当观测到结果 $+1$ 的时候, 量子小球的状态是 $|0\rangle$; 当观测到结果 -1 的时候, 量子小球的状态是 $|1\rangle$. 测量结果的标记和右矢符号中的标记并不匹配, 这一点希望大家注意. 另外, 观测量 X 对应于 x 方向上的自旋角动量 S_x, 它的可能取值依然是 $+\dfrac{\hbar}{2}$ 和 $\dfrac{\hbar}{2}$. 我们放松严格性, 把 X 的测量结果简单记作 $+1$ 和 -1, 与这两个测量结果对应的量子态分别是 $|x+\rangle$ 和 $|x-\rangle$.

其次, 我们设计了仪器 M_Z, 总该有个校准的过程吧. 这就是说, 用仪器 M_Z 测量处于 $|0\rangle$ 的量子小球, 一定得到结果 $+1$, 测量后量子小球的状态仍然是 $|0\rangle$. 用仪器 M_Z 测量处于 $|1\rangle$ 的量子小球, 一定得到结果 -1, 测量后量子小球的状态仍然是 $|1\rangle$. 我们想把这个校准过程反映在 Z 的矩阵形式上, 于是设想, 用矩阵 Z 作用于 $|0\rangle$, 使得结果一定是 $|0\rangle$, 而且还能看到测量结果 $+1$; 用 Z 作用于 $|1\rangle$, 使得结果一定是 $|1\rangle$, 而且还能看到测量结果 -1. 根据这个想法, 我们令式 (4.12) 中的 $z_{01} = z_{10} = 0$, 并且 $z_{00} = +1$, $z_{11} = -1$. 于是 Z 写为

$$Z = \begin{pmatrix} 1 & 0 \\ 0 & -1 \end{pmatrix} \tag{4.14}$$

这是一个对角矩阵, 对角矩阵元 $+1$ 和 -1 分别表示测量结果. 这个矩阵形式是在基向量 $|0\rangle$ 和 $|1\rangle$ 上写出来的, 它是 Z 在其自身表象中的形式. 改写成下面的样子更能体现这一点:

$$Z = (+1)|0\rangle\langle 0| + (-1)|1\rangle\langle 1| = |0\rangle\langle 0| - |1\rangle\langle 1| \tag{4.15}$$

强调一下, 以上说的不是一个严格推导的过程, 而是一个希望能让大家有所启发的示意性过程. 用这样形式的 Z 作用于 $|0\rangle$ 或 $|1\rangle$, 分别有

$$Z|0\rangle = \begin{pmatrix} 1 & 0 \\ 0 & -1 \end{pmatrix} \begin{pmatrix} 1 \\ 0 \end{pmatrix} = \begin{pmatrix} 1 \\ 0 \end{pmatrix} = (+1)|0\rangle \tag{4.16}$$

$$Z|1\rangle = \begin{pmatrix} 1 & 0 \\ 0 & -1 \end{pmatrix} \begin{pmatrix} 0 \\ 1 \end{pmatrix} = \begin{pmatrix} 0 \\ -1 \end{pmatrix} = (-1)|1\rangle \tag{4.17}$$

于是这就实现了前面说的关于 Z 的矩阵形式的设想. 当然, 用式 (4.15) 作用于 $|0\rangle$ 或 $|1\rangle$, 将得到同样结果.

类似地, 观测量 X 的矩阵形式是

$$X = |x+\rangle\langle x+| - |x-\rangle\langle x-| \tag{4.18}$$

我们需要对这个形式做些解读. 首先, 这个形式能满足校准过程:

$$X|x+\rangle = (+1)|x+\rangle, \quad X|x-\rangle = (-1)|x-\rangle$$

其次, 在 X 表象中, X 的矩阵形式就和式 (4.14) 一样, 是对角矩阵, 对角矩阵元为 $+1$ 和 -1:

$$X = \begin{pmatrix} 1 & 0 \\ 0 & -1 \end{pmatrix}_X$$

这里, 我们有意地添加了下标 X, 用以强调这是 X 表象中的形式. 虽然它看起来和式 (4.14) 是一样的, 但是二者分属不同的表象, 实际上是不同的.

在 Z 表象中观测量 X 有怎样的形式呢? 这需要在 Z 表象中写出 $|x\pm\rangle$, 就是说用 $|0\rangle$ 和 $|1\rangle$ 表示 $|x\pm\rangle$. 回顾前文中的式 (3.25) 或式 (3.26), 有

$$\begin{aligned}
X &= |x+\rangle\langle x+| - |x-\rangle\langle x-| \\
&= \frac{1}{\sqrt{2}}\begin{pmatrix} 1 \\ 1 \end{pmatrix}\frac{1}{\sqrt{2}}\begin{pmatrix} 1 & 1 \end{pmatrix} - \frac{1}{\sqrt{2}}\begin{pmatrix} 1 \\ -1 \end{pmatrix}\frac{1}{\sqrt{2}}\begin{pmatrix} 1 & -1 \end{pmatrix} \\
&= \frac{1}{2}\begin{pmatrix} 1 & 1 \\ 1 & 1 \end{pmatrix} - \frac{1}{2}\begin{pmatrix} 1 & -1 \\ -1 & 1 \end{pmatrix} \\
&= \begin{pmatrix} 0 & 1 \\ 1 & 0 \end{pmatrix}
\end{aligned} \tag{4.19}$$

在这里, 最后的矩阵没有下标 Z. 以后, 在表示向量或矩阵的时候, 如果没有特别指明, 那么默认的表象是 Z 表象, 即 $\mathbb{C}^2$ 空间默认的基向量是 $|0\rangle$ 和 $|1\rangle$. 一般情况下, Z 表象是我们的首选表象.

我们还介绍过观测量 Y, 在其自身表象中它是对角矩阵, 对角矩阵元为 $+1$ 和 -1, 即

$$Y = |y+\rangle\langle y+| - |y-\rangle\langle y-| = \begin{pmatrix} 1 & 0 \\ 0 & -1 \end{pmatrix}_Y \tag{4.20}$$

测量仪器 M_Y 的校准体现在

$$Y|y+\rangle = (+1)|y+\rangle, \quad Y|y-\rangle = (-1)|y-\rangle$$

在 Z 表象中, 利用式 (3.32), 在基向量 $|0\rangle$ 和 $|1\rangle$ 上表示 $|y\pm\rangle$, 可以得到 Y 的矩阵形式:

$$Y = \begin{pmatrix} 0 & -i \\ i & 0 \end{pmatrix} \tag{4.21}$$

上面介绍的三个矩阵 X, Y, Z 很重要, 它们叫作 Pauli 矩阵, 我们用特殊的符号表示它们:

$$\sigma_x = \begin{pmatrix} 0 & 1 \\ 1 & 0 \end{pmatrix}, \quad \sigma_y = \begin{pmatrix} 0 & -i \\ i & 0 \end{pmatrix}, \quad \sigma_z = \begin{pmatrix} 1 & 0 \\ 0 & -1 \end{pmatrix} \tag{4.22}$$

再强调一句, 上述三个 Pauli 矩阵用到的都是 Z 表象——如今也可以说 σ_z 表象.

前面说过, 对于自旋 1/2 粒子, 它在 x 方向, y 方向, z 方向上的自旋角动量分别记作 S_x, S_y, S_z, 这些都是观测量, 它们的可能取值是 $\pm\dfrac{\hbar}{2}$, 可以表示为

$$S_x = \frac{\hbar}{2}\sigma_x, \quad S_y = \frac{\hbar}{2}\sigma_y, \quad S_z = \frac{\hbar}{2}\sigma_z \tag{4.23}$$

4.4 更一般的观测量

在上一节中我们看到, 三个基本观测量 X, Y 和 Z 被表示为三个 Pauli 矩阵, 分别对应于 x, y 和 z 方向上的自旋角动量. Pauli 矩阵和这三个方向上的自旋角动量之间的差别是一个常数因子 $\dfrac{\hbar}{2}$. 在讨论量子力学的理论框架的时候, 这个差别不是很重要, 所以我们可以把 Pauli 矩阵和自旋角动量都当作观测量.

现在我们要讨论更一般的观测量. 这个 "更一般的观测量" 指的是在任意某个方向上的自旋角动量. 为了说明这个概念, 我们把式 (4.23) 写为向量形式:

$$\mathbf{S} = \frac{\hbar}{2}\boldsymbol{\sigma} \tag{4.24}$$

对这个向量形式的理解是，在 x 方向上，有 $S_x = \frac{\hbar}{2}\sigma_x$; 在 y 方向上，有 $S_y = \frac{\hbar}{2}\sigma_y$; 在 z 方向上，有 $S_z = \frac{\hbar}{2}\sigma_z$; 在任意方向 n 上，有

$$S_n = \frac{\hbar}{2}\sigma_n \tag{4.25}$$

让我们把上式表达得更具体一些. 向量 $\boldsymbol{n} \in \mathbb{R}^3$ 是三维实空间中的单位向量，表示方向，可以把它写为

$$\boldsymbol{n} = n_x \boldsymbol{e}_x + n_y \boldsymbol{e}_y + n_z \boldsymbol{e}_z$$

这里 $\boldsymbol{e}_x, \boldsymbol{e}_y, \boldsymbol{e}_z$ 分别是 x 方向、y 方向、z 方向上的单位向量. $\boldsymbol{n}$ 是单位向量，这意味着

$$n_x^2 + n_y^2 + n_z^2 = 1$$

在 n 方向上的自旋角动量定义为

$$S_n = S_x n_x + S_y n_y + S_z n_z$$

在 n 方向上的 Pauli 矩阵定义为

$$\sigma_n = \sigma_x n_x + \sigma_y n_y + \sigma_z n_z \tag{4.26}$$

为了有所区别，我们约定，当说到 Pauli 矩阵的时候，指的是式 (4.22) 给出的形式，而把 σ_n 叫作 n 方向上的 Pauli 矩阵，相应地，S_n 叫作 n 方向上的自旋角动量.

通过式 (4.22)，写出 σ_n 在 σ_z 表象 (即 Z 表象) 中的形式:

$$
\begin{aligned}
\sigma_n &= \sigma_x n_x + \sigma_y n_y + \sigma_z n_z \\
&= n_x \begin{pmatrix} 0 & 1 \\ 1 & 0 \end{pmatrix} + n_y \begin{pmatrix} 0 & -\mathrm{i} \\ \mathrm{i} & 0 \end{pmatrix} + n_z \begin{pmatrix} 1 & 0 \\ 0 & -1 \end{pmatrix} \\
&= \begin{pmatrix} n_z & n_x - \mathrm{i}n_y \\ n_x + \mathrm{i}n_y & -n_z \end{pmatrix}
\end{aligned}
\tag{4.27}
$$

这样一来，我们得到了任意方向上的 Pauli 矩阵 σ_n，再乘以 $\frac{\hbar}{2}$，就有了任意方向上的自旋角动量 S_n. 我们的目的是求出观测量 σ_n (或者 S_n) 的测量结果以及相应的量子态，为此，可以先作一个猜测.

我们已经看到，观测量 σ_x, σ_y 和 σ_z 的可能的测量结果都是 $+1$ 或 -1，而且相应的量子态彼此正交，即

$$\langle x+|x-\rangle = 0, \quad \langle y+|y-\rangle = 0, \quad \langle z+|z-\rangle = 0$$

最后一般表达式中的 $|z+\rangle$ 就是 $|0\rangle$, $|z-\rangle$ 就是 $|1\rangle$. 根据这些已有的结论, 而且这些结论受到实验事实的支持, 我们可以设想, 空间任意方向上的观测量 σ_n 的可能取值也应该是 $+1$ 和 -1. 这个想法的基础是空间各向同性. 空间各向同性是一个朴素的观念, 这意味着, 在 SG 实验中, 不论把磁场方向设定在哪个方向, 观察到的实验现象都是相似的; 我们不会看到这样的情况: 当磁场方向指向某个方向时, 接收屏上粒子的落点分开得更大或更小. 因此, 类似于前面的观测量 σ_z [即 Z, 式 (4.15)], 观测量 σ_x [即 X, 式 (4.18)] 以及观测量 σ_y [即 Y, 式 (4.20)], 我们把 σ_n 写为

$$\sigma_n = (+1)\,|n+\rangle\langle n+| + (-1)\,|n-\rangle\langle n-| \tag{4.28}$$

这里, $|n+\rangle$ 是对应于测量结果 $+1$ 的量子态, $|n-\rangle$ 是对应于测量结果 -1 的量子态. 它们满足正交归一性, 即

$$\langle n+|n+\rangle = \langle n-|n-\rangle = 1, \quad \langle n+|n-\rangle = 0$$

我们看到, 观测量 σ_n 在其自身的表象中是对角的.

将 σ_n 作用于 $|n+\rangle$ 或 $|n-\rangle$, 有

$$\sigma_n\,|n+\rangle = (+1)\,|n+\rangle, \quad \sigma_n\,|n-\rangle = (-1)\,|n-\rangle \tag{4.29}$$

这体现了测量仪器 M_{σ_n} 的校准.

以上过程完全类似于三个 Pauli 矩阵的描述.

现在的问题是, 量子态 $|n\pm\rangle$ 的具体形式是怎样的? 当然, 这指的是在 σ_z 表象中的形式. 这个问题的答案就不大好猜了, 我们这里直接给出结果, 下一节有具体的计算过程. 还记得式 (3.48) 所示的 $|\psi_0\rangle$ 和 $|\psi_1\rangle$ 吗? 我们把它们抄在这儿:

$$|\psi_0\rangle = \mathrm{e}^{\mathrm{i}\gamma} \begin{pmatrix} \cos\dfrac{\theta}{2}\ \mathrm{e}^{-\mathrm{i}\frac{\phi}{2}} \\[2mm] \sin\dfrac{\theta}{2}\ \mathrm{e}^{\mathrm{i}\frac{\phi}{2}} \end{pmatrix}, \quad |\psi_1\rangle = \mathrm{e}^{\mathrm{i}\delta} \begin{pmatrix} -\sin\dfrac{\theta}{2}\ \mathrm{e}^{-\mathrm{i}\frac{\phi}{2}} \\[2mm] \cos\dfrac{\theta}{2}\ \mathrm{e}^{\mathrm{i}\frac{\phi}{2}} \end{pmatrix} \tag{4.30}$$

这是用角度 θ 和 ϕ 表示的一般形式的量子态. 至于列向量前面的单位复数 $\mathrm{e}^{\mathrm{i}\gamma}$ 和 $\mathrm{e}^{\mathrm{i}\delta}$, 被称为整体相因子, 而 γ 和 δ 则是整体相位.

如果把方向 n 的方位角设为 θ 和 ϕ, 即

$$\boldsymbol{n} = \sin\theta\cos\phi\,\boldsymbol{e}_x + \sin\theta\sin\phi\,\boldsymbol{e}_y + \cos\theta\,\boldsymbol{e}_z$$

那么我们的结论是

$$\sigma_n\,|\psi_0\rangle = |\psi_0\rangle, \quad \sigma_n\,|\psi_1\rangle = -|\psi_1\rangle \tag{4.31}$$

稍后证明这两个等式. 比较式 (4.29) 和式 (4.31), 我们有

$$|\psi_0\rangle \propto |n+\rangle, \quad |\psi_1\rangle \propto |n-\rangle$$

这意味着, 所有正比于 $|\psi_0\rangle$ 的单位向量都可以当作 $|n+\rangle$, 所有正比于 $|\psi_1\rangle$ 的单位向量都可以当作 $|n-\rangle$. 比例系数一定是单位复数, 否则不能保证这里的向量都是归一的单位向量, 也就是说:

$$|\psi_0\rangle = \lambda_0 |n+\rangle, \quad \lambda_0 \in \mathbb{C}, \ |\lambda_0| = 1$$
$$|\psi_1\rangle = \lambda_1 |n-\rangle, \quad \lambda_1 \in \mathbb{C}, \ |\lambda_1| = 1$$

我们选择正比于 $|\psi_0\rangle$ (或 $|\psi_1\rangle$) 且形式尽可能简单的向量作为 $|n+\rangle$ (或 $|n-\rangle$). 观察式 (4.30), 其中的 $\mathrm{e}^{\mathrm{i}\gamma}$ 和 $\mathrm{e}^{\mathrm{i}\delta}$ 是两个单位复数, 我们可以将它们去掉, 这相当于去掉了参数 γ 和 δ, 于是将 $|n\pm\rangle$ 定义为

$$|n+\rangle = \begin{pmatrix} \cos\dfrac{\theta}{2} \ \mathrm{e}^{-\mathrm{i}\frac{\phi}{2}} \\ \sin\dfrac{\theta}{2} \ \mathrm{e}^{\mathrm{i}\frac{\phi}{2}} \end{pmatrix}, \quad |n-\rangle = \begin{pmatrix} -\sin\dfrac{\theta}{2} \ \mathrm{e}^{-\mathrm{i}\frac{\phi}{2}} \\ \cos\dfrac{\theta}{2} \ \mathrm{e}^{\mathrm{i}\frac{\phi}{2}} \end{pmatrix} \tag{4.32}$$

现在需要验证 $|n\pm\rangle$ 是否能满足 $\sigma_n |n\pm\rangle = \pm |n\pm\rangle$, 也就是证明式 (4.31). 我们先把式 (4.27) 中的 n_x, n_y 和 n_z 用方位角 θ 和 ϕ 表示:

$$\begin{aligned} \sigma_n &= \sigma_x n_x + \sigma_y n_y + \sigma_z n_z \\ &= \sin\theta\cos\phi \begin{pmatrix} 0 & 1 \\ 1 & 0 \end{pmatrix} + \sin\theta\sin\phi \begin{pmatrix} 0 & -\mathrm{i} \\ \mathrm{i} & 0 \end{pmatrix} + \cos\theta \begin{pmatrix} 1 & 0 \\ 0 & -1 \end{pmatrix} \\ &= \begin{pmatrix} \cos\theta & \sin\theta\ \mathrm{e}^{-\mathrm{i}\phi} \\ \sin\theta\ \mathrm{e}^{\mathrm{i}\phi} & -\cos\theta \end{pmatrix} \end{aligned} \tag{4.33}$$

然后直接计算 $\sigma_n |n+\rangle$:

$$\begin{aligned} \sigma_n |n+\rangle &= \begin{pmatrix} \cos\theta & \sin\theta\ \mathrm{e}^{-\mathrm{i}\phi} \\ \sin\theta\ \mathrm{e}^{\mathrm{i}\phi} & -\cos\theta \end{pmatrix} \begin{pmatrix} \cos\dfrac{\theta}{2} \ \mathrm{e}^{-\mathrm{i}\frac{\phi}{2}} \\ \sin\dfrac{\theta}{2} \ \mathrm{e}^{\mathrm{i}\frac{\phi}{2}} \end{pmatrix} \\ &= \begin{pmatrix} \cos\theta\cos\dfrac{\theta}{2}\ \mathrm{e}^{-\mathrm{i}\frac{\phi}{2}} + \sin\theta\sin\dfrac{\theta}{2}\ \mathrm{e}^{-\mathrm{i}\frac{\phi}{2}} \\ \sin\theta\cos\dfrac{\theta}{2}\ \mathrm{e}^{\mathrm{i}\frac{\phi}{2}} - \cos\theta\sin\dfrac{\theta}{2}\ \mathrm{e}^{\mathrm{i}\frac{\phi}{2}} \end{pmatrix} = \begin{pmatrix} \cos\dfrac{\theta}{2}\ \mathrm{e}^{-\mathrm{i}\frac{\phi}{2}} \\ \sin\dfrac{\theta}{2}\ \mathrm{e}^{\mathrm{i}\frac{\phi}{2}} \end{pmatrix} \\ &= |n+\rangle \end{aligned}$$

类似地, 有

$$\sigma_n |n-\rangle = -|n-\rangle$$

这说明 $|n\pm\rangle$ 确实是我们想要的.

n 方向上的 Pauli 矩阵 σ_n, 或者 n 方向上的自旋角动量 S_n 是自旋 1/2 粒子的一般形式的观测量. 通过前面的讨论, 我们看到, 它们的测量结果以及测量后粒子所处的量子态体现在下面的表达式中:

$$\sigma_n |n\pm\rangle = \pm |\pm\rangle, \quad S_n |n\pm\rangle = \pm\frac{\hbar}{2} |n\pm\rangle$$

这样的表达式在数学上叫作矩阵 (或算子) 的本征方程, 下一节我们将讨论这个概念.

最后说一个有关描述形式的约定: 以后我们用同一个符号表示观测量和相应的矩阵形式. 例如, S_z 一方面指的是 z 方向上的自旋角动量, 另一方面也指具体的矩阵形式, 即 $\frac{\hbar}{2}\sigma_z$.

4.5 本征值、本征向量及厄密矩阵

在这一节, 我们要说一些数学知识, 这会帮助我们用更简练更规范的语言描述量子力学的理论框架.

4.5.1 本征值和本征向量

在前面的讨论中, 我们看到了这样一些等式:

$$\sigma_z |0\rangle = |0\rangle, \quad \sigma_z |1\rangle = -|1\rangle \tag{4.34}$$

$$\sigma_x |x+\rangle = |x+\rangle, \quad \sigma_x |x-\rangle = -|x-\rangle \tag{4.35}$$

$$\sigma_n |n+\rangle = |n+\rangle, \quad \sigma_n |n-\rangle = -|n-\rangle \tag{4.36}$$

这些等式在量子力学层面上的意义是, 它们体现了测量仪器的校准. 在这里我们要指出它们的数学意义. 这些等式的共同特点是: 矩阵作用于一个向量, 得到的结果正比于该向量.

一般地, 设 A 是一个 2×2 的矩阵, $|\alpha\rangle$ 是 $\mathbb{C}^2$ 中的一个向量, 如果

$$A |\alpha\rangle = a |\alpha\rangle \tag{4.37}$$

那么 $|\alpha\rangle$ 是矩阵 A 的一个本征向量 (也叫特征向量), a 是 A 的一个本征值 (也叫特征值). 方程 (4.37) 叫作 A 的本征方程 (也叫特征方程).

在式 (4.37) 中, 从数学的角度说, $\boldsymbol{A}$ 的特征向量 $|\alpha\rangle$ 可以不归一. 但是, 从量子力学的角度来说, 如果我们把 $|\alpha\rangle$ 看作量子态, 那么就要将它作归一化处理, 使其满足 $\langle\alpha|\alpha\rangle = 1$. 在这种情况下, 我们可以说 $|\alpha\rangle$ 是 $\boldsymbol{A}$ 的本征态.

根据这个定义, 式 (4.34)、式 (4.35)和式 (4.36) 分别是 $\sigma_z, \sigma_x, \sigma_n$ 的本征方程. $|0\rangle$ 是 σ_z 的一个本征向量, 对应的本征值为 $+1$; $|1\rangle$ 是 σ_z 的另一个本征向量, 对应的本征值为 -1. σ_x 的两个本征值分别为 $+1$ 和 -1, 相应的本征向量分别是 $|x+\rangle$ 和 $|x-\rangle$. σ_n 有 $+1$ 和 -1 两个本征值, 对应的本征向量分别是 $|n+\rangle$ 和 $|n-\rangle$.

从式 (4.34) 到式 (4.36) 的三个本征方程来自于我们前面的讨论, 是概念性的描述. 现在, 我们应该从数学的角度重新计算一番, 验证以前给出的形式是否合理, 而且还要解决上一节遗留下来的一个问题: 式 (4.30) [或式 (4.32)] 是 σ_n 的本征向量.

下面来讨论本征值和本征向量的计算.

先看最简单的问题: σ_z 的本征值和本征向量是什么? 设 σ_z 的本征向量 $|\varphi_z\rangle$ 可以表示为

$$|\varphi_z\rangle = z_0 |0\rangle + z_1 |1\rangle = \begin{pmatrix} z_0 \\ z_1 \end{pmatrix}$$

相应的本征值记作 λ_z, 那么 σ_z 的本征方程可以写为

$$\begin{pmatrix} 1 & 0 \\ 0 & -1 \end{pmatrix} \begin{pmatrix} z_0 \\ z_1 \end{pmatrix} = \lambda_z \begin{pmatrix} z_0 \\ z_1 \end{pmatrix}$$

这等价于如下两个方程:

$$z_0 = \lambda_z z_0, \quad -z_1 = \lambda_z z_1$$

这里 z_0 和 z_1 不能同时为零, 否则我们得到了没有意义的零向量. 若 $z_0 \neq 0$, 那么 $\lambda_z = +1$, 由此推出 $z_1 = 0$, 于是 $+1$ 是 σ_z 的一个本征值, 并且有

$$\text{对应于本征值 } +1 \text{ 的本征向量} = \begin{pmatrix} z_0 \\ 0 \end{pmatrix}$$

这里 z_0 可以是任意某个复数, 我们选择最简单的情形, 令 $z_0 = 1$, 使其归一, 把这个本征向量记作 $|0\rangle$:

$$|0\rangle = \begin{pmatrix} 1 \\ 0 \end{pmatrix}$$

另一种可能是 $z_0 = 0, z_1 \neq 0$, 这时本征值 $\lambda_z = -1$, 并且令 $z_1 = 1$, 有

$$|1\rangle = \begin{pmatrix} 0 \\ 1 \end{pmatrix}$$

再来看 σ_x. 设它的本征值为 λ_x, 本征向量为

$$|\varphi_x\rangle = x_0 |0\rangle + x_1 |1\rangle = \begin{pmatrix} x_0 \\ x_1 \end{pmatrix}$$

σ_x 的本征方程改写为

$$\begin{pmatrix} 0 & 1 \\ 1 & 0 \end{pmatrix} \begin{pmatrix} x_0 \\ x_1 \end{pmatrix} = \lambda_x \begin{pmatrix} x_0 \\ x_1 \end{pmatrix}$$

这等价于

$$x_1 = \lambda_x x_0, \quad x_0 = \lambda_x x_1$$

由此推出

$$x_1 = \lambda_x^2 x_1, \quad \text{或者} \quad x_0 = \lambda_x^2 x_0$$

于是 $\lambda_x = \pm 1$, 即 σ_x 的有两个本征值 $+1$ 和 -1. 当 $\lambda_x = +1$ 时, $x_0 = x_1$, 本征向量可以表示为

$$\begin{pmatrix} x_0 \\ x_0 \end{pmatrix}$$

归一化条件要求

$$|x_0|^2 + |x_0|^2 = 2|x_0|^2 = 1$$

选择最简单的情形, 让 x_0 和 x_1 为实数, 有

$$|x+\rangle = \begin{pmatrix} \dfrac{1}{\sqrt{2}} \\ \dfrac{1}{\sqrt{2}} \end{pmatrix}$$

当 $\lambda_x = -1$ 时, 有 $x_0 = -x_1$, 作归一化处理之后, 得到相应的本征向量

$$|x-\rangle = \begin{pmatrix} \dfrac{1}{\sqrt{2}} \\ -\dfrac{1}{\sqrt{2}} \end{pmatrix}$$

最后来计算最复杂的情形: σ_n 的本征值和本征向量. 它的矩阵形式已经由式 (4.33) 给出. 与前面的过程类似, 设 σ_n 的本征值为 λ_n, 本征向量为

$$|\varphi_n\rangle = s |0\rangle + t |1\rangle = \begin{pmatrix} s \\ t \end{pmatrix}$$

利用 σ_n 的矩阵形式, 即式 (4.33), 将 σ_n 的本征方程 $\sigma_n |\varphi_n\rangle = \lambda_n |\varphi_n\rangle$ 改写为

$$\begin{pmatrix} \cos\theta & \sin\theta\, \mathrm{e}^{-\mathrm{i}\phi} \\ \sin\theta\, \mathrm{e}^{\mathrm{i}\phi} & -\cos\theta \end{pmatrix} \begin{pmatrix} s \\ t \end{pmatrix} = \begin{pmatrix} s\cos\theta + t\sin\theta \mathrm{e}^{-\mathrm{i}\phi} \\ s\sin\theta \mathrm{e}^{\mathrm{i}\phi} - t\cos\theta \end{pmatrix} = \lambda_n \begin{pmatrix} s \\ t \end{pmatrix}$$

这等价于如下两个方程

$$s\cos\theta + t\sin\theta e^{-i\phi} = \lambda_n s, \quad s\sin\theta e^{i\phi} - t\cos\theta = \lambda_n t$$

这里设 $\theta \neq 0$, 因为当 $\theta = 0$ 时, $\sigma_n = \sigma_z$, 这是已经讨论过的情形了. 容易看出, 当 $\theta \neq 0$ 时, s 和 t 均不可能等于零. 从上面的两个方程得到

$$\frac{s}{t} = -\frac{\sin\theta e^{-i\phi}}{\cos\theta - \lambda_n} = \frac{\cos\theta - \lambda_n}{\sin\theta e^{i\phi}}$$

进而有 $\lambda_n^2 = 1$, 所以 σ_n 的本征值是 $+1$ 和 -1.

当 $\lambda_n = +1$ 时,

$$\frac{s}{t} = \frac{\sin\theta e^{-i\phi}}{1 - \cos\theta} = \frac{\cos\dfrac{\theta}{2}}{\sin\dfrac{\theta}{2}} e^{-i\phi}$$

考虑归一化要求 $|s|^2 + |t|^2 = 1$, 虽然 s 和 t 还是不能唯一地确定, 但是我们选择最简单的形式:

$$s = \cos\frac{\theta}{2} e^{-i\frac{\phi}{2}}, \quad t = \sin\frac{\theta}{2} e^{+i\frac{\phi}{2}}$$

于是得到本征向量 $|n+\rangle$:

$$|n+\rangle = \begin{pmatrix} \cos\dfrac{\theta}{2} e^{-i\frac{\phi}{2}} \\ \sin\dfrac{\theta}{2} e^{+i\frac{\phi}{2}} \end{pmatrix}$$

这就是式 (4.32) 给出的第一个本征向量. 任意的形如 $e^{i\gamma}|n+\rangle$ 的向量也都是 σ_n 的归一化的本征向量, 这就是式 (4.30) 中的 $|\psi_0\rangle$.

当 $\lambda_n = -1$ 时, 类似的计算过程给出

$$|n-\rangle = \begin{pmatrix} -\sin\dfrac{\theta}{2} e^{-i\frac{\phi}{2}} \\ \cos\dfrac{\theta}{2} e^{i\frac{\phi}{2}} \end{pmatrix}$$

以及式 (4.30) 中的 $|\psi_1\rangle$.

让我们把 σ_n 和 $|n\pm\rangle$ 放在一起再看一下. 回顾式 (3.40), 我们说过, 这种形式的 $|\psi\rangle$ 是 $\mathbb{C}^2$ 中一般形式的态向量, 而 $|n+\rangle$ 与式 (3.40) 给出的 $|\psi\rangle$ 仅有一个相因子的差别. 现在我们看到, $|n+\rangle$ 是泡利矩阵 σ_n 的本征态, 于是式 (3.40) 的 $|\psi\rangle$ 也是 σ_n 的本征态. 也就是说, $\mathbb{C}^2$ 空间中任意一个向量都是某个 σ_n 的本征向量. 如果我们用角度参量 θ 和 ϕ 表示这个任意向量, 那么就可以立即知道方向 n, 从而得知 σ_n. 再考虑到 σ_n 实际上用来表示 n 方向上的自旋角动量 S_n, 于是可以说, $\mathbb{C}^2$ 空间中任意一个态向量都

是某个自旋角动量 S_n 的本征态. 这些说法对于 $|n-\rangle$ 也是成立的, 只需要把方向 n 换作相反方向 $-n$ 就可以了.

需要注意的是, 这样一种非常好的对应关系——空间中的任意向量一定是自旋角动量的本征向量——只存在于二维复空间中, 在更高维的空间中就没有这样的对应了.

以上解出的本征值都是实数, 那是因为我们面对的矩阵是比较特殊的厄密矩阵, 下一小节我们讲这个概念.

4.5.2 厄密矩阵

1. 厄密矩阵的定义

一般来说, 矩阵 $\boldsymbol{A}$ 的本征值 a 是复数. 但是有一类矩阵, 它的本征值是实数. 厄密矩阵的本征值是实数. 厄密矩阵是这样的: 以 $\mathbb{C}^2$ 空间为例, 设

$$\boldsymbol{A} = \begin{pmatrix} a_{00} & a_{01} \\ a_{10} & a_{11} \end{pmatrix}$$

定义

$$\boldsymbol{A}^\dagger = \begin{pmatrix} a_{00}^* & a_{10}^* \\ a_{01}^* & a_{11}^* \end{pmatrix}$$

如果 $\boldsymbol{A} = \boldsymbol{A}^\dagger$, 那么 $\boldsymbol{A}$ 是厄密矩阵.

这里的 $\boldsymbol{A}^\dagger$ 叫作 $\boldsymbol{A}$ 的厄密共轭. 可以把 "厄密共轭" 说成一个操作. 可以说, 对 $\boldsymbol{A}$ 作厄密共轭, 得到 $\boldsymbol{A}^\dagger$; 也可以说, 取 $\boldsymbol{A}$ 的厄密共轭, 得到 $\boldsymbol{A}^\dagger$. 从 $\boldsymbol{A}$ 得到 $\boldsymbol{A}^\dagger$ 的具体操作分两步: 先把 $\boldsymbol{A}$ 的行和列互换, 得到的结果叫作 $\boldsymbol{A}$ 的转置, 记作 $\boldsymbol{A}^\mathrm{T}$,

$$\boldsymbol{A}^\mathrm{T} = \begin{pmatrix} a_{00} & a_{10} \\ a_{01} & a_{11} \end{pmatrix}$$

然后对 $\boldsymbol{A}^\mathrm{T}$ 的每一个矩阵元取复共轭, 得到 $\boldsymbol{A}^\dagger$.

如果 $\boldsymbol{A}$ 是厄密的, 即 $\boldsymbol{A} = \boldsymbol{A}^\dagger$, 那么有

$$a_{00} = a_{00}^*, \quad a_{11} = a_{11}^*$$
$$a_{01} = a_{10}^*, \quad a_{10} = a_{01}^*$$

由此可以得出结论: 厄密矩阵的对角矩阵元一定是实数, 关于对角线对称的位置上的矩阵元互为复共轭.

容易看出, 三个 Pauli 矩阵都是厄密矩阵, 即

$$\sigma_x = \sigma_x^\dagger, \quad \sigma_y = \sigma_y^\dagger, \quad \sigma_z = \sigma_z^\dagger$$

2. 厄密矩阵的一个重要性质

厄密矩阵更重要的性质是: 厄密矩阵的本征值是实数, 与不同的本征值对应的本征向量彼此正交. 下面我们来证明这个性质, 并借此过程让大家感受一下右矢和左矢的综合运算.

设 a_0 和 a_1 是厄密矩阵 $\boldsymbol{A}$ 的两个不同的本征值, 相应的本征向量分别是 $|\alpha_0\rangle$ 和 $|\alpha_1\rangle$, 即

$$\boldsymbol{A}\,|\alpha_0\rangle = a_0\,|\alpha_0\rangle\,, \quad \boldsymbol{A}\,|\alpha_1\rangle = a_1\,|\alpha_1\rangle \tag{4.38}$$

这里 $a_0 \neq a_1$. 我们要证明

$$a_0, a_1 \in \mathbb{R}, \quad \langle\alpha_0|\alpha_1\rangle = 0 \tag{4.39}$$

在证明之前, 我们先来考虑一下本征方程的另一种形式, 在证明过程中要用到这个形式.

式 (4.38)是以右矢形式表示的, 我们也可以用左矢形式表示. 以第一个本征方程为例, 暂不假设矩阵 $\boldsymbol{A}$ 是厄密的. 为了看得更真切, 我们把 $|\alpha_0\rangle$ 设为

$$|\alpha_0\rangle = \begin{pmatrix} z_0 \\ z_1 \end{pmatrix}$$

于是第一个本征方程是

$$\begin{pmatrix} a_{00} & a_{01} \\ a_{10} & a_{11} \end{pmatrix} \begin{pmatrix} z_0 \\ z_1 \end{pmatrix} = a_0 \begin{pmatrix} z_0 \\ z_1 \end{pmatrix}$$

把上式左端的结果算出来, 有

$$\begin{pmatrix} a_{00}z_0 + a_{01}z_1 \\ a_{10}z_0 + a_{11}z_1 \end{pmatrix} = a_0 \begin{pmatrix} z_0 \\ z_1 \end{pmatrix}$$

这等价于如下两个方程:

$$a_{00}z_0 + a_{01}z_1 = a_0 z_0, \quad a_{10}z_0 + a_{11}z_1 = a_0 z_1 \tag{4.40}$$

简单地说, 上式是矩阵 $\boldsymbol{A}$ 的第一个本征方程的具体描述. 我们把这两个方程先放在这儿, 转而看看下面的形式:

$$\langle\alpha_0|\,\boldsymbol{A}^\dagger = a_0^*\,\langle\alpha_0|$$

这是用左矢形式表示的本征方程, 它来自对右矢形式的本征方程进行厄密共轭的操作. 对矩阵取其厄密共轭就是将该矩阵转置并取复共轭. 如果遇到两个矩阵的相乘, 比如矩阵 $\boldsymbol{A}$ 和矩阵 $\boldsymbol{B}$ 的积 $\boldsymbol{AB}$, 那么有

$$(\boldsymbol{AB})^\dagger = \boldsymbol{B}^\dagger \boldsymbol{A}^\dagger$$

这个结论不难验证, 其中的主要步骤是, 在转置运算中有 $(\boldsymbol{AB})^\mathrm{T} = \boldsymbol{B}^\mathrm{T} \boldsymbol{A}^\mathrm{T}$. 回头来看式 (4.38) 中的第一个本征方程:

$$\boldsymbol{A} \left| \alpha_0 \right\rangle = a_0 \left| \alpha_0 \right\rangle \tag{4.41}$$

把其中的列向量 $\left| \alpha_0 \right\rangle$ 当作 2×1 的矩阵, 那么它的厄密共轭是

$$(\left| \alpha_0 \right\rangle)^\dagger = \begin{pmatrix} z_0 \\ z_1 \end{pmatrix}^\dagger = \begin{pmatrix} z_0^* & z_1^* \end{pmatrix} = \left\langle \alpha_0 \right|$$

显然还可以有 $(\left\langle \alpha_0 \right|)^\dagger = \left| \alpha_0 \right\rangle$, 也就是说, 右矢和其相应的左矢互为厄密共轭. 接着对式 (4.41) 的两端分别进行厄密共轭. 注意左端被视为两个矩阵的相乘, 取厄密共轭的时候要交换次序; 右端的 a_0 是一个数, 对它进行厄密共轭操作的时候不存在转置, 仅仅取复共轭就可以了, 而且也不需要考虑交换相乘的次序. 因而有

$$\left\langle \alpha_0 \right| \boldsymbol{A}^\dagger = a_0^* \left\langle \alpha_0 \right| \tag{4.42}$$

这就是用左矢形式表示的本征方程. 式 (4.42) 左端是一个行向量 (或视为 1×2 的矩阵) 与一个 2×2 矩阵的相乘, 可以解读为矩阵 $\boldsymbol{A}^\dagger$ 向左作用于左矢 $\left\langle \alpha_0 \right|$.

再让我们看看这个左矢形式的本征方程的具体体现, 看看它能不能与式 (4.40) 等价. 把 $\left\langle \alpha_0 \right|$ 和 $\boldsymbol{A}^\dagger$ 的具体表达式代入, 式 (4.42) 的左端为

$$\left\langle \alpha_0 \right| \boldsymbol{A}^\dagger = \begin{pmatrix} z_0^* & z_1^* \end{pmatrix} \begin{pmatrix} a_{00}^* & a_{10}^* \\ a_{01}^* & a_{11}^* \end{pmatrix}$$
$$= \begin{pmatrix} a_{00}^* z_0^* + a_{01}^* z_1^* & a_{10}^* z_0^* + a_{11}^* z_1^* \end{pmatrix}$$

式 (4.42) 的右端为

$$a_0^* \begin{pmatrix} z_0^* & z_1^* \end{pmatrix}$$

于是式 (4.42) 可以改写为如下两个方程:

$$a_{00}^* z_0^* + a_{01}^* z_1^* = a_0^* z_0^*, \quad a_{10}^* z_0^* + a_{11}^* z_1^* = a_0^* z_1^* \tag{4.43}$$

与式 (4.40) 比较, 可以看到, 这两组方程互为复共轭. 其中一组成立, 另一组一定成立. 所以右矢形式的本征方程和左矢形式的本征方程是等价的, 即

$$A |\alpha_0\rangle = a_0 |\alpha_0\rangle \Longleftrightarrow \langle\alpha_0| A^\dagger = a_0^* \langle\alpha_0| \tag{4.44}$$

暂停一下, 做一个有关数学的评述. 我们看到, 有右矢 $|\psi\rangle$, 就一定有唯一一个左矢 $\langle\psi|$ 与之对应. 如果在 $\mathbb{C}^2$ 空间说这件事, 那么显得很平凡: 把列向量放倒, 变成行向量, 再取复共轭就行了. 即便在更高维的有限维空间中, 右矢和左矢的一一对应也是很平凡的. 但是, 量子力学还要用到无限维的复希尔伯特空间, 在这种情况下, 右矢和左矢的一一对应就不是一件显而易见的事情了. 但是, 数学上有相关定理能帮助我们建立这种关系, 这种关系被更广义地称为对偶关系. 其广义性体现在, 矩阵 A 和它的厄密共轭 $A^\dagger$ 也是一种对偶关系. 矩阵 A 向右作用于右矢 $|\psi\rangle$ 对偶于矩阵 $A^\dagger$ 向左作用于左矢 $\langle\psi|$. 概括地说:

$$|\psi\rangle \xleftrightarrow{\text{对偶}} \langle\psi|$$

$$A \xleftrightarrow{\text{对偶}} A^\dagger$$

$$A|\psi\rangle \xleftrightarrow{\text{对偶}} \langle\psi| A^\dagger$$

回到式 (4.38), 回到我们希望证明的结论: 厄密矩阵的本征值是实数, 与不同本征值对应的本征向量彼此正交. 现在要假设矩阵 A 是厄密的. 在式 (4.44) 中两个彼此等价的方程两端用 $|\alpha_0\rangle$ 作内积, 并且注意 $A = A^\dagger$, 有

$$\langle\alpha_0|A|\alpha_0\rangle = a_0 \langle\alpha_0|\alpha_0\rangle, \quad \langle\alpha_0|A^\dagger|\alpha_0\rangle = \langle\alpha_0|A|\alpha_0\rangle = a_0^* \langle\alpha_0|\alpha_0\rangle \tag{4.45}$$

由此可以得到

$$a_0 \langle\alpha_0|\alpha_0\rangle = a_0^* \langle\alpha_0|\alpha_0\rangle$$

其中, $|\alpha_0\rangle$ 不能是零向量, 否则就没有讨论的意义了, 因而 $\langle\alpha_0|\alpha_0\rangle$ 不可能为零, 所以有 $a_0 = a_0^*$, 即 a_0 是实数. 类似地可以证明另一个本征值 a_1 也是实数.

接下来, 在式 (4.38) 的第二个方程的两端同时用 $|\alpha_0\rangle$ 作内积, 有

$$\langle\alpha_0|A|\alpha_1\rangle = a_1 \langle\alpha_0|\alpha_1\rangle \tag{4.46}$$

式 (4.46) 左端的结构是行向量 × 矩阵 × 列向量. 可以视为

$$(1 \times 2 \text{ 的矩阵}) \times (2 \times 2 \text{ 的矩阵}) \times (2 \times 1 \text{ 的矩阵})$$

我们知道, 矩阵的乘法是满足结合律的, 于是有两种看法: 第一种看法是, 先让矩阵 A 和 $|\alpha_1\rangle$ 相乘, 即矩阵 A 向右作用于右矢 $|\alpha_1\rangle$, 其结果是一个右矢向量, 再与左矢 $\langle\alpha_0|$ 构

成"背靠背"的形式, 即内积. 第二种看法是, 先让 $\langle\alpha_0|$ 和矩阵 $\boldsymbol{A}$ 相乘, 即矩阵 $\boldsymbol{A}$ 向左作用于左矢 $\langle\alpha_0|$, 其结果是一个左矢向量, 再与右矢 $|\alpha_1\rangle$ 构成"背靠背"的形式, 也是一个内积. 这两种看法是等价的.

我们采用第二种看法, 考虑 $\langle\alpha_0|\boldsymbol{A}$ 应该等于什么. 在左矢形式 (4.42) 中注意到矩阵 $\boldsymbol{A}$ 是厄密的, 并且 a_0 是实数, 有

$$\langle\alpha_0|\boldsymbol{A} = a_0\langle\alpha_0|$$

把这个关系代入式 (4.46), 有

$$a_0\langle\alpha_0|\alpha_1\rangle = a_1\langle\alpha_0|\alpha_1\rangle$$

也就是

$$(a_0 - a_1)\langle\alpha_0|\alpha_1\rangle = 0$$

当 $a_0 \neq a_1$ 时, 有 $\langle\alpha_0|\alpha_1\rangle = 0$, 表明不同本征值所对应的本征向量彼此正交. 这就证明了厄密矩阵的重要性质式 (4.39).

讨论厄密矩阵的对角化.

在关于线性空间的数学内容中, 有一个定理: 选择特定的基向量, 可以将厄密矩阵表示为对角形式. 实际上, 这个定理已经体现在我们讨论过的内容中了.

在 σ_z 表象中, 或者说在自然基向量上, σ_x 被表示为

$$\sigma_x = \begin{pmatrix} 0 & 1 \\ 1 & 0 \end{pmatrix}$$

这不是一个对角形式. 而我们说过, σ_x 又可以表示为

$$\sigma_x = |x+\rangle\langle x+| - |x-\rangle\langle x-| = \begin{pmatrix} 1 & 0 \\ 0 & -1 \end{pmatrix}_{\sigma_x}$$

这是在 σ_x 自己的表象中的表示形式, 它是对角的. 这说明, 在自然基向量上, σ_x 不是对角的, 但是在基向量 $|x\pm\rangle$ 上 σ_x 是对角的.

对于 $\boldsymbol{n}$ 方向上的泡利矩阵 σ_n 也有相同的结论:

$$\sigma_n = |n+\rangle\langle n+| - |n-\rangle\langle n-|$$

这是 σ_n 表象中的对角形式. 一般地, 设矩阵 $\boldsymbol{A}$ 是厄密矩阵, 它的本征方程是

$$\boldsymbol{A}|\alpha_i\rangle = a_i|\alpha_i\rangle, \quad i = 0, 1$$

其中 $a_i \in \mathbb{R}$ 是矩阵 $\boldsymbol{A}$ 的本征值, $|\alpha_i\rangle$ 是相应的本征态. 在矩阵 $\boldsymbol{A}$ 的表象中, $\boldsymbol{A}$ 是对角的:

$$\boldsymbol{A} = a_0 |\alpha_0\rangle\langle\alpha_0| + a_1 |\alpha_1\rangle\langle\alpha_1|$$

以上介绍了厄密矩阵及其性质, 下一节我们将用具体的例子加以说明. 这里我们对厄密矩阵在量子力学中的意义做两点说明:

(1) 厄密矩阵的数学性质很好地满足了观测量的物理要求. 前文说过, 观测量的可能取值代表了测量结果, 应该是实数. 这正好可以对应于厄密矩阵的本征值. 我们又说过, 测量结果可以严格区分, 相应的量子态彼此正交. 而厄密矩阵的一个性质——对应于不同本征值的本征向量彼此正交——完全契合观测量的要求. 如果大家逐步深入地了解量子力学, 那么会发现, 量子力学中的物理概念能够在数学中找到非常好的对应形式. 一开始的时候, 量子力学的形式系统可能显得很简陋, 但是越到后来, 形式系统中的数学内容就越丰富, 进而有着越来越强的解释能力.

(2) 当我们了解了厄密矩阵的性质之后, 应该更容易明白 "σ_z 表象" "A 表象" 等说法指的是什么. 因为厄密矩阵的本征向量彼此正交, 进行归一化处理之后, 就有了一组正交归一的向量, 它们可以作为复空间的基向量. 所以, 当我们说 "σ_z 表象" 的时候, 就意味着用 σ_z 的本征态 $|0\rangle$ 和 $|1\rangle$ 作为空间的基向量; 当说到 "A 表象" 的时候, 就意味着用 A 的本征态 $|\alpha_0\rangle$ 和 $|\alpha_1\rangle$ 作为 $\mathbb{C}^2$ 的基向量.

4.6 再谈量子测量假设

量子测量假设是量子力学的核心内容. 量子态被表示为向量, 观测量被表示为厄密算子. 在理论上, 这些数学形式经过测量假设给出了测量结果的理论预言; 在实验中, 微观粒子经过实际的观测过程, 在仪器上体现出真实客观的现象. 至此, 量子力学才算完成了对量子现象的描述, 并且获得实验的支持.

在第 3.6 节我们就已经简单说过了测量假设. 那时还没有提到观测量的数学形式, 更没有引入本征值、本征态和厄密性等概念. 现在我们有了这些数学装备, 可以回头再看看测量假设了.

4.6.1　再讲一遍量子测量假设

设量子系统处于量子态 $|\psi\rangle \in \mathbb{C}^2$, 系统有观测量 A, 观测量 A 的数学形式是一个 2×2 的厄密矩阵, 仍然用 A 表示. A 可以是某个方向上的 Pauli 矩阵 σ_n, 也可以有更一般的形式, 比如

$$A = r_0\sigma_0 + r_1\sigma_1 + r_2\sigma_2 + r_3\sigma_3 = \sum_{\mu=0}^{3} r_\mu\sigma_\mu \tag{4.47}$$

这里的每一个 r_μ $(\mu = 0, 1, 2, 3)$ 都是实数, 而且

$$\sigma_0 := \mathbb{1} = \begin{pmatrix} 1 & 0 \\ 0 & 1 \end{pmatrix}, \quad \sigma_1 = \sigma_x, \quad \sigma_2 = \sigma_y, \quad \sigma_3 = \sigma_z$$

其中 $\mathbb{1}$ 叫作单位矩阵. 单位矩阵与任意某个矩阵相乘, 结果都是原先那个矩阵. 容易验证 A 是厄密矩阵. 显然, 这种形式的观测量看起来比 σ_n 更一般, 但本质上是一样的. 我们将在下一章讨论哈密顿量的时候说清楚这件事. 将 A 的本征值记作 a_0 和 a_1, 相应的本征态分别记作 $|\alpha_0\rangle$ 和 $|\alpha_1\rangle$. A 可以用它的本征值和本征态表示为

$$A = a_0 |\alpha_0\rangle\langle\alpha_0| + a_1 |\alpha_1\rangle\langle\alpha_1| \tag{4.48}$$

我们重新叙述量子测量假设如下:

量子测量假设　设量子系统的量子态为 $|\psi\rangle$, 对观测量 A 进行测量, 得到的结果属于 A 的本征值的集合 $\{a_0, a_1\}$, 获得某个结果 a_i $(i = 0, 1)$ 的概率是

$$p(a_i|\psi) = |\langle\alpha_i|\psi\rangle|^2 \tag{4.49}$$

并且测量后量子系统处于本征态 $|\alpha_i\rangle$.

图 4.2 示意性地描绘了量子测量假设的内容. 量子系统处于 $|\psi\rangle$, 从左侧进入测量仪器 M_A(该仪器是用来测量观测量 A 的). 观测量 A 的数学表示是一个厄密矩阵, 也记作 A. 在仪器右端, 有两个出口. 出口上的信号 (比如指示灯的闪亮, 图中未画) 就是我们观测到的实验结果. 上面那个出口上的现象与 A 的本征值 a_0 对应, 下面那个出口上的现象与 A 的本征值 a_1 对应. 当我们观测到现象 a_0 的时候, 量子系统的状态变为 A 的本征态 $|\alpha_0\rangle$; 当我们观测到现象 a_1 的时候, 量子系统的状态变为 A 的本征态 $|\alpha_1\rangle$. 观测量现象 a_0 或 a_1 的概率分别是

$$p(a_0|\psi) = |\langle\alpha_0|\psi\rangle|^2, \quad p(a_1|\psi) = |\langle\alpha_1|\psi\rangle|^2$$

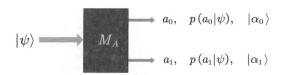

图 4.2　量子测量过程的示意性描述

对于量子测量假设, 我们再多说几句:

(1) 量子测量假设说的事情是物理的, 它的形式却是数学的. 我们在第 3.8.3 小节讲过, 测量假设只是告诉我们如何计算测量结果的概率, 但是没有说明测量结果是如何出现的, 也没有为测量过程提供具体的、真实的物理描述.

(2) 我们不可能在这里详细讲述量子测量理论, 但是有必要说一说其中的主要观点. 测量过程包含两个阶段: 第一个阶段, 被测量子系统与测量仪器建立相互作用并随时间演化, 这个阶段可以用下一章将要讲述的薛定谔方程确定; 第二个阶段, 仪器上表现出明确的宏观现象, 这些现象具有不确定性, 只能用概率来描述. 在第二阶段发生的事情不受薛定谔方程的支配, 目前也没有公认的理论给出明确的解释.

(3) 在很多场合中, 图 4.2 描述的过程被称为量子态的 "塌缩". 意思是, 原先量子系统所处的量子态是 $|\psi\rangle$, 对观测量 A 进行测量, 如果得到结果 a_0, 这个事件出现的概率是 $p(a_0|\psi)$, 那么在这一瞬间, 系统的状态变为 $|\alpha_0\rangle$, 这种量子态的突变就是所谓的 "塌缩". 类似地, 有概率 $p(a_1|\psi)$ 发生从 $|\psi\rangle$ 到 $|\alpha_1\rangle$ 的塌缩. "塌缩" 实际上是以形象的语言重述量子测量假设, 我们很难把它当作物理过程的描述, 因为所有的物理过程都是时间演化的过程, 从 $|\psi\rangle$ 到 $|\alpha_0\rangle$ 或 $|\alpha_1\rangle$ 的突变只能是数学的抽象.

(4) 测量前, 系统的状态用态向量 $|\psi\rangle$ 表示; 测量后, 系统以概率 $p(a_i|\psi)$ 处于 $|\alpha_i\rangle$, $i = 0, 1$. 测量前系统的状态是纯态, 测量后系统的状态不能用某一个向量来描述, 它是混合态: 以概率 $p(a_i|\psi)$ 将 $|\alpha_i\rangle$ 混合在一起. 我们曾在第 3.9 节的末尾提过混合态这个词.

4.6.2 再谈概率守恒

作为归一化条件的在操作意义上的解释, 我们在第 3.8.1 小节讨论过概率守恒. 如今有了更多的数学工具, 对同一个形式也就有了更多的解读. 让我们再来看看概率守恒.

设量子系统处于态向量 $|\psi\rangle \in \mathbb{C}^2$, 对观测量 A 进行测量. 得到结果 a_0 和 a_1 的概率分别是

$$p(a_0) = |\langle \alpha_0 | \psi \rangle|^2, \quad p(a_1) = |\langle \alpha_1 | \psi \rangle|^2$$

概率守恒意味着 $p(a_0) + p(a_1) = 1$, 即

$$|\langle \alpha_0 | \psi \rangle|^2 + |\langle \alpha_1 | \psi \rangle|^2 = 1$$

将上式中的模平方改写为复数与其复共轭的相乘, 并注意到 $(\langle \alpha_0 | \psi \rangle)^* = \langle \psi | \alpha_0 \rangle$ 这样的关系, 有

$$\langle \psi | \alpha_0 \rangle \langle \alpha_0 | \psi \rangle + \langle \psi | \alpha_1 \rangle \langle \alpha_1 | \psi \rangle = 1$$

将右矢和左矢都视作矩阵, 利用矩阵乘法的结合律和分配律, 有

$$\langle \psi | \left(|\alpha_0\rangle \langle \alpha_0| + |\alpha_1\rangle \langle \alpha_1| \right) |\psi\rangle = 1 \tag{4.50}$$

其中括号里的项是 "头对头" 的形式, 是矩阵. 因为上式对于任何归一的 $|\psi\rangle$ 都成立, 所以有

$$|\alpha_0\rangle \langle \alpha_0| + |\alpha_1\rangle \langle \alpha_1| = \mathbb{1} \tag{4.51}$$

这里的 $\mathbb{1}$ 是二维单位矩阵:

$$\mathbb{1} = \begin{pmatrix} 1 & 0 \\ 0 & 1 \end{pmatrix}$$

容易验证, 对于任意的向量 $|\varphi\rangle$ 或任意的矩阵 $\boldsymbol{M}$, 总是有

$$\mathbb{1} |\varphi\rangle = |\varphi\rangle, \quad \mathbb{1}\boldsymbol{M} = \boldsymbol{M}\mathbb{1} = \boldsymbol{M}$$

就是说, 单位矩阵在矩阵乘法中的表现就像是数字 1 在数的乘法中的表现.

注意到式 (4.51) 中的 $|\alpha_0\rangle$ 和 $|\alpha_1\rangle$ 是 $\mathbb{C}^2$ 中任意一组正交归一的向量, 因此 $\mathbb{C}^2$ 中任意两个正交归一的向量都满足式 (4.51). 这个关系可以被视为概率守恒的一种表示形式.

你可能觉得从式 (4.50) 到式 (4.51) 的转换有些突兀, 于是我们先找几组具体的基向量验证一下. 我们先让 $|\alpha_0\rangle$ 和 $|\alpha_1\rangle$ 取最简单的形式: $|0\rangle$ 和 $|1\rangle$, 有

$$|0\rangle\langle 0| + |1\rangle\langle 1|$$

$$= \begin{pmatrix} 1 \\ 0 \end{pmatrix} \begin{pmatrix} 1 & 0 \end{pmatrix} + \begin{pmatrix} 0 \\ 1 \end{pmatrix} \begin{pmatrix} 0 & 1 \end{pmatrix}$$

$$= \begin{pmatrix} 1 & 0 \\ 0 & 0 \end{pmatrix} + \begin{pmatrix} 0 & 0 \\ 0 & 1 \end{pmatrix}$$

$$= \begin{pmatrix} 1 & 0 \\ 0 & 1 \end{pmatrix}$$

$$= \mathbb{1}$$

如果将 $|\alpha_0\rangle$ 和 $|\alpha_1\rangle$ 分别设为 $|x+\rangle$ 和 $|x-\rangle$, 有

$$|x+\rangle\langle x+| + |x-\rangle\langle x-|$$

$$= \begin{pmatrix} \frac{1}{\sqrt{2}} \\ \frac{1}{\sqrt{2}} \end{pmatrix} \begin{pmatrix} \frac{1}{\sqrt{2}} & \frac{1}{\sqrt{2}} \end{pmatrix} + \begin{pmatrix} \frac{1}{\sqrt{2}} \\ -\frac{1}{\sqrt{2}} \end{pmatrix} \begin{pmatrix} \frac{1}{\sqrt{2}} & -\frac{1}{\sqrt{2}} \end{pmatrix}$$

$$= \begin{pmatrix} \frac{1}{2} & \frac{1}{2} \\ \frac{1}{2} & \frac{1}{2} \end{pmatrix} + \begin{pmatrix} \frac{1}{2} & -\frac{1}{2} \\ -\frac{1}{2} & \frac{1}{2} \end{pmatrix}$$

$$= \begin{pmatrix} 1 & 0 \\ 0 & 1 \end{pmatrix} = \mathbb{1}$$

更一般地, 将 $|\alpha_0\rangle$ 和 $|\alpha_1\rangle$ 分别设为式 (3.48) 中的 $|\psi_0\rangle$ 和 $|\psi_1\rangle$, 那么仍然有

$$|\psi_0\rangle\langle\psi_0| + |\psi_1\rangle\langle\psi_1| = \mathbb{1}$$

具体计算过程不在这里写了, 请大家自己推导一下.

接下来让我们进一步认识关系式 (4.51). 既然它对于任意两个正交归一的向量都是成立的, 我们就写

$$\mathbb{1} = |0\rangle\langle 0| + |1\rangle\langle 1| = |\alpha_0\rangle\langle\alpha_0| + |\alpha_1\rangle\langle\alpha_1| = \cdots \tag{4.52}$$

这样的等式可以写无穷多个. 设 $|\psi\rangle$ 是 $\mathbb{C}^2$ 的任意向量, 用单位矩阵作用于 $|\psi\rangle$, 不会带来任何变化, 于是有

$$|\psi\rangle = \mathbb{1}|\psi\rangle$$

$$= (|0\rangle\langle 0| + |1\rangle\langle 1|)|\psi\rangle$$

$$= |0\rangle\langle 0|\psi\rangle + |1\rangle\langle 1|\psi\rangle$$

$$= c_0|0\rangle + c_1|1\rangle$$

其中, 最后一步用到了式 (3.42), 这是 $|\psi\rangle$ 在 Z 表象中的形式. 或者还可以写

$$
\begin{aligned}
|\psi\rangle &= \mathbb{1} |\psi\rangle \\
&= (|\alpha_0\rangle\langle\alpha_0| + |\alpha_1\rangle\langle\alpha_1|) |\psi\rangle \\
&= |\alpha_0\rangle \langle\alpha_0|\psi\rangle + |\alpha_1\rangle \langle\alpha_1|\psi\rangle \\
&= d_0 |\alpha_0\rangle + d_1 |\alpha_1\rangle
\end{aligned}
$$

其中, 最后一步用到了式 (3.46) 和式 (3.47), 这是 $|\psi\rangle$ 在 A 表象中的形式. 同一个向量 $|\psi\rangle$ 在不同的表象中有不同的表示, 但是本质上是等价的, 此前式 (3.44) 表达了这个意思, 现在式 (4.52) 从另一个角度说了同样的意思.

4.6.3 观测量的期望值

在本章的最后, 我们来介绍观测量的期望值, 一方面这可以作为量子测量假设的一个运用; 另一方面, 观测量的期望值可以与经典物理定律有所对应.

期望值就是平均值. 设量子系统的态向量是 $|\psi\rangle$, 我们对观测量 A 进行测量, 得到的结果 a_i 属于 A 的本征值, 得到这个结果的概率是 $|\langle\alpha_i|\psi\rangle|^2$, 这里 $|\alpha_i\rangle$ 是 A 的对应于本征值 a_i 的本征态. 我们把这个概率简单地记作 p_i, 即

$$
p_i = |\langle\alpha_i|\psi\rangle|^2
$$

观测量 A 的期望值记作 $\langle A\rangle$, 定义为本征值的加权平均, 权重就是测量结果 (即本征值) 的概率:

$$
\langle A\rangle = \sum_i a_i p_i
$$

这里的求和没标上限, 是比较一般的说法. 对于量子小球而言, 只有两个测量结果 a_0 和 a_1, 故 A 期望值是

$$
\begin{aligned}
\langle A\rangle &= a_0 p_0 + a_1 p_1 \\
&= a_0 |\langle\alpha_0|\psi\rangle|^2 + a_1 |\langle\alpha_1|\psi\rangle|^2 \\
&= a_0 \langle\psi|\alpha_0\rangle \langle\alpha_0|\psi\rangle + a_1 \langle\psi|\alpha_1\rangle \langle\alpha_1|\psi\rangle \\
&= \langle\psi| (a_0 |\alpha_0\rangle\langle\alpha_0| + a_1 |\alpha_1\rangle\langle\alpha_1|) |\psi\rangle \\
&= \langle\psi|A|\psi\rangle
\end{aligned}
$$

上面最后一步用到了式 (4.48). 于是我们有了期望值的两种表示形式:

$$\langle A \rangle = \sum_i a_i p_i \qquad (4.53)$$

$$\langle A \rangle = \langle \psi | A | \psi \rangle \qquad (4.54)$$

其中, 式 (4.53) 能明确地体现测量过程, 因为表达式中出现了测量结果和概率; 而式 (4.54) 则看不出有测量过程, 似乎是只要有了量子态和观测量, 就很自然地有了期望值. 我们需要注意: 谈论期望值的时候, 一定要有测量过程, 否则测量结果无从体现, 概率 无从体现. 式 (4.54) 是根据式 (4.53) 推导出来的, 可以用来进行具体计算, 但不能对式 (4.54) 做无视其来路的解读.

4.7   不确定关系

不确定关系是量子力学的一个基本原理, 对不确定关系的理解和解释也众说纷纭. 在历史上, 不确定关系最早是由海森伯提出的, 描述的是测量精度与测量过程中对被测 系统的扰动二者之间的此消彼长的关系. 讨论这种关系需要更多更复杂的准备工作, 在 此我们只能作罢. 但是还有另一种形式的不确定关系, 这种形式的不确定关系不涉及测 量精度与扰动, 它谈论的是量子态的一种特性: 不存在这样的量子态, 它对任何测量都 能给出确定的而不是随机的结果.

让我们在 $\mathbb{C}^2$ 空间中具体说明这样的不确定关系. 最简单的例子是这样的, 设粒子 的量子态为 $|0\rangle$, 如果测量 σ_z, 那么结果是确定的 $+1$; 但是如果测量 σ_x, 那么得到结果 $+1$ 或 -1 的概率都是 $1/2$, 表现出完全的随机性. 一般地, 如果测量 σ_n, 那么只要方向 $\boldsymbol{n}$ 不是 z 方向, 得到结果 $+1$ 或 -1 的概率分别是 $\cos^2\theta$ 和 $\sin^2\theta$, 其中 θ 是方向 $\boldsymbol{n}$ 与 z 轴的夹角. 这就是说, 对于量子态 $|0\rangle$, 只有一种测量方式能获得确定的观测结果.

然后设想一般的情况, 设粒子处于某个任意的量子态 $|\psi\rangle$, 再考虑各种方向上的测 量. 我们知道, $|\psi\rangle \propto |m+\rangle$, 其中 $|m+\rangle$ 是 $\boldsymbol{m}$ 方向上的泡利矩阵 σ_m 的本征态, 对应的 本征值为 $+1$. 如果测量对象是观测量 σ_m, 那么结果一定是 $+1$. 如果测量别的方向上的 泡利矩阵 σ_n, 那么得到 $+1$ 的概率是 $\cos^2\vartheta$, 得到 -1 的概率是 $\sin^2\vartheta$, 这里的 ϑ 是两个 方向 $\boldsymbol{m}$ 和 $\boldsymbol{n}$ 之间的夹角. 这些结果大家可以尝试着计算一下.

总之, 不可能在 $\mathbb{C}^2$ 中找到一个量子态, 使得对所有方向上的泡利矩阵的测量都给 出确定的结果.

有一个稍微特殊的情况可以讨论一下. 如果两个观测量 A 和 B 彼此对易, 那么对于任意的量子态, 它们的测量结果的概率一定是相同的. 设 A 可以表示为

$$A = a_0 \left|\alpha_0\right\rangle\!\left\langle\alpha_0\right| + a_1 \left|\alpha_1\right\rangle\!\left\langle\alpha_1\right|$$

不用多说, $a_i \in \mathbb{R}$ 是本征值, $\left|\alpha_i\right\rangle$ 是本征态. A 和 B 是对易的, 即

$$[A, B] = AB - BA = 0$$

将对易子 $[A, B]$ 作用于 A 的某个本征态, 有

$$[A, B]\left|\alpha_i\right\rangle = AB\left|\alpha_i\right\rangle - BA\left|\alpha_i\right\rangle = 0$$

利用 $A\left|\alpha_i\right\rangle = a_i\left|\alpha_i\right\rangle$, 将上式改写为

$$A(B\left|\alpha_i\right\rangle) = a_i(B\left|\alpha_i\right\rangle)$$

注意到 $B\left|\alpha_i\right\rangle$ 是 $\mathbb{C}^2$ 中的向量, 它没有归一化, 这不重要. 上式表明, $B\left|\alpha_i\right\rangle$ 是 A 的本征向量, 对应的本征值仍然是 a_i, 所以有

$$B\left|\alpha_i\right\rangle \propto \left|\alpha_i\right\rangle$$

这个表达式已经说明 $\left|\alpha_i\right\rangle$ 同时也是 B 的本征态, 如果把相应的本征值记作 b_i, 那么可以把上式重写为

$$B\left|\alpha_i\right\rangle = b_i\left|\alpha_i\right\rangle$$

或者把 B 表示为

$$B = b_0 \left|\alpha_0\right\rangle\!\left\langle\alpha_0\right| + b_1 \left|\alpha_1\right\rangle\!\left\langle\alpha_1\right|$$

以上过程表明, 彼此对易的观测量可以同时对角化, 也就是说, 这些观测量的厄密矩阵可以在同一组基向量上表示为对角矩阵.

有了这个结论, 就很容易算出测量结果的概率. 设量子系统的态向量是 $\left|\psi\right\rangle$, 测量 A 得到 a_i 的概率是

$$p(a_i) = |\left\langle\alpha_i|\psi\right\rangle|^2$$

测量 B 得到 b_i 的概率是

$$p(b_i) = |\left\langle\alpha_i|\psi\right\rangle|^2$$

它们是相同的.

如果两个观测量不对易, 那么它们就不能同时对角化, 在任意量子态上的测量结果的概率也不可能相等. 我们能够看到这样的情况: 其中一个观测量的测量结果是确定的, 而另一个观测量的测量结果是随机的, 这就是刚刚说过的不确定关系展现的情景.

从理论形式的层面上说, 不对易的观测量不能同时具有确定的值, 这是因为在量子理论中观测量被表示为厄密矩阵, 而矩阵是不能随便对易的. 从操作意义上说, 不对易的观测量不能在相同的测量过程中进行测量. 比如在 SG 实验中, 测量自旋 1/2 粒子的 z 方向上的角动量 S_z, 这需要将磁场方向设定为 z 方向, 这样的仪器记作 SG(z); 而测量 S_x 则需要将磁场方向设为 x 方向, 这样的仪器记作 SG(x). 如果用 SG(z) 测量 S_x, 那么将对 S_x 造成显著的影响. 用 SG(x) 测量 S_z 也是如此. 从观测量的实在性角度说, 由于在量子力学中观测量的客观实在性受到削弱, 我们不能为观测量赋予确定的值, 甚至说它们无值可言, 不确定关系支持了这样的观点.

"不对易的观测量不能同时具有确定的值", 这个结论将在第 6 章用来讨论量子力学中的实在性问题.

第 5 章

量子力学的"动态"假设——薛定谔方程

在前一章中我们介绍了量子力学的三个"静态"假设, 这些假设的数学基础是希尔伯特空间. 我们讨论的是最简单的二维复空间 $\mathbb{C}^2$. 这个空间中的 (归一化的) 向量表示了量子系统的状态, 这个空间上的厄密矩阵表示了观测量. 在此基础上, 量子力学的测量假设告诉我们测量的结果是什么, 得到某个结果的概率是多少. 值得注意的是, 所有这些都没有涉及随时间的变化. 而任何物理过程都是时间演化的过程, 所以我们要让这个"静态"的框架动起来, 要考虑"动力学"过程. 这就是本章的主题.

5.1 让谁动起来?

我们说让这个"静态"的框架动起来, 而这个框架中有量子态、观测量、测量结果及其概率, 那么应该让谁先动起来呢?

在经典力学中不存在这个问题, 物体的性质和状态都是由物理量描述的, 我们考虑物理量随时间的演化就行了. 设 $t = 0$ 时物体的状态由相空间 (位置 $\boldsymbol{r}$ 和动量 $\boldsymbol{p}$ 构成的空间) 中的点 $(\boldsymbol{r}(0), \boldsymbol{p}(0))$ 描述, 到了 t 时刻, 物体的状态变为 $(\boldsymbol{r}(t), \boldsymbol{p}(t))$. 如图 5.1 所示, 这个变化过程是连续的, 有一组微分方程描述并支配了这个演化过程. 较早时刻的状态决定了以后时刻的所有事情, 这个过程满足因果律.

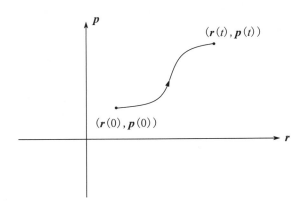

图 5.1 经典力学中的相空间

对于微观粒子, 我们看到的现象来自测量, 现象随机地而不是确定地呈现在我们面前. 量子理论中尚未彻底决定的问题是: 缺乏对量子测量过程的系统解释以及只能用概率的概念描述量子现象, 这是量子理论中没有完全解决的问题. 于是我们不得不接受这样的事实: 观测得到的现象不再满足因果联系, 也就是说, 不同时刻的测量结果的概率之间没有因果联系. 因此, 虽然我们关心的是测量结果出现的概率, 但是不能为概率建立微分方程.

能够 "动起来" 的候选对象还有量子态和观测量. 不论选择量子态还是观测量, 都是可行的. 以量子态作为时间演化的研究对象, 这种框架叫作薛定谔图像. 以观测量作为研究对象的框架叫作海森伯图像. 注意这里说的是图像 (picture), 而不是表象 (representation). 我们将要讨论的是量子态随时间的演化, 即薛定谔图像. 讲述海森伯图像需要更多的数学铺垫, 所以就不在这里说了.

设量子系统在初始时刻 $t = 0$ 时的态向量是 $|\psi(0)\rangle$, 我们的问题是, 在以后某个时刻 t, 量子系统的态向量是什么? 如果没有进一步的限制条件, 那么这个问题基本上无法回答. 例如, 在 $t = 0$ 时刻对量子系统进行测量, 测量不可能瞬间完成, 而是持续哪怕很短的一段时间 τ, 这时, 我们得到某个结果, 而测量结果和相应的态向量是随机的, 所以我们无法准确预言 τ 时刻系统的量子态 $|\psi(\tau)\rangle$. 这样的过程涉及被测系统与测量仪器

的相互作用, 又伴随宏观现象的出现, 是量子测量理论所要解决的问题, 不属于我们讨论的范围. 我们要讨论的量子态的演化是孤立的量子系统的演化, 而且我们既不看也不问, 只是坐等. 对这句话做如下解释.

设想一个电子孤零零地在空中游荡, 它的周围没有任何其他粒子, 它所处的环境中也没有任何外场, 既没有电场, 也没有磁场. 这个电子就是一个孤立的量子系统. 我们对电子不做任何测量, 这就是 "不看不问, 只是坐等". 但是, 这种绝对孤立的情况对我们来说意义不大, 现代量子技术需要人们对微观粒子进行操作, 例如, 用电场或磁场使粒子的状态发生改变. 在这种情况下, 微观粒子就不是严格意义上的孤立系统了. 然而, 如果外场足够 "大", 系统足够 "小", 也就是说, 只需要考虑外场对粒子的作用, 不需要考虑粒子对外场的反作用, 那么外场对粒子的影响仅仅体现为粒子的能量表达式中的参数, 这种情况属于我们讨论的范围, 而且是一个非常重要的问题, 第 5.4 节有相关讨论.

5.2 量子态随时间的演化

现在已经确定, 在讨论量子系统随时间变化的时候, 量子态是我们的研究对象. 对于量子小球这个简单模型, 问题的描述是: 在初始时刻 $(t = 0)$ 设量子小球的态向量是 $|\psi(0)\rangle \in \mathbb{C}^2$, 那么在 t 时刻, 它的状态 $|\psi(t)\rangle$ 是什么样的?

这个问题的答案是: 薛定谔方程决定了 t 时刻的量子态, 具体形式是

$$\mathrm{i}\hbar \frac{\mathrm{d}\,|\psi(t)\rangle}{\mathrm{d}t} = H\,|\psi(t)\rangle \tag{5.1}$$

这就是量子力学的 "动态" 假设.

首先解释一下方程 (5.1) 的数学含义. 左端表达式中的 $\dfrac{\mathrm{d}\,|\psi(t)\rangle}{\mathrm{d}t}$ 是态向量关于时间的导数, 也就是态向量的时间变化率. $\hbar$ 是约化普朗克常数, $\hbar = \dfrac{h}{2\pi}$. 但凡出现普朗克常数的地方就意味着有了量子情形. 为了看得更清楚, 我们设 $|\psi(t)\rangle \in \mathbb{C}^2$ 在自然基向量上表示为

$$|\psi(t)\rangle = c_0(t)\,|0\rangle + c_1(t)\,|1\rangle = \begin{pmatrix} c_0(t) \\ c_1(t) \end{pmatrix}$$

当 $t = 0$ 时就是量子系统的初态 $|\psi(0)\rangle$:

$$|\psi(0)\rangle = c_0(0)\,|0\rangle + c_1(0)\,|1\rangle = \begin{pmatrix} c_0(0) \\ c_1(0) \end{pmatrix}$$

$|\psi(t)\rangle$ 的时间变化率是

$$\frac{\mathrm{d}\,|\psi(t)\rangle}{\mathrm{d}t} = \dot{c}_0(t)\,|0\rangle + \dot{c}_1(t)\,|1\rangle = \begin{pmatrix} \dot{c}_0(t) \\ \dot{c}_1(t) \end{pmatrix}$$

这里 $\dot{c}_0$ 或 $\dot{c}_1$ 头上的点表示对时间的导数, 即

$$\dot{c}_0(t) := \frac{\mathrm{d}c_0(t)}{\mathrm{d}t}, \quad \dot{c}_1(t) := \frac{\mathrm{d}c_1(t)}{\mathrm{d}t}$$

方程右端中的 H 叫作哈密顿量. 对于哈密顿量, 最简单的说法就是能量, 但是在这里, 哈密顿量是作为观测量出现的, 其数学形式是一个厄密矩阵. 以后在具体问题中我们会给出特定形式的哈密顿量, 现在暂且把它表示成一般形式:

$$H = \begin{pmatrix} h_{00} & h_{01} \\ h_{10} & h_{11} \end{pmatrix} \tag{5.2}$$

这同样是在自然基向量上的形式. 当然, 由于 H 是厄密的, 所以 h_{00} 和 h_{11} 都是实数, 而且 $h_{01} = h_{10}^*$. 这里假设哈密顿量 H 不随时间变化, 即每一个矩阵元都与时间无关. 如果 H 与时间有关, 那么就是所谓的含时问题, 这就很复杂了. 以后我们会讲一个略微简单的含时问题.

方程 (5.1) 右端的 H 作用于向量 $|\psi(t)\rangle$, 其结果仍然是一个向量:

$$H\,|\psi(t)\rangle = \begin{pmatrix} h_{00} & h_{01} \\ h_{10} & h_{11} \end{pmatrix} \begin{pmatrix} c_0(t) \\ c_1(t) \end{pmatrix} = \begin{pmatrix} h_{00}c_0(t) + h_{01}c_1(t) \\ h_{10}c_0(t) + h_{11}c_1(t) \end{pmatrix}$$

于是薛定谔方程等价于下面两个方程:

$$\mathrm{i}\hbar\dot{c}_0(t) = h_{00}c_0(t) + h_{01}c_1(t), \quad \mathrm{i}\hbar\dot{c}_1(t) = h_{10}c_0(t) + h_{11}c_1(t) \tag{5.3}$$

然后就是数学问题了: 如果我们知道量子小球的初态 $|\psi(0)\rangle$, 即 $c_0(0)$ 和 $c_1(0)$, 那么式 (5.3) 两个微分方程将给出 $c_0(t)$ 和 $c_1(t)$, 于是我们得到 t 时刻的量子态 $|\psi(t)\rangle$. 在以后的讨论中, 为了避免数学上的繁琐, 我们只求解简单的微分方程, 并给出形象的几何图像.

再来说说薛定谔方程的物理意义. 当然, 这里的物理意义不再具有经典物理的形象性和直观性了. 首先需要指出的是, 薛定谔方程是量子力学的一个公理性的假设, 任何理解或解释都不能视为对薛定谔方程的推导或证明, 而只是用已有的知识在新的理论中找寻类比. 我们已有的知识当属经典力学, 在经典力学中有这样的结论: 哈密顿量是系统的动力学演化的生成元. 也就是说, 哈密顿量主导并支配了相空间中的点从 $(\boldsymbol{r}(0),\boldsymbol{p}(0))$ 演化到 $(\boldsymbol{r}(t),\boldsymbol{p}(t))$. 再来看看薛定谔方程 (5.1), 它的左端描述了态向量的时间变化率,

而右端是哈密顿量作用于态向量, 因此, 薛定谔方程体现了这样的观点: 量子系统的哈密顿量是量子态随时间演化的生成元. 虽然量子态没有经典意义上的类比, 但是就时间演化而言, "哈密顿量系统的动力学演化的生成元" 是经典力学和量子力学的共鸣之处.

系统在其自身的哈密顿量支配下的演化被称为自由演化.

5.3 能量表象

目前我们遇到了一个新的观测量——哈密顿量, 有必要专门讨论一下. 哈密顿量本来是理论力学中的概念, 在很多情况下, 哈密顿量等于系统的能量, 即

$$H = E_{\mathrm{k}} + E_{\mathrm{p}}$$

式中, E_{k} 和 E_{p} 分别是动能和势能. 到了量子力学中, 位置、动量、角动量、动能、势能等都被表示为厄密算子, 哈密顿量自然也是厄密算子. 对于我们正在讨论的二维复空间以及量子小球, 其物理对应是自旋 1/2 粒子的自旋角动量, 哈密顿量被表示为 2×2 的厄密矩阵.

5.3.1 哈密顿量的本征值和本征态

式 (5.2) 是 $\mathbb{C}^2$ 上一般形式的厄密矩阵, 让我们来计算一下它的本征值和本征态. 2×2 的矩阵足够简单, 完全可以按照第 4.5 节给出的办法直接计算, 但是我们想通过下面的过程体现 $\mathbb{C}^2$ 上一般形式的厄密矩阵与 σ_n 之间的联系.

对于 2×2 的厄密矩阵, 我们有一个很好的表示形式. 首先, 容易验证如下关系:

$$\begin{pmatrix} 1 & 0 \\ 0 & 0 \end{pmatrix} = \frac{1}{2}(\mathbb{1} + \sigma_z), \quad \begin{pmatrix} 0 & 0 \\ 0 & 1 \end{pmatrix} = \frac{1}{2}(\mathbb{1} - \sigma_z)$$

$$\begin{pmatrix} 0 & 1 \\ 0 & 0 \end{pmatrix} = \frac{1}{2}(\sigma_x + \mathrm{i}\sigma_y), \quad \begin{pmatrix} 0 & 0 \\ 1 & 0 \end{pmatrix} = \frac{1}{2}(\sigma_x - \mathrm{i}\sigma_y)$$

也就是说, 我们用单位矩阵和三个泡利矩阵将四个 "基" 矩阵表示出来, 然后再把 H 写为

$$H = h_{00} \begin{pmatrix} 1 & 0 \\ 0 & 0 \end{pmatrix} + h_{11} \begin{pmatrix} 0 & 0 \\ 0 & 1 \end{pmatrix} + h_{01} \begin{pmatrix} 0 & 1 \\ 0 & 0 \end{pmatrix} + h_{10} \begin{pmatrix} 0 & 0 \\ 1 & 0 \end{pmatrix}$$

$$= \frac{1}{2} h_{00} (\mathbb{1} + \sigma_z) + \frac{1}{2} h_{11} (\mathbb{1} - \sigma_z) + \frac{1}{2} h_{01} (\sigma_x + \mathrm{i}\sigma_y) + \frac{1}{2} h_{10} (\sigma_x - \mathrm{i}\sigma_y)$$

$$= \frac{1}{2} (h_{00} + h_{11}) \mathbb{1} + \frac{1}{2} (h_{01} + h_{10}) \sigma_x + \frac{\mathrm{i}}{2} (h_{01} - h_{10}) \sigma_y + \frac{1}{2} (h_{00} - h_{11}) \sigma_z$$

这样, 任意形式的哈密顿量 H 被表示为单位矩阵和三个泡利矩阵的线性组合. 我们来看看上面的系数. H 是厄密的, h_{00} 和 h_{11} 都是实数, 因此单位矩阵 $\mathbb{1}$ 前面的系数和泡利矩阵 σ_z 前面的系数都是实数; h_{01} 和 h_{10} 互为复共轭, $h_{01} + h_{10}$ 是实数, $h_{01} - h_{10}$ 是纯虚数, $\mathrm{i}(h_{01} - h_{10})$ 则是实数, 所以泡利矩阵 σ_x 和 σ_y 前面的系数也都是实数.

令

$$u_0 = h_{00} + h_{11}, \quad u_x = h_{01} + h_{10}, \quad u_y = h_{01} + h_{10}, \quad u_z = h_{00} - h_{11}$$

它们都是实数. 把 H 改写为

$$H = \frac{1}{2} u_0 \mathbb{1} + \frac{1}{2} u_x \sigma_x + \frac{1}{2} u_y \sigma_y + \frac{1}{2} u_z \sigma_z \tag{5.4}$$

实际上, 上面的推导说明了一个一般性的结论: 任意 2×2 的厄密矩阵用单位矩阵和三个泡利矩阵展开的时候, 展开系数都是实数.

现在开始求解式 (5.4) 的本征值和本征态. 我们很快就能看到这个形式的好处. 先关心后三项, 令

$$u = \sqrt{u_x^2 + u_y^2 + u_z^2}$$

把后三项写为

$$\frac{1}{2} (u_x \sigma_x + u_y \sigma_y + u_z \sigma_z) = \frac{1}{2} u \left(\frac{u_x}{u} \sigma_x + \frac{u_y}{u} \sigma_y + \frac{u_z}{u} \sigma_z \right)$$

在 $\mathbb{R}^3$ 中定义单位向量 $\boldsymbol{n}$:

$$\boldsymbol{n} = \frac{u_x}{u} \boldsymbol{e}_x + \frac{u_y}{u} \boldsymbol{e}_y + \frac{u_z}{u} \boldsymbol{e}_z \tag{5.5}$$

$\boldsymbol{n}$ 的三个分量是

$$n_x = \frac{u_x}{u}, \quad n_y = \frac{u_y}{u}, \quad n_z = \frac{u_z}{u}$$

于是式 (5.4) 的后三项写为

$$\frac{1}{2} (u_x \sigma_x + u_y \sigma_y + u_z \sigma_z) = \frac{1}{2} u (\sigma_x n_x + \sigma_y n_y + \sigma_z n_z) = \frac{1}{2} u \sigma_n$$

这里 σ_n 就是在前一章里说过的 $\boldsymbol{n}$ 方向上的泡利矩阵. 把 H 重写为

$$H = \frac{u_0}{2}\mathbb{1} + \frac{u}{2}\sigma_n \tag{5.6}$$

注意到 σ_n 的本征值是 $+1$ 和 -1, 相应的本征态分别是

$$|n+\rangle = \begin{pmatrix} \cos\frac{\theta}{2}\ \mathrm{e}^{-\mathrm{i}\frac{\phi}{2}} \\ \sin\frac{\theta}{2}\ \mathrm{e}^{+\mathrm{i}\frac{\phi}{2}} \end{pmatrix}, \quad |n-\rangle = \begin{pmatrix} -\sin\frac{\theta}{2}\ \mathrm{e}^{-\mathrm{i}\frac{\phi}{2}} \\ \cos\frac{\theta}{2}\ \mathrm{e}^{\mathrm{i}\frac{\phi}{2}} \end{pmatrix}$$

我们把 H 的后三项解决之后, 事情就变得很简单了. 第一项正比于单位矩阵, 而单位矩阵作用于任何向量都等于原来那个向量, 所以

$$\begin{aligned} H\,|n\pm\rangle &= \frac{u_0}{2}\mathbb{1}\,|n\pm\rangle + \frac{u}{2}\sigma_n\,|n\pm\rangle \\ &= \frac{u_0}{2}\,|n\pm\rangle \pm \frac{u}{2}\,|n\pm\rangle \\ &= \frac{1}{2}(u_0 \pm u)\,|n\pm\rangle \end{aligned}$$

这表明, H 的本征值是

$$E_+ = \frac{1}{2}(u_0 + u), \quad E_- = \frac{1}{2}(u_0 - u) \tag{5.7}$$

它们叫作系统的能级. 这里 E_+ 能级较高, E_- 能级较低, 可以说 E_- 是基态能级, E_+ 是激发态能级. 与 E_+ 和 E_- 对应的本征态分别是 $|n+\rangle$ 和 $|n-\rangle$, 为了显示能量表象的特殊性, 我们把它们改记作 $|e_+\rangle$ 和 $|e_-\rangle$. 如果量子小球的态向量是 $|e_+\rangle$ (或 $|e_-\rangle$), 那么我们可以简单地说, 量子小球处于能级 E_+ (或 E_-).

值得注意的是, $\mathbb{C}^2$ 空间上的厄密矩阵在本质上等价于某个方向上的泡利矩阵. 这里讨论的 H 虽说是哈密顿量, 但是它的数学形式是非常一般的厄密矩阵. 我们看到 H 被表示为式 (5.6), 它是单位矩阵 $\mathbb{1}$ 和 σ_n 的线性组合, 本征态就是 σ_n 的本征态, 本征值是可以直接读出的. 于是这就是前面对于一般形式的观测量式 (4.47) 所说的话: 一般形式的观测量 A 虽然看起来比 σ_n 更一般, 但本质上是一样的.

有了 H 的本征值和本征态之后, H 可以在其自身表象中写为

$$H = E_+\,|e_+\rangle\langle e_+| + E_-\,|e_-\rangle\langle e_-| \tag{5.8}$$

H 自身的表象就是能量表象, 这就是说, 在能量表象中, 哈密顿量有对角形式.

5.3.2 能量表象中的薛定谔方程

选择什么样的表象是我们的自由. 在 H 表象中, 即能量表象中, 薛定谔方程的形式将很简单. 设 $t = 0$ 时刻量子小球的初态是

$$|\psi(0)\rangle = z_+(0)\,|e_+\rangle + z_-(0)\,|e_-\rangle = \begin{pmatrix} z_+(0) \\ z_-(0) \end{pmatrix}_H \tag{5.9}$$

下标 H 提醒我们, 这是能量表象中的形式. 将 t 时刻的量子态 $|\psi(t)\rangle$ 表示为

$$|\psi(t)\rangle = z_+(t)\,|e_+\rangle + z_-(t)\,|e_-\rangle = \begin{pmatrix} z_+(t) \\ z_-(t) \end{pmatrix}_H$$

H 在能量表象是对角的:

$$H = \begin{pmatrix} E_+ & 0 \\ 0 & E_- \end{pmatrix}_H$$

薛定谔方程写为

$$i\hbar \begin{pmatrix} \dot{z}_+(t) \\ \dot{z}_-(t) \end{pmatrix}_H = \begin{pmatrix} E_+ & 0 \\ 0 & E_- \end{pmatrix}_H \cdot \begin{pmatrix} z_+(t) \\ z_-(t) \end{pmatrix}_H$$

这等价于下面两个微分方程:

$$i\hbar \dot{z}_+(t) = E_+ z_+(t), \quad i\hbar \dot{z}_-(t) = E_- z_-(t) \tag{5.10}$$

这是两个一阶微分方程, 而且 z_+ 和 z_- 之间没有耦合, 易于求解, 结果是

$$z_+(t) = z_+(0)\mathrm{e}^{-\frac{i}{\hbar}E_+ t}, \quad z_-(t) = z_-(0)\mathrm{e}^{-\frac{i}{\hbar}E_- t} \tag{5.11}$$

t 时刻的量子态可以写为

$$|\psi(t)\rangle = z_+(t)\,|e_+\rangle + z_-(t)\,|e_-\rangle = \begin{pmatrix} z_+(0)\mathrm{e}^{-\frac{i}{\hbar}E_+ t} \\ z_-(0)\mathrm{e}^{-\frac{i}{\hbar}E_- t} \end{pmatrix}_H \tag{5.12}$$

与式 (5.9) 所示的初态 $|\psi(0)\rangle$ 相比, t 时刻的量子态的变化反映在与能级有关的相因子上.

将式 (5.10) 与式 (5.3) 比较可以看出, 在自然基向量上的薛定谔方程形式较为复杂, 虽然看起来是两个一阶微分方程, 但是真要求解的时候涉及二阶微分方程, 求解时更困难一些.

看一个特殊情况. 假设量子小球的初态是

$$|\psi(0)\rangle = |e_+\rangle$$

即初态是哈密顿量 H 的一个本征态, 或者量子小球处于能级 E_+, 那么由式 (5.12),
立即有

$$|\psi(t)\rangle = \mathrm{e}^{-\frac{\mathrm{i}}{\hbar}E_+ t}|e_+\rangle$$

类似地, 如果初态是 $|e_-\rangle$, 那么 t 时刻的量子态是 $\mathrm{e}^{-\frac{\mathrm{i}}{\hbar}E_- t}|e_-\rangle$. 也就是说, 如果量子小
球的初态是哈密顿量的某个本征态, 那么在自由演化的过程中, 量子态只有相位上的改
变. 换句话说, 在这种情况下, 量子小球始终处于同一个能级, 它演化到其他能级上的概
率等于零. 因此, 哈密顿量的本征态又被叫作定态.

如果初态不是哈密顿的某个本征态, 而是叠加形式式 (5.9), 那么在 $t = 0$ 时刻测量
哈密顿量 H, 得到结果 E_+ 或 E_- 的概率分别是

$$p(E_+, 0) = |\langle e_+|\psi(0)\rangle|^2 = |z_+(0)|^2$$
$$p(E_-, 0) = |\langle e_-|\psi(t)\rangle|^2 = |z_-(0)|^2$$

在 t 时刻量子小球的态向量是式 (5.12), 测量哈密顿量, 得到结果 E_+ 或 E_- 的概率分
别是

$$p(E_+, t) = |\langle e_+|\psi(t)\rangle|^2 = \left|z_+(0)\mathrm{e}^{-\frac{\mathrm{i}}{\hbar}E_+ t}\right|^2 = |z_+(0)|^2 = p(E_+, 0)$$
$$p(E_-, t) = |\langle e_-|\psi(t)\rangle|^2 = \left|z_-(0)\mathrm{e}^{-\frac{\mathrm{i}}{\hbar}E_- t}\right|^2 = |z_-(0)|^2 = p(E_-, 0)$$

上式表明, 如果量子系统在其自身的哈密顿量的支配下随时间演化, 即自由演化, 那么它
处于某个能级的概率是不变的. 换句话说, 当量子系统进行自由演化的时候, 不会发生
跃迁现象. 关于跃迁, 我们将在第 5.5 节讨论.

5.3.3 能量的期望值

有了哈密顿量的本征值以及任意时刻测量结果的概率以后, t 时刻哈密顿量的期望
值轻松易得. 利用式 (4.53), 有

$$\begin{aligned}
\langle H\rangle(t) &= p(E_+, t)E_+ + p(E_-, t)E_- \\
&= p(E_+, 0)E_+ + p(E_-, 0)E_- \\
&= |z_+(0)|^2 E_+ + |z_-(0)|^2 E_-
\end{aligned}$$

这里, 为了形式的简明, 就没有把 $E_\pm$ 的表达式 (5.7) 代入了. 也可以利用式 (4.54), 有

$$\langle H \rangle (t) = \langle \psi(t)|H|\psi(t)\rangle$$
$$= \left[\langle e_+| z_+^*(t) + \langle e_-| z_-^*(t)\right]\left[E_+ |e_+\rangle\langle e_+| + E_- |e_-\rangle\langle e_-|\right]\left[z_+(t) |e_+\rangle + z_-(t) |e_-\rangle\right]$$
$$= E_+|z_+(t)|^2 + E_-|z_-(t)|^2$$
$$= E_+|z_+(0)|^2 + E_-|z_-(0)|^2$$

结果表明, 自由演化过程中, 哈密顿量的期望值保持为常数, 不随时间变化. 因此我们说, 这种情况下系统的哈密顿量是守恒量. 反过来, 如果量子系统的能级与时间有关, 或者处在某个能级的概率随时间改变, 那么哈密顿量的期望值就很可能不再是常数, 哈密顿量也不再是守恒量了. 我们将在第 5.5 节讨论含时问题的时候给出具体例子.

虽然我们看到 $\langle H \rangle (0) = \langle H \rangle (t)$, 即哈密顿量的期望值不随时间改变, 但是仍有必要将其中涉及的测量过程做具体分析. 如图 5.2 所示, 期望值 $\langle H \rangle (0)$ 来自在 $t = 0$ 时刻对哈密顿量的测量, 此时系统处于初态 $|\psi(0)\rangle$, 这容易看出, 也容易理解. 为了得到 t 时刻的期望值 $\langle H \rangle (t)$, 我们要 "从头开始". 就是说, 要通过制备过程, 让量子系统处于初态 $|\psi(0)\rangle$, 接着让其自由演化, 然后在 t 时刻测量它的哈密顿量. 需要强调的是, 获得 $\langle H \rangle (0)$ 和获得 $\langle H \rangle (t)$ 是两个不同的实验.

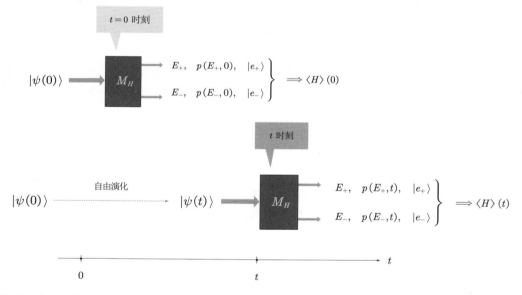

图 5.2   初始时刻以及 t 时刻哈密顿量的期望值

5.4 匀强磁场中自旋 1/2 的粒子

前面的内容显得抽象, 这一节我们讨论一个具体的例子: 自旋 1/2 粒子处于匀强磁场 B 中. 所谓自旋 1/2 粒子, 指的是它在任意方向上的自旋角动量 S_n 的本征值为 $\pm\dfrac{\hbar}{2}$. 或者从实验的角度说, 在 SG 实验中, 不论磁场指向何方, 得到的实验结果都是自旋 1/2 粒子的自旋角动量 S 可以用泡利矩阵表示:

$$S = \frac{\hbar}{2}\sigma$$

相应地有磁矩 μ. 为了写出磁矩的形式以及磁矩与磁场的相互作用, 我们要从经典电磁学获得类比.

5.4.1 磁矩和哈密顿量

在电磁学中, 考虑一个质量为 m, 带电量为 q 的粒子绕着半径为 a 的圆环运动 (图 5.3). 这是一个面积为 $A = \pi a^2$ 的电流环, 它所产生的磁矩是

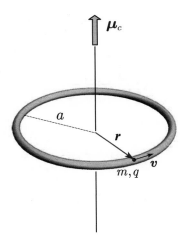

图 5.3 用电流环表示经典磁矩

$$\mu_c = AI$$

其中, 下标 c 表示这是经典电磁学中的磁矩, 这里的 A 表示有方向的面积. 用右手螺旋

法则确定面积 A 的方向: 四指指向电流方向, 拇指方向即为 A 的方向. 为了表示电流强度 I, 设粒子以匀速率 v 绕环运动, 周期为 $T = 2\pi a/v$, 则电流强度可以表示为

$$I = \frac{q}{T} = \frac{qv}{2\pi a}$$

令 $\boldsymbol{s} = \boldsymbol{r} \times m\boldsymbol{v}$, 它是粒子绕环运动的角动量, 这里的 $\boldsymbol{r}$ 是从圆环中心指向粒子的位置向量. $\boldsymbol{s}$ 的大小是 $s = rmv = amv$. 电流强度可以重写为

$$I = \frac{qs}{2Am}, \quad A = \pi a^2$$

磁矩就此改写为

$$\boldsymbol{\mu}_c = \frac{q\boldsymbol{s}}{2m}$$

这表明电流环的磁矩正比于粒子的角动量. 如果把这个电流环放入匀强磁场 $\boldsymbol{B}$ 中, 那么电流环的磁矩和磁场的相互作用能为

$$E = -\boldsymbol{\mu}_c \cdot \boldsymbol{B}$$

现在考虑量子情形. 我们把量子情形中粒子的磁矩记作 $\boldsymbol{\mu}$, 粒子的自旋角动量用大写的 $\boldsymbol{S}$ 表示, 它类比于经典情形中的角动量 $\boldsymbol{s}$. 我们直接给出结论:

$$\boldsymbol{\mu} = g\frac{q\boldsymbol{S}}{2m}$$

其中, g 叫作 g 因子. 注意到现在的磁矩是一个观测量, 有厄密矩阵的形式. 以上形式仅仅来自经典电磁理论的类比, 不能把微观粒子的磁矩想象为电流环或旋转着的带电小球.

为了形式上的简明, 下面我们考虑电子. 电子的自旋为 $1/2$, 它的 g 因子 ≈ 2, 以下取 $g = 2$. 把电子的带电量记作 $-e$, 即 $q = -e$, 这里 $e > 0$. 利用 $\boldsymbol{S} = \frac{\hbar}{2}\boldsymbol{\sigma}$, 把磁矩改写为

$$\boldsymbol{\mu} = -\frac{e\boldsymbol{S}}{m} = -\frac{e\hbar}{2m}\boldsymbol{\sigma} \tag{5.13}$$

在磁场 $\boldsymbol{B}$ 中, 电子的自旋部分的哈密顿量是

$$H = -\boldsymbol{\mu} \cdot \boldsymbol{B} = \frac{e\hbar}{2m}\boldsymbol{\sigma} \cdot \boldsymbol{B} \tag{5.14}$$

这里的 $\boldsymbol{\sigma} \cdot \boldsymbol{B}$ 看起来像是 $\boldsymbol{\sigma}$ 和 $\boldsymbol{B}$ 点乘 (标量积), 但是应该把它视为如下形式的简写

$$\boldsymbol{\sigma} \cdot \boldsymbol{B} = B_x\sigma_x + B_y\sigma_y + B_z\sigma_z$$

这是因为, 点乘的数学意义是内积, 参与内积的两个成员必须是同一个线性空间中的元素, 它们的身份是相同的, 而 $\boldsymbol{\sigma}$ 和 $\boldsymbol{B}$ 显然不具有相同的身份. 类似地, 下面将要出现的 $\boldsymbol{\sigma} \cdot \boldsymbol{n}$ 就是我们以前遇到过的 σ_n.

之所以说哈密顿量式 (5.14) 仅仅是电子的自旋部分的哈密顿量, 原因是, 这里没有考虑电子在空间的运动, 即没有考虑电子的动能以及与洛伦兹力有关的行为, 这些描述需要用到无限维希尔伯特空间, 我们不在这里说了.

5.4.2 求解薛定谔方程

设磁场的方向为 $\boldsymbol{n}$, 即 $\boldsymbol{B} = B\boldsymbol{n}$, 再令 $\omega_0 = \dfrac{eB}{m}$, 则电子自旋部分的哈密顿量为

$$H = \frac{1}{2}\hbar\omega_0 \boldsymbol{\sigma} \cdot \boldsymbol{n} = \frac{1}{2}\hbar\omega_0 \sigma_n$$

由于 σ_n 的本征值为 ± 1, 故 H 的本征值是

$$E_+ = \frac{1}{2}\hbar\omega_0, \quad E_- = -\frac{1}{2}\hbar\omega_0$$

相应地本征态为 σ_n 的本征态, $|n+\rangle$ 和 $|n-\rangle$. 注意到 $\omega_0 > 0$, 则能级 E_- 较低, 它是基态能级. 能级 E_+ 较高, 为激发态能级.

将问题进一步简化. 设磁场指向 z 方向, 即 $\boldsymbol{B} = B\boldsymbol{e}_z$, 则哈密顿量为

$$H = \frac{1}{2}\hbar\omega_0 \sigma_z \tag{5.15}$$

选择能量表象, 把 H 的本征态作为基向量. 注意到 H 正比于 σ_z, 所以 H 的本征态就是 σ_z 的本征态, 即 $|0\rangle$ 和 $|1\rangle$. 也就是说, 现在的能量表象中的基向量正好是自然基向量.

设系统的初态为

$$|\psi(0)\rangle = \begin{pmatrix} \cos\dfrac{\theta}{2}\ \mathrm{e}^{-\mathrm{i}\frac{\phi}{2}} \\ \sin\dfrac{\theta}{2}\ \mathrm{e}^{+\mathrm{i}\frac{\phi}{2}} \end{pmatrix} \tag{5.16}$$

第 4.5 节的讨论告诉我们, 这是 $\boldsymbol{n}$ 方向上的泡利矩阵 σ_n 的本征态, 相应的本征值为 $+1$. 方向 $\boldsymbol{n}$ 的两个方位角正是 θ 和 ϕ, 为了下面的讨论, 我们把这个方向记作 $\boldsymbol{n}(0)$:

$$\boldsymbol{n}(0) = \sin\theta\cos\phi\ \boldsymbol{e}_x + \sin\theta\sin\phi\ \boldsymbol{e}_y + \cos\theta\ \boldsymbol{e}_z \tag{5.17}$$

该方向上泡利矩阵用 $\boldsymbol{\sigma} \cdot \boldsymbol{n}(0)$ 表示, 即

$$\boldsymbol{\sigma} \cdot \boldsymbol{n}(0) = \sigma_x\sin\theta\cos\phi + \sigma_y\sin\theta\sin\phi + \sigma_x\cos\theta = \sigma_n$$

将 t 时刻的量子态表示为

$$|\psi(t)\rangle = c_0(t)\,|0\rangle + c_1(t)\,|1\rangle = \begin{pmatrix} c_0(t) \\ c_1(t) \end{pmatrix}$$

需要通过求解薛定谔方程来确定 $c_0(t)$ 和 $c_1(t)$. 薛定谔方程的具体形式是

$$\mathrm{i}\hbar \begin{pmatrix} \dot{c}_0(t) \\ \dot{c}_1(t) \end{pmatrix} = \frac{1}{2}\hbar\omega_0 \begin{pmatrix} 1 & 0 \\ 0 & -1 \end{pmatrix} \begin{pmatrix} c_0(t) \\ c_1(t) \end{pmatrix}$$

也就是如下两个一阶微分方程,

$$\dot{c}_0(t) = -\mathrm{i}\frac{\omega_0}{2}c_0(t), \quad \dot{c}_1(t) = \mathrm{i}\frac{\omega_0}{2}c_1(t)$$

初始条件是

$$c_0(0) = \cos\frac{\theta}{2}\ \mathrm{e}^{-\mathrm{i}\frac{\phi}{2}}, \quad c_1(t) = \sin\frac{\theta}{2}\ \mathrm{e}^{\mathrm{i}\frac{\phi}{2}}$$

这两个微分方程很好解, 结果是

$$|\psi(t)\rangle = \begin{pmatrix} \cos\dfrac{\theta}{2}\ \exp\left\{-\mathrm{i}\dfrac{\phi + \omega_0 t}{2}\right\} \\ \sin\dfrac{\theta}{2}\ \exp\left\{+\mathrm{i}\dfrac{\phi + \omega_0 t}{2}\right\} \end{pmatrix} \tag{5.18}$$

可以看出, $|\psi(t)\rangle$ 是方向 $\boldsymbol{n}(t)$ 上的泡利矩阵, 该方向是

$$\boldsymbol{n}(t) = \sin\theta\cos(\phi + \omega_0 t)\,\boldsymbol{e}_x + \sin\theta\sin(\phi + \omega_0 t)\,\boldsymbol{e}_y + \cos\theta\,\boldsymbol{e}_z \tag{5.19}$$

从 $\boldsymbol{n}(0)$ 到 $\boldsymbol{n}(t)$ 的变化非常形象: $\mathbb{R}^3$ 空间中, 一个与 z 方向夹角为 θ 的向量绕着 z 轴匀速旋转, 旋转的角速度为 ω_0.

从上面的过程可以看出, 仅仅就 $\mathbb{C}^2$ 空间而言, 其中的量子态与 $\mathbb{R}^3$ 空间中的单位向量有很好的对应, $\mathbb{C}^2$ 中量子态随时间的演化与 $\mathbb{R}^3$ 中的单位向量的旋转有很好的对应. 在进一步讨论与量子测量有关的内容之前, 我们先把这种很好的对应关系搞清楚.

5.4.3　布洛赫向量

我们说过, $\mathbb{C}^2$ 中任意向量 $|\psi\rangle$ 都正比于某个 $|n+\rangle$:

$$|\psi\rangle = \mathrm{e}^{\mathrm{i}\gamma}\,|n+\rangle \tag{5.20}$$

$|n+\rangle$ 是泡利矩阵 σ_n 的本征态, 相应的本征值为 $+1$. 我们还说过, σ_n 可以用它自己的本征值和本征态表示为

$$\sigma_n = |n+\rangle\langle n+| - |n-\rangle\langle n-|$$

第 4 章的式 (4.51) 告诉我们一个很有用的关系: 对于任意一组基向量, 比如这里的 $|n\pm\rangle$, 有

$$\mathbb{1} = |n+\rangle\langle n+| + |n-\rangle\langle n-|$$

由上面两个等式, 有

$$|n+\rangle\langle n+| = \frac{1}{2}(\mathbb{1} + \sigma_n), \quad |n-\rangle\langle n-| = \frac{1}{2}(\mathbb{1} - \sigma_n)$$

或者表示为

$$|n+\rangle\langle n+| = \frac{1}{2}(\mathbb{1} + \boldsymbol{\sigma} \cdot \boldsymbol{n}), \quad |n-\rangle\langle n-| = \frac{1}{2}(\mathbb{1} - \boldsymbol{\sigma} \cdot \boldsymbol{n})$$

然后我们这么想:

(1) 设想用 $|n+\rangle\langle n+|$ 表示量子态 $|n+\rangle$, 虽然从数学形式上说它不再是向量, 而是矩阵了, 但是其中涉及的参数没有变化, 仍然是 θ 和 ϕ, 因此在本质上 $|n+\rangle\langle n+|$ 和 $|n+\rangle$ 是等价的. 这么表示的好处是, 我们能在上述表达式的右端清楚地看到方向 $\boldsymbol{n}$, 这是太好的一件事了, 因为 $\boldsymbol{n}$ 是 $\mathbb{R}^3$ 中的向量, 很形象, 很直观.

(2) 如果把式 (5.20) 中的 $|\psi\rangle$ 也写为 "头对头" 的形式, 那么有

$$|\psi\rangle\langle\psi| = \mathrm{e}^{\mathrm{i}\gamma}\mathrm{e}^{-\mathrm{i}\gamma}|n+\rangle\langle n+| = |n+\rangle\langle n+|$$

在这个过程, 整体相位 γ 丢失了, 因此两种表示形式 $|\psi\rangle\langle\psi|$ 和 $|\psi\rangle$ 不能说在本质上是等价的. 但是, 在很多情形下, 如果我们关心的测量结果是概率分布, 那么整体相因子对概率是没有贡献的, 因为整体相因子是单位复数, 它的模始终等于 1. 在这种情形下, 我们就用 $|\psi\rangle\langle\psi|$ 表示量子态, 目的是获得形象直观的几何图像, 这是由方向 $\boldsymbol{n}$ 提供给我们的.

对于量子态 $|\psi\rangle$, 把它的 "头对头" 形式记作 $\boldsymbol{\psi}$, 即

$$\boldsymbol{\psi} := |\psi\rangle\langle\psi|$$

在不需要考虑量子态整体相位的时候, 这种 "头对头" 的形式常常用来表示系统的状态. 在以后的讨论中, 向量形式的 $|\psi\rangle$ 和矩阵形式的 $\boldsymbol{\psi}$ 都被称为量子态, 但是要注意二者的区别: 后者的表示中缺少了整体相位.

$\boldsymbol{\psi}$ 的具体表示等于 $|n+\rangle\langle n+|$, 有

$$\boldsymbol{\psi} = \frac{1}{2}(\mathbb{1} + \sigma_n)$$
$$= \frac{1}{2}(\mathbb{1} + \boldsymbol{\sigma} \cdot \boldsymbol{n})$$

$$= \frac{1}{2}(\mathbb{1} + \sigma_x \sin\theta\cos\phi + \sigma_y \sin\theta\sin\phi + \sigma_z \cos\theta)$$

这里方向 $\boldsymbol{n}$ 叫作量子态 $|\psi\rangle$ 的布洛赫 (Bloch) 向量. 布洛赫向量分布在三维实空间中的一个单位球面上, 这个单位球叫作布洛赫球 ①.

容易看出

$$|0\rangle\langle 0| = \frac{1}{2}(\mathbb{1} + \sigma_z)$$

表明 $|0\rangle$ 的布洛赫向量是 $\boldsymbol{e}_z$, 位于布洛赫球的北极点. 对于 $|1\rangle$, 有

$$|1\rangle\langle 1| = \frac{1}{2}(\mathbb{1} - \sigma_z)$$

表明 $|1\rangle$ 的布洛赫向量是 $-\boldsymbol{e}_z$, 位于布洛赫球的南极点. 类似地, 还可以看出 $|x\pm\rangle$ 和 $|y\pm\rangle$ 的布洛赫向量位于布洛赫球的赤道上. 而且 $|x\pm\rangle$ 的布洛赫向量与 $|y\pm\rangle$ 的布洛赫向量彼此垂直. 需要注意的是, 彼此垂直的布洛赫向量不是对应于彼此正交的态向量, 下面还会说到这一点.

关于布洛赫向量, 有如下几点出于数学意义上的评述:

(1) 布洛赫向量是针对 $\mathbb{C}^2$ 空间中的量子态定义的, 对于更高维空间中的量子态, 不存在具有如此形式的向量.

(2) 在数学上, 布洛赫向量属于投影空间中的向量, 描述的是与态向量 $|\psi\rangle$ 仅有相因子差别的等价类, 就是说, ψ 代表了如下集合:

$$\{\mathrm{e}^{\mathrm{i}\gamma}|\psi\rangle, \quad \mathrm{e}^{\mathrm{i}\gamma'}|\psi\rangle, \quad \mathrm{e}^{\mathrm{i}\gamma''}|\psi\rangle, \quad \cdots\}$$

(3) $\mathbb{C}^2$ 空间中的量子态的完整描述需要三个独立的实参数, 而布洛赫向量只提供了两个实参数, 所以布洛赫向量不能完全等价于态向量. 布洛赫向量对应于 $\mathbb{R}^3$ 空间中单位球面上的点. 如果你想追问态向量的第三个参数, 即整体相位, 跑到哪里去了, 那么这个问题就引发了有趣而深刻的数学思想: 态向量 $|\psi\rangle$ 可以用纤维丛的概念来描述, 布洛赫向量处于丛结构中的底空间, 整体相位处于丛结构的纤维上. 我们说这些并不是想把问题复杂化, 而是想告诉大家, 在物理理论的发展过程中, 其中蕴涵的物理意义越来越需要更抽象更复杂的数学概念来描述.

(4) 就其形式而言, 布洛赫向量在三维实空间中, 但是要注意的是, 这个三维实空间不同于我们周围的三维实空间. 在我们周围的 $\mathbb{R}^3$ 中, 两个彼此正

---

① 确切地说, 纯态的布洛赫向量分布在布洛赫球面上. 混合态也有布洛赫向量, 它们分布在布洛赫球的内部.

交 (即垂直) 的向量之间的夹角等于 90°, 可是布洛赫向量是用来表示量子态的, 应该用量子态的正交来定义布洛赫向量的正交. 回头看一下式 (3.48), 它们是彼此正交的态向量, 分别写出 ψ_0 和 ψ_1, 有

$$\psi_0 = \frac{1}{2}(\mathbb{1} + \boldsymbol{\sigma} \cdot \boldsymbol{n}), \quad \psi_1 = \frac{1}{2}(\mathbb{1} - \boldsymbol{\sigma} \cdot \boldsymbol{n})$$

所以说, 两个态向量正交, 当且仅当它们的布洛赫向量方向相反.

还剩下一个问题: 如何计算布洛赫向量? 它的三个分量如何证明得到? 直接的但可能有些繁琐的办法是, 把态向量 $|\psi\rangle$ 表示成如下形式:

$$|\psi\rangle = \mathrm{e}^{\mathrm{i}\gamma} \begin{pmatrix} \cos\dfrac{\theta}{2}\, \mathrm{e}^{-\mathrm{i}\frac{\phi}{2}} \\ \sin\dfrac{\theta}{2}\, \mathrm{e}^{\mathrm{i}\frac{\phi}{2}} \end{pmatrix}$$

其中的角度 θ 和 ϕ 就是布洛赫向量的方位角, 由此直接写出布洛赫向量

$$\boldsymbol{n} = \sin\theta\cos\phi\, \boldsymbol{e}_x + \sin\theta\sin\phi\, \boldsymbol{e}_y + \cos\theta\, \boldsymbol{e}_z$$

更好的办法是利用结论: 布洛赫向量的三个分量分别是三个泡利矩阵的期望值, 即

$$n_x = \langle\psi|\sigma_x|\psi\rangle, \quad n_y = \langle\psi|\sigma_y|\psi\rangle, \quad n_z = \langle\psi|\sigma_z|\psi\rangle \tag{5.21}$$

这个结论我们不作证明, 在第 5.4.5 小节我们用具体的例子体现这一结论.

5.4.4 态向量随时间演化的几何图像

回到匀强磁场中自旋 1/2 粒子的讨论. 初始 $t = 0$ 时刻的量子态可以表示为

$$\psi(0) = \frac{1}{2}[\mathbb{1} + \boldsymbol{\sigma} \cdot \boldsymbol{n}(0)]$$

t 时刻的量子态

$$\psi(t) = \frac{1}{2}[\mathbb{1} + \boldsymbol{\sigma} \cdot \boldsymbol{n}(t)]$$

其中, $\boldsymbol{n}(0)$ 和 $\boldsymbol{n}(t)$ 分别由式 (5.17) 和式 (5.19) 给出. 量子态从 $\psi(0)$ 演化到 $\psi(t)$, 相当于布洛赫向量从 $\boldsymbol{n}(0)$ 变化到 $\boldsymbol{n}(t)$. 形象地说, $\boldsymbol{n}(0)$ 以恒定的角速度 ω_0 绕 z 轴旋转, 旋转角速度的大小主要由磁感应强度的大小确定, B 越大, 转得越快. 如图 5.4 所示.

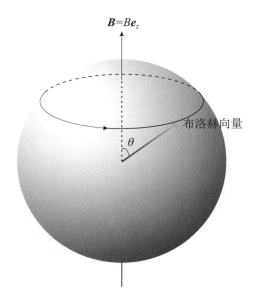

图 5.4 布洛赫球和布洛赫向量

这是磁场指向 z 方向的时候我们得到的几何图像, 如果磁场指向 x 方向呢? 想必大家可以立即回答: 量子态的布洛赫向量以恒定的角速度 ω_0 绕 x 轴旋转. 一般地, 如果磁场指向空间任意某个方向 $\boldsymbol{k}$, 那么电子的量子态随时间的演化可以描述为, 量子态的布洛赫向量以角速度 ω_0 绕 $\boldsymbol{k}$ 旋转.

我们借助这个几何图像来讨论一些更深入的问题. 一方面, 哈密顿量支配了量子态随时间的演化, 这体现了经典力学和量子力学的一个相通之处: 哈密顿量是系统的状态随时间演化的生成元. 另一方面, 在我们讨论的这个简单模型中, 哈密顿量正比于某个方向上的泡利矩阵, 例如式 (5.15) 给出的 H 正比于 σ_z. 而 z 方向上的自旋角动量 $S_z = \dfrac{\hbar}{2}\sigma_z$, 故而 H 可以写为

$$H = \omega_0 S_z$$

当我们看到自旋角动量的时候, 应该想到曾经说过的一句话: 角动量是旋转变换的生成元. 在经典力学中, 旋转变换是作用于物体的位置向量的; 在量子力学中, 旋转变换是要作用于态向量的. 这里我们不准备详细讨论旋转变换的具体表示, 但是, 通过 $H = \omega_0 S_z$ 可以看到, 哈密顿量 H 作为生成元确定了量子态的时间演化, 这等价于 S_z 作为生成元确定了量子态的旋转变换. 当 H 作为生成元的时候, 时间 t 是变换的参数; 当 S_z 作为生成元的时候, 角度 $\phi(t) := \omega_0 t$ 是变换的参数. 旋转变换的效果可以体现在 $|\psi(t)\rangle$ 的

形式式 (5.18) 中, 也体现在布洛赫向量 $\boldsymbol{n}(t)$ 的形式式 (5.19) 中. 概括地说, 不论是自旋 1/2 粒子的量子态还是一般意义上的双值量子系统的量子态, 只要是在 $\mathbb{C}^2$ 空间中描述的量子态随时间的演化, 都可以用几何图像形象地描述为布洛赫向量的旋转变换.

既然有了几何图像, 我们就可以问这样的问题: 设磁场指向 z 方向, 布洛赫向量绕 z 转一圈, 需要多少时间? 也就是说, 布洛赫向量的旋转周期 T 等于多少? 当布洛赫向量转完一圈的时候, 量子态 $|\psi(T)\rangle$ 是怎样的?

布洛赫向量的旋转周期容易得到, 根据 $\boldsymbol{n}(t)$ 的表达式, 马上可以看出

$$T = \frac{2\pi}{\omega_0}$$

显然, $\boldsymbol{n}(0) = \boldsymbol{n}(T)$, 所以 T 时刻的 $\psi(T)$ 与初始时刻的 $\psi(0)$ 是一样的, 即

$$\psi(0) = \psi(T)$$

从态向量的形式来看, 将 $t = T = \frac{2\pi}{\omega_0}$ 代入 $|\psi(t)\rangle$ 的表达式 (5.18)中, 有

$$|\psi(T)\rangle = -|\psi(0)\rangle$$

这并不与 $\psi(0) = \psi(T)$ 矛盾, 因为 ψ 是体现不出 $|\psi\rangle$ 在整体相位上的变化的.

从旋转变换的角度说, 我们把量子态从 $|\psi(0)\rangle$ 到 $|\psi(T)\rangle$ 的变化看作绕 z 轴旋转 2π 角度的结果:

$$|\psi\rangle \xrightarrow{\text{绕 } z \text{ 轴旋转 } 2\pi \text{ 角度}} \mathrm{e}^{\mathrm{i}\pi}|\psi\rangle = -|\psi\rangle$$

就是说, 这个 2π 的旋转变换为量子态带来了 π 的相位差. 当布洛赫向量旋转了 2π 角度, 回到初始方向的时候, 态向量并没有回到初始时刻的形式, 而是有 π 相位差. 如果你希望电子的态向量在演化过程中彻底回到初始形式, 那么就要让布洛赫向量旋转 4π 角度. 这是所有自旋量子数为半整数 (比如电子或质子, 它们的自旋粒子数为 1/2) 的粒子所具有的共同特点. 自旋量子数为半整数的粒子叫作费米子, 自旋量子数为整数的粒子叫作玻色子. 如果是对玻色子进行 2π 的旋转变换, 那么它的态向量将完全回到原来形式. 这一点类似于经典情形中的向量, 但也仅仅是类似, 它们本质上不是一回事.

5.4.5 角动量的期望值随时间的变化

在第 5.3.3 小节, 我们计算了哈密顿量的期望值. 现在在这个具体问题中, 我们可以计算更多的观测量的期望值.

这里继续沿用第 5.4.2 小节的设定. 磁场指向 z 方向, 哈密顿量为 $H = \frac{1}{2}\hbar\omega_0\sigma_z$, 量子系统的初态形如式 (5.16) 的 $|\psi(0)\rangle$. t 时刻的量子态也已解出, 由式 (5.18) 确定. 可供选择的观测量有: 哈密顿量 H, 以及在三个不同方向上的自旋角动量 S_x, S_y 和 S_z, 或者说三个泡利矩阵 σ_x, σ_y 和 σ_z.

哈密顿量的期望值不用多说了, 况且 $H \propto \sigma_z$, 于是我们计算 σ_z 的期望值.

$$
\begin{aligned}
\langle\sigma_z\rangle(t) &= \langle\psi(t)|\sigma_z|\psi(t)\rangle \\
&= \left(\cos\frac{\theta}{2}\exp\left\{+\mathrm{i}\frac{\phi+\omega_0 t}{2}\right\}\sin\frac{\theta}{2}\exp\left\{-\mathrm{i}\frac{\phi+\omega_0 t}{2}\right\}\right)\begin{pmatrix}1 & 0 \\ 0 & -1\end{pmatrix} \\
&\quad \cdot \begin{pmatrix}\cos\dfrac{\theta}{2}\exp\left\{-\mathrm{i}\dfrac{\phi+\omega_0 t}{2}\right\} \\ \sin\dfrac{\theta}{2}\exp\left\{+\mathrm{i}\dfrac{\phi+\omega_0 t}{2}\right\}\end{pmatrix} \\
&= \left(\cos^2\frac{\theta}{2} - \sin^2\frac{\theta}{2}\right) \\
&= \cos\theta
\end{aligned}
$$

我们发现, σ_z 的期望值是常数, 不随时间改变. 于是 $S_z = \frac{\hbar}{2}\sigma_z$ 期望值也是常数. 所以 z 方向上的自旋角动量 S_z 是守恒量.

接下来我们来看看 σ_x 或者 S_x 的期望值.

$$
\begin{aligned}
\langle\sigma_x\rangle(t) &= \langle\psi(t)|S_x|\psi(t)\rangle \\
&= \left(\cos\frac{\theta}{2}\exp\left\{+\mathrm{i}\frac{\phi+\omega_0 t}{2}\right\}\sin\frac{\theta}{2}\exp\left\{-\mathrm{i}\frac{\phi+\omega_0 t}{2}\right\}\right)\begin{pmatrix}0 & 1 \\ 1 & 0\end{pmatrix} \\
&\quad \cdot \begin{pmatrix}\cos\dfrac{\theta}{2}\exp\left\{-\mathrm{i}\dfrac{\phi+\omega_0 t}{2}\right\} \\ \sin\dfrac{\theta}{2}\exp\left\{+\mathrm{i}\dfrac{\phi+\omega_0 t}{2}\right\}\end{pmatrix} \\
&= \cos\frac{\theta}{2}\sin\frac{\theta}{2}\left(\exp\left\{+\mathrm{i}(\phi+\omega_0 t)\right\} + \exp\left\{-\mathrm{i}(\phi+\omega_0 t)\right\}\right) \\
&= \sin\theta\cos(\phi+\omega_0 t)
\end{aligned}
$$

再来计算 $\langle\sigma_y\rangle(t)$, 这里不写过程了, 直接给出结果:

$$
\langle\sigma_y\rangle(t) = \sin\theta\sin(\phi+\omega_0 t)
$$

现在看到, σ_x 和 σ_y 的期望值随时间变化, 也就是说, x 方向上的自旋角动量 S_x 和 y 方向上的自旋角动量 S_y 都不是守恒量.

把三个方向上的泡利矩阵在 t 时刻的期望值写在一起:

$$\left.\begin{aligned}\langle\sigma_x\rangle(t) &= \sin\theta\cos(\phi+\omega_0 t) \\ \langle\sigma_y\rangle(t) &= \sin\theta\sin(\phi+\omega_0 t) \\ \langle\sigma_z\rangle(t) &= \cos\theta\end{aligned}\right\} \tag{5.22}$$

你看到了什么? 请你把 t 时刻的布洛赫向量也抄过来:

$$\boldsymbol{n}(t) = \sin\theta\cos(\phi+\omega_0 t)\,\boldsymbol{e}_x + \sin\theta\sin(\phi+\omega_0 t)\,\boldsymbol{e}_y + \cos\theta\,\boldsymbol{e}_z$$

这说明

$$n_x(t) = \langle\sigma_x\rangle(t), \quad n_y(t) = \langle\sigma_y\rangle(t), \quad n_z(t) = \langle\sigma_z\rangle(t) \tag{5.23}$$

布洛赫向量的分量分别等于三个泡利矩阵的期望值. 或者说, 用 $\dfrac{\hbar}{2}$ 乘以布洛赫向量的分量之后, 它们分别等于 x, y, z 三个方向上自旋角动量的期望值.

这就是布洛赫向量的物理意义: 一方面它提供了量子态随时间演化的几何图像; 另一方面能够反映粒子的自旋角动量的期望值. 在设想对自旋 1/2 粒子进行操控或测量的时候, 你不妨先画一个布洛赫球, 球面上的点对应于量子态的布洛赫向量, 你可以把你想实现的演化路径画在球面上. 如果你想对自旋角动量进行测量, 那么布洛赫向量的三个分量就能告诉你自旋角动量的期望值.

5.5 跃迁

前面遇到的量子系统的哈密顿量不随时间变化, 相应的薛定谔方程易于求解. 而且, 我们还看到一个重要现象: 系统处于某个能级的概率不随时间改变. 现在我们要考虑稍微复杂一些的情况——含时问题. 哈密顿量与时间有关, 不再是守恒量了. 在这种情形下, 系统处于某个能级的概率将随时间变化, 这就是跃迁.

5.5.1 含时薛定谔方程

我们来看一个具体的含时问题. 设磁场的磁感应强度的大小不变, 但是方向改变. 磁场的方向以恒定的角速度绕 z 轴旋转, 我们把磁感应强度表示为

$$\boldsymbol{B}(t) = B_0\,\boldsymbol{e}_z + B_1(\cos\omega t\,\boldsymbol{e}_x + \sin\omega t\,\boldsymbol{e}_y)$$

这里, B_0 是磁场在 z 方向分量的大小, B_1 是磁场在 xy 平面内分量的大小, B_0 和 B_1 为常数. ω 是磁场绕 z 旋转的角速度, 为常数. 如图 5.5 所示.

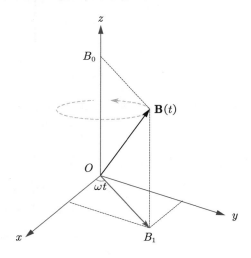

图 5.5　大小不变, 方向绕 z 轴匀角速运动的磁场

又可以将 $\boldsymbol{B}(t)$ 表示为

$$\boldsymbol{B}(t) = B\boldsymbol{n}(t)$$

其中, $B = \sqrt{B_0^2 + B_1^2}$ 是磁场的大小, $\boldsymbol{n}(t)$ 表示磁场的方向, 它是随时间改变的:

$$\boldsymbol{n}(t) = \left(\frac{B_1}{B}\cos\omega t \quad \frac{B_1}{B}\sin\omega t \quad \frac{B_0}{B} \right)$$

设想该磁场中有一个电子, 不考虑电子在位置空间中的运动, 也就是说, 不考虑洛伦兹 (Lorentz) 力, 只分析电子的磁矩与磁场的相互作用. 磁矩由式 (5.13) 给出, 即

$$\boldsymbol{\mu} = -\frac{e\boldsymbol{S}}{m} = -\frac{e\hbar}{2m}\boldsymbol{\sigma}$$

哈密顿量是

$$H(t) = -\boldsymbol{\mu}\cdot\boldsymbol{B}(t) = \frac{1}{2}\hbar\omega_0\sigma_z + \frac{1}{2}\hbar\omega_1(\sigma_x\cos\omega t + \sigma_y\sin\omega t) \tag{5.24}$$

其中

$$\omega_0 = \frac{eB_0}{m}, \quad \omega_1 = \frac{eB_1}{m}$$

这里出现三个 ω, 可别混淆了: 没有下标的 ω 是磁场绕 z 轴旋转的加速度, ω_0 是与磁场的 z 方向分量有关的角频率, ω_1 是与磁场的 xy 平面内的分量有关的角频率.

为了便于后面的讨论, 我们把 $H(t)$ 分为两部分, 令

$$H_0 = \frac{1}{2}\hbar\omega_0\sigma_z \tag{5.25}$$

$$H_1 = \frac{1}{2}\hbar\omega_1(\sigma_x\cos\omega t + \sigma_y\sin\omega t) \tag{5.26}$$

这里的 H_0 就是第 5.4 节中讨论过的电子在匀强磁场中的哈密顿量, 与时间无关; 而 H_1 是 xy 平面内的横向磁场导致的哈密顿量, 与时间有关.

在前面的讨论中, 我们选取能量表象来解薛定谔方程. 而现在的哈密顿量随时间变化, 虽然它的本征值仍能保持为常数, 始终是 $\pm\frac{\hbar}{2}\sqrt{\omega_0^2 + \omega_1^2}$, 但是相应的本征态随时间改变, 分别是 $|\boldsymbol{n}(t)\pm\rangle$, 它们是 $\boldsymbol{n}(t)$ 方向上的泡利矩阵的两个本征态. 我们把 $|\boldsymbol{n}(t)\pm\rangle$ 叫作 $H(t)$ 的瞬时本征态. 在这种情况下, 选择能量表象就不合适了, 于是我们在自然基向量上 (也就是 H_0 的能量表象中) 表示薛定谔方程.

设初态为 $|\psi(0)\rangle = c_0(0)|0\rangle + c_1(0)|1\rangle$. 将 t 时刻的量子态表示为

$$|\psi(t)\rangle = c_0(t)|0\rangle + c_1(t)|1\rangle$$

薛定谔方程是

$$\mathrm{i}\hbar\frac{\mathrm{d}|\psi(t)\rangle}{\mathrm{d}t} = H(t)|\psi(t)\rangle$$

具体形式是

$$\mathrm{i}\hbar\begin{pmatrix}\dot{c}_0(t)\\ \dot{c}_1(t)\end{pmatrix} = \begin{pmatrix}\frac{1}{2}\hbar\omega_0 & \frac{1}{2}\hbar\omega_1\mathrm{e}^{-\mathrm{i}\omega t}\\ \frac{1}{2}\hbar\omega_1\mathrm{e}^{\mathrm{i}\omega t} & -\frac{1}{2}\hbar\omega_0\end{pmatrix}\begin{pmatrix}c_0(t)\\ c_1(t)\end{pmatrix} \tag{5.27}$$

求解上述方程的过程有些麻烦, 我们也不需要特别关心其中的数学过程, 因此直接给出最终结果. $|\psi(t)\rangle$ 中的叠加系数是

$$c_0(t) = \mathrm{e}^{-\mathrm{i}\frac{\omega t}{2}}\left\{\left[\cos\frac{\Omega t}{2} + \frac{\mathrm{i}(\omega - \omega_0)}{\Omega}\sin\frac{\Omega t}{2}\right]c_0(0) - \frac{\mathrm{i}\omega_1}{\Omega}\sin\frac{\Omega t}{2}c_1(0)\right\} \tag{5.28}$$

$$c_1(t) = \mathrm{e}^{+\mathrm{i}\frac{\omega t}{2}}\left\{\frac{-\mathrm{i}\omega_1}{\Omega}\sin\frac{\Omega t}{2}c_0(0) + \left[\cos\frac{\Omega t}{2} - \frac{\mathrm{i}(\omega - \omega_0)}{\Omega}\sin\frac{\Omega t}{2}\right]c_1(0)\right\} \tag{5.29}$$

其中

$$\Omega = \sqrt{(\omega - \omega_0)^2 + \omega_1^2}$$

看着形式复杂的式 (5.28) 和式 (5.29), 即便不用计算也基本上能肯定, $|c_0(t)|^2$ 和 $|c_1(t)|^2$ 不会是常数. 但是, $|c_0(t)|^2$ 和 $|c_1(t)|^2$ 代表什么呢? 这时候就要搞清楚 $c_0(0)|0\rangle + c_1(0)|1\rangle$ 是哪个表象中的叠加形式, 这个表象和哪个观测量有关. 这里, 自然基向量同时也是 σ_z 或者 H_0 的本征向量, 所以, $|c_0(t)|^2$ 是测量 H_0 得到能级 $E_+ = \frac{1}{2}\hbar\omega_0$ 的概率, $|c_1(t)|^2$ 是测量 H_0 得到能级 $E_- = -\frac{1}{2}\hbar\omega_0$ 的概率. 这些概率随时间改变, 说明关于 H_0 的能级出现了跃迁现象, 下一小节继续讨论这个问题.

5.5.2 共振跃迁

我们知道, 如果电子的哈密顿量仅仅是 H_0, 那么电子的能级, 即 H_0 的本征值, 分别是 $E_+ = \frac{1}{2}\hbar\omega_0$ 和 $E_- = -\frac{1}{2}\hbar\omega_0$, 并且电子处于某个能级的概率保持不变. 如果电子的初态是 $|0\rangle$, 即处于能级 E_+, 那么 t 时刻电子的量子态是 $e^{-i\frac{\omega_0 t}{2}}|0\rangle$, 仍处于能级 E_+, 没有发生跃迁. 如果我们想让电子的量子态发生 "显著" 的改变, 那么就不能依靠这 z 方向上的匀强磁场了. 所谓 "显著" 的改变, 指的是, 有一定的概率观测到跃迁现象, 也就是说, t 时刻的量子态是 $|0\rangle$ 和 $|1\rangle$ 的线性叠加. 如果在 t 时刻测量哈密顿量, 那么将发现电子有一定的概率处于能级 E_-. 为了达到这一目的, 我们需要求助于横向磁场.

设 $t = 0$ 时加入横向磁场 $\boldsymbol{B}_{xy}$, 则

$$\boldsymbol{B}_{xy} = B_1 \cos\omega t\, \boldsymbol{e}_x + B_1 \sin\omega t\, \boldsymbol{e}_y$$

磁场 $\boldsymbol{B}_{xy}$ 导致了哈密顿量 H_{xy}, 由式 (5.26) 给出. z 方向的匀强磁场 $B_0\boldsymbol{e}_z$ 始终存在, 于是加入横向磁场以后电子的哈密顿量就是如式 (5.24) 所示的 $H(t)$ 了. 薛定谔方程的解式 (5.28) 和式 (5.29) 堪为所用. 设电子的初态是 $|0\rangle$, 即 $c_0(0) = 1, c_1(0) = 0$, 将其代入 $c_0(t)$ 和 $c_1(t)$ 的表达式, 有

$$|\psi(t)\rangle = \begin{pmatrix} e^{-i\frac{\omega t}{2}}\left[\cos\left(\frac{1}{2}\Omega t\right) + i\frac{\omega - \omega_0}{\Omega}\sin\left(\frac{1}{2}\Omega t\right)\right] \\ -ie^{i\frac{\omega t}{2}}\frac{\omega_1}{\Omega}\sin\left(\frac{1}{2}\Omega t\right) \end{pmatrix} \tag{5.30}$$

先简单分析一下这个结果. 这里的 $\omega_1 = \frac{eB_1}{m}$ 与横向磁场有关, 如果没有横向磁场, 即 $B_1 = 0$, 那么 $\omega_1 = 0$, 量子态 $|\psi(t)\rangle$ 中只剩下第一项, 即 $|0\rangle$ 项, 这就回到了仅有匀强磁场的情形. 当然了, 如果没有横向磁场, ω 也是等于零的. 所以, 一个显然的事实是, 横向磁场使得 $|\psi(t)\rangle$ 中出现了 $|1\rangle$ 项.

现在关心这样的问题: t 时刻电子处于 H_0 的能级 E_- 的概率是多少? 这个概率就是从能级 E_+ 跃迁到 E_- 的概率. 但凡说到概率, 一定要和测量有联系. 为了考察从 E_+ 到 E_- 的跃迁概率, 我们就要在 t 时刻测量电子的哈密顿量 H_0. 注意, 测量对象不是式 (5.24) 的哈密顿量 $H(t)$. 这是因为, 我们希望实现的是 H_0 的能级 E_+ 和 E_- 之间的跃迁, 而不是 $H(t)$ 的能级之间的跃迁.

在 t 时刻, 电子的状态是如式 (5.30) 所示的 $|\psi(t)\rangle$, 此时测量 H_0, 得到能级 E_- 的概率是

$$p(E_-, t) = \left|\langle 1|\psi(t)\rangle\right|^2 = \frac{\omega_1^2}{\Omega^2}\sin^2\frac{\Omega t}{2}$$

这就是跃迁概率. 这个概率随时间变化, 峰值是

$$\frac{\omega_1^2}{\Omega^2} = \frac{\omega_1^2}{\omega_1^2 + (\omega - \omega_0)^2}$$

当 $\omega = \omega_0$ 的时候, 有最大峰值 1, 这就是共振. 当共振发生的时候, $\Omega = \omega_1$, 跃迁概率为

$$p_{\mathrm{res}}(E_-, t) = \sin^2 \frac{\omega_1 t}{2}$$

其中下标 res 表示共振 (resonance). 当 $t = \dfrac{\pi}{\omega_1}, \dfrac{3\pi}{\omega_1}, \cdots$ 时, 跃迁概率达到 1, 而且电子的量子态 $\propto |1\rangle$. 为了看到这一点, 将 $t = \dfrac{\pi}{\omega_1}$ 和共振条件 $\omega = \omega_0$ 代入式 (5.30)中, 有

$$|\psi(\tfrac{\pi}{\omega_1})\rangle = -\mathrm{i} \mathrm{e}^{\mathrm{i}\pi \frac{\omega}{2\omega_1}} |1\rangle \propto |1\rangle$$

因此, 在这些特定的时刻, 如果测量 H_0, 那么一定会发现电子处于能级 E_-. 或者说, 如果用 SG 实验测量电子的自旋角动量 S_z, 那么一定会发现电子落在 z 的下半平面. 注意到 ω_1 越大, 电子演化到能级 E_- 的时间就越短. 而 $\omega_1 = \dfrac{eB_1}{m}$, 所以横向磁场越强, 电子就能在越短的时间内完成概率为 1 的共振跃迁.

图 5.6 是共振跃迁的示意图. 电子的初态是 $|0\rangle$, 处于能级 E_+. 在特定时刻跃迁到能级 E_-. 两个能级有能量差

$$E_+ - E_- = \hbar\omega_0$$

这个能量差以光子的形式释放到电磁场中. 在共振条件 $\omega = \omega_0$ 两端都乘以 $\hbar$, 有 $\hbar\omega = \hbar\omega_0$, 这表明释放到电磁场中的光子的频率正好等于磁场的转动频率.

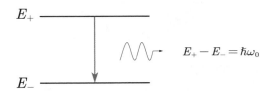

图 5.6　共振跃迁的示意图

5.5.3　共振跃迁的几何图像

我们在前面讲过布洛赫向量, 它是双值量子系统量子态的现象描述. 利用式 (5.21),

让我们计算式 (5.30) 的 $|\psi(t)\rangle$ 对应的布洛赫向量 $\boldsymbol{n}(t)$, 它的三个分量分别记作 $n_x(t)$, $n_y(t)$ 和 $n_z(t)$. 它们的数学形式有些复杂, 大家可以不用太在意, 只需关心后面展示的布洛赫向量的演化路径.

$$
\begin{aligned}
n_x(t) &= \langle\psi(t)|\sigma_x|\psi(t)\rangle \\
&= \frac{2\omega_1}{\Omega^2} \sin\frac{\Omega t}{2}\left[\Omega\cos\frac{\Omega t}{2}\sin\omega t - (\omega-\omega_0)\sin\frac{\Omega t}{2}\cos\omega t\right] \\
n_y(t) &= \langle\psi(t)|\sigma_y|\psi(t)\rangle \\
&= -\frac{2\omega_1}{\Omega^2} \sin\frac{\Omega t}{2}\left[\Omega\cos\frac{\Omega t}{2}\cos\omega t + (\omega-\omega_0)\sin\frac{\Omega t}{2}\sin\omega t\right] \\
n_z(t) &= \frac{(\omega-\omega_0)^2}{\Omega^2} + \frac{\omega_1^2}{\Omega^2}\cos\Omega t
\end{aligned}
$$

我们来画几个示意图, 直观地感受一下布洛赫向量 $\boldsymbol{n}(t)$ 在布洛赫球面上的轨迹. 以下设 $\hbar = 1$, $\omega_0 = 1$, $\omega_1 = 1$.

设 $\omega = 0.8$. 这时 $\omega - \omega_1 = -0.2$, 距离共振情形尚远. 布洛赫向量随时间的变化如图 5.7 所示. $|\psi(t)\rangle$ 不可能完全彻底地演化到 $|1\rangle$.

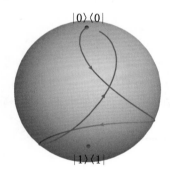

图 5.7 远离共振情形时布洛赫向量的轨迹

当 $\omega = 0.8$ 时 $|\psi(t)\rangle$ 的布洛赫向量的运动轨迹. 注意, $|\psi(t)\rangle$ 不可能演化到状态 $|1\rangle$.

设 $\omega = 0.9$. $\omega - \omega_1 = -0.1$, 距离共振情形近了一些. 图 5.8 显示, $|\psi(t)\rangle$ 能够更接近 $|1\rangle$.

设 $\omega = 1$. 这时 $\omega = \omega_1$, 即共振情形. 如图 5.9 所示, 量子态可以演化到 $|1\rangle$ (可以有整体相因子的差别).

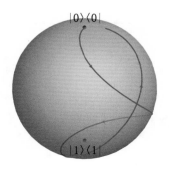

图 5.8　接近共振时布洛赫向量的轨迹

当 $\omega = 0.9$ 时 $|\psi(t)\rangle$ 的布洛赫向量的运动轨迹. 注意, $|\psi(t)\rangle$ 距离 $|1\rangle$ 近了一些, 但仍不能达到 $|1\rangle$.

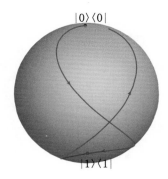

图 5.9　共振时布洛赫向量的轨迹

当 $\omega = 1$ 时 $|\psi(t)\rangle$ 的布洛赫向量的运动轨迹. 这是共振情形, $|\psi(t)\rangle$ 可以达到 $|1\rangle$.

　　从这些布洛赫向量演化的图示中可以看出, 我们可以通过设置横向磁场的频率和作用时间来控制电子的量子态随时间的演化. 例如, 我们可以让它的布洛赫向量从布洛赫球的北极出发, 在特定的时间演化到布洛赫球的南极, 即如图 5.9 所示的共振跃迁. 我们也可以让布洛赫向量演化到赤道的某个位置, 然后关闭横向磁场, 让电子在 z 方向的纵向磁场中演化, 然后在特定的时刻再次打开横向磁场, 如此等等. 在量子技术中, 这是对自旋粒子的有效的操控方式.

第 6 章

量子纠缠和 EPR 问题

在这一章中, 我们来讨论量子力学发展历史上有关量子力学诠释的一个基本问题, 这个问题的开端是爱因斯坦与玻尔之间的争论. 爱因斯坦对量子理论的传统诠释持怀疑态度, 也难以接受量子理论对于客观物理实在之类的问题表现出的无言或无视. 为了展现量子理论是何等的奇怪, 以及为什么说量子理论不是关于物质世界的完备理论, 爱因斯坦构造了一系列巧妙的思想实验, 其中最为著名的一个想法是 1935 年发表在《物理评论》上的一篇文章, 题为《量子力学是完备的吗?》. 文章的作者是爱因斯坦、波多尔斯基和罗森 (Einstein, Podolsky, Rosen, 以下简称 EPR). 文章中讨论的问题被称为 EPR 问题, 它涉及两个量子系统之间的关联——量子纠缠. 近一个世纪以来, 关于量子纠缠的讨论从未停歇, 如今, 它又在日益发展的量子信息技术领域体现了重要意义.

6.1 EPR 问题的逻辑关系

这一节我们简要叙述 EPR 问题的核心内容, 从下一节开始采用玻姆 (Bohm) 提出的形式上更为简单的模型, 用两个双值量子系统的量子态给出 EPR 思想实验的数学描述.

在经典物理中, 客观对象具有本体论意义上的实在性, 物理量有明确的值, 这些值是客观实在性的定量反映. 在量子力学中, 目前普遍认为, 微观粒子的实在性受到削弱, 我们不能为观测量赋予确定的值. 这种观点受到爱因斯坦的质疑. 爱因斯坦相信物理学的实在性, 这是 EPR 论点的起因. 在 EPR 看来, 一个物理理论需要有一个必要条件:

完备性　每一种物理实在性要素必须在物理理论中有所对应.

如何说明物理实在性要素 (element of the physical reality)？EPR 给出这样的说法:

物理实在性　如果能够做到在对系统没有任何干扰的前提下, 准确地预言某个物理量的值, 那么该物理量具有物理实在性.

也就是说, 如果存在一个物理实在性要素, 那么就一定对应于一个物理量, 该物理量具有确定的值. 如果你觉得这些说法很抽象, 那么就想一下经典物理学. 经典世界中, 任何物体都被视为不依赖于观测的客观存在. 我们可以在不干扰系统 (或者说, 虽有干扰, 但极其微弱) 的前提下获得位置、速度等物理量的值, 因此这些物理量具有物理实在性, 是物理实在性要素. 而这些物理实在性要素又被包含在经典物理中, 所以, 在 EPR 看来, 经典物理学是完备的.

EPR 要用这样的标准来衡量量子力学. 在物理实在性的定义中涉及对客观对象的测量, 为了将测量过程中可能遇到的场景事先安排好, 他们又提出了物理实在性应该具有的两个特性:

可分性　如果两个动力学系统在空间上彼此分离且没有相互作用, 那么每一个系统都具有独立于另一个系统的性质.

定域性　对于两个空间上彼此分离的动力学系统, 对其中一个施加的影响不会直接作用到另一个系统上, 尤其是对一个系统的测量不会瞬间改变另一个系统的性质.

站在经典物理学的角度来看, 可分性和定域性是非常自然的. 可分性意味着复合系统 (比如两体系统) 的子系统仍然具有其自身的性质. 定域性则是狭义相对论所要求的因果律的转述. 可分性和定域性可以看作实在性的内涵, 是实在性在子系统之间可能存在的关联行为上的体现.

上述概念之间的关系可以用图 6.1 表示. 其中的意思是, 如果一个物理理论是完备的, 那么每一个实在性要素都在物理理论中有所体现, 并且满足可分性和定域性. 实在性要素被表示为物理量, 物理量有确定的值.

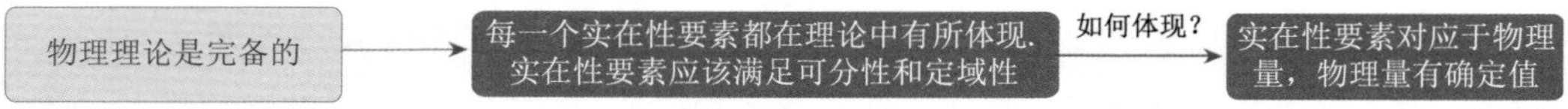

| 物理理论是完备的 | → | 每一个实在性要素都在理论中有所体现. 实在性要素应该满足可分性和定域性 | 如何体现? | 实在性要素对应于物理量, 物理量有确定值 |

图 6.1　EPR 观点中的逻辑关系
其中的箭头可以理解为 "蕴涵" (imply). $p \to q$ 的意思就是, 如果 p, 那么 q.

当 EPR 说完这些话的时候, 把目光转向了量子力学. 他们注意到一个量子力学中的一个事实:

事实 F　在量子力学中, 如果两个观测量对应的厄密算子不对易, 那么它们不能同时具有确定的值.

事实 **F** 的典型例子是我们一开始就讨论的量子小球. 量子小球的颜色观测量和硬度观测量的测量结果是不相容的, 它们不能共存, 不能综合. 后来, 这种通俗的说法被转换成物理上的叙述, 颜色观测量对应于自旋角动量 S_z, 硬度观测量对应于自旋角动量 S_x. 自旋角动量 S_z 和 S_x 被表示为 $\mathbb{C}^2$ 上的厄密矩阵, 彼此不对易. 对于两个不对易的观测量, 它们受到不确定关系的限制, 它们不能在同一个实验过程中测量, 并且对其中一个观测量的测量会影响另一个观测量. 这些因素放在一起, 使得我们不能对两个不对易的观测量都进行精确测量, 因此, 从操作意义上说, 两个不对易的观测量不能同时具有确定的值.

EPR 从事实 **F** 出发, 进而认为, 下面两个命题至少有一个是真的:

命题 P1　由量子态给出的关于物理实在性的描述是不完备的.
命题 P2　两个不对易的厄密算子所对应的两个观测不能同时具有实在性.

用 ∨ 表示逻辑 "或", EPR 的结论就是

$$\textbf{结论 C}\quad \textbf{F} \longrightarrow \textbf{P1} \vee \textbf{P2} \tag{6.1}$$

其中, **P1** ∨ **P2** 的意思是命题 **P1** 和命题 **P2** 中至少一个是真的; 结论 **C** 的意思是事实 **F** 意味着命题 **P1** 和命题 **P2** 中至少有一个成立.

为了证明结论 **C**, 我们考虑它的逆否命题:

$$\neg\textbf{P1} \wedge \neg\textbf{P2} \longrightarrow \neg\textbf{F} \tag{6.2}$$

这里, ¬**P1** 和 ¬**P2** 分别表示表示命题 **P1** 和命题 **P2** 的 "非":

命题 ¬P1   由量子态给出的关于物理实在性的描述是完备的.

命题 ¬P2   两个不对易的厄密算子所对应的两个观测量可以同时具有实在性.

符号 ∧ 表示逻辑 "与". ¬P1 ∧ ¬P2 的意思是命题 ¬P1 和命题 ¬P2 都成立. ¬F 表示事实 **F** 的反面, 即 ¬**F**, 在量子力学中, 两个不对易的观测量也可以同时具有确定的值.

现在来证明式 (6.2), 从左端出发, 即假设命题 ¬P1 和命题 ¬P2 都成立. 我们来看图 6.1. 如果量子理论是完备的, 即 ¬P1 成立, 那么图中第一个箭头表明, 每一个实在性要素都将在理论中有所体现. 再考虑到 ¬P2 也成立, 即两个不对易的观测量可以同时具有实在性, 那么图中第二个箭头意味着这两个观测量应该同时具有确定的值, 这就是事实 **F** 的反面, 即 ¬**F**. 式 (6.2) 和式 (6.1) 是等价的, 于是结论 **C** 成立.

既然结论 **C** 成立, 那么其中的两个命题, 不论哪一个是真的, 对量子力学来说都不是一件好事. 如果 **P1** 成立, 那么就表明在描述物理实在性方面, 量子态不够用, 还需要继续寻找其他的量, 这就引发了隐变量模型. 如果 **P2** 成立, 那么面临两个后果:

(1) 这两个观测量中至少有一个不能描述物理实在性. 这很糟糕, 不对易的观测量比比皆是, 于是量子力学中的很多观测量就显得很 "虚幻".

(2) 用厄密算子的形式表示观测量是不合适的. 这同样很糟糕, 意味着需要重新建构量子力学.

在这里我们要暂停一下加个注释. 我们对观测量的看法是, 观测量是经典力学的物理量的类比, 用来描述微观粒子在测量过程中表现出来的 "属性". 观测量不具有确定的值, 自然显得 "虚幻". 我们提出的这种看法在一定程度上放弃了经典意义上的客观实在性, 这种看法在目前来说是比较普遍的. 但是在与玻尔争论的那个时候, 爱因斯坦是站在经典的实在性的立场上考察问题的. 所以, 在讨论 EPR 问题的时候, 我们要暂时地把自己代入到那个时代, 沿着爱因斯坦和玻尔争论的思路走上一段.

EPR 根据物理理论的完备性, 在实在性问题上给量子力学出了一道难题. 对于任何一个物理理论, 它的倡导者都不愿意放弃完备性, 即坚守命题 **P1**, 于是必须面对命题 **P2**, 可是命题 **P2** 导致的两个结果同样令人尴尬. 事情到了这一步, EPR 却意犹未尽. 他们 "好心好意" 地说: "我们有一个好办法可以帮助你们挽救非对易的观测量面临的实在性问题." EPR 没有说过这样的话, 我们这是开玩笑. 不过, EPR 确实想到了一个办法, 其中的具体步骤我们从下一节开始讨论, 这里先指出, EPR 的方案可以满足他们提出的可分性和定域性, 保证了观测量的实在性, 进而使得不对易的观测量也能同时具有确定的值. EPR 的这个 "好办法" 也许解决了非对易的观测量面临的实在性问题, 但是反过来, 让命题 **P1** 成了攻击对象, 这才是他们想要达到的目的: 量子力学是不完备的.

EPR 问题错综复杂, 难以铺陈尽述. 我们将要采用的办法是, 试着从经典力学所遵从的定域实在论的观点出发, 看看这种观点会给我们带来怎样的矛盾. 首先让我们为两体量子系统建立相应的数学形式.

6.2　两体量子系统的量子态

两体量子系统是一个复合系统, 由子系统 A 和另一个子系统 B 构成. 可以把两个子系统形象地想象为两个微观粒子, 也可以把它们视作同一个粒子的两个不同类型的自由度. 例如, 在 SG 实验中, 需要考虑银原子的磁矩和空间位置, 这是两种不同性质的自由度, 需要在不同的希尔伯特空间中分别描述它们, 于是在分析该实验的时候, 可以说我们面对的是一个两体量子系统.

我们仅仅讨论由两个自旋 1/2 粒子组成的两体量子系统. 描述自旋 1/2 粒子的量子态的空间是 $\mathbb{C}^2$. 现在有两个自旋 1/2 粒子, 我们需要两个 $\mathbb{C}^2$ 空间.

为什么不能用一个 $\mathbb{C}^2$ 空间描述两个粒子的量子态? 如果写一个态向量 $|\psi\rangle \in \mathbb{C}^2$, 如何表明它是粒子 A 的态还是粒子 B 的态? 如果说 $|\psi^A\rangle$ 和 $|\psi^B\rangle$ 分别是粒子 A 的态和粒子 B 的态, 并且它们在同一个 $\mathbb{C}^2$ 中, 那么, 线性空间的基本性质允许它们进行线性叠加, 叠加的结果如何解释? 它们还可以作内积, 得到的数是什么意思? 这些都是无法回答的问题. 所以, 对于多体量子系统的量子态, 我们要用多个希尔伯特空间来描述.

为了区分两个不同的 $\mathbb{C}^2$ 空间, 我们把它们分别记作 $\mathcal{H}^A$ 和 $\mathcal{H}^B$, 它们分别是描述子系统 A 和子系统 B 的二维复空间. $\mathcal{H}^A$ 和 $\mathcal{H}^B$ 的自然基向量组分别记作 $\{|i\rangle\}$ 和 $\{|\mu\rangle\}$, 其中 $i = 0, 1$, $\mu = 0, 1$, 这里我们分别用拉丁字母和希腊字母表示 $\mathcal{H}^A$ 和 $\mathcal{H}^B$ 的基向量.

描述两体量子系统 $A + B$ 的量子态的希尔伯特空间记作 $\mathcal{H}$, 它是 $\mathcal{H}^A$ 和 $\mathcal{H}^B$ 的直积, 用符号 $\otimes$ 表示直积: $\mathcal{H} = \mathcal{H}^A \otimes \mathcal{H}^B$, 它是一个 2×2 的四维复空间, 自然基向量组记作 $\{|i\rangle \otimes |\mu\rangle\}$, 简写为 $\{|i\rangle |\mu\rangle\}$, 或者 $\{|i\mu\rangle\}$. 直积运算规则是这样的. 设 $\boldsymbol{X}$ 是 $\mathcal{H}$ 上的一个 2×2 的矩阵, $\boldsymbol{Y}$ 是 $\mathcal{H}$ 上的一个 2×2 的矩阵, $\boldsymbol{X}$ 的矩阵元记作 x_{ij}, 那么 $\boldsymbol{X}$ 和 $\boldsymbol{Y}$ 的直积就是

$$\boldsymbol{X} \otimes \boldsymbol{Y} = \begin{pmatrix} x_{00}\boldsymbol{Y} & x_{01}\boldsymbol{Y} \\ x_{10}\boldsymbol{Y} & x_{11}\boldsymbol{Y} \end{pmatrix}$$

如果把 $\boldsymbol{Y}$ 的矩阵元记作 $y_{\mu\nu}$, 那么 $\boldsymbol{X} \otimes \boldsymbol{Y}$ 有更具体的表示:

$$\boldsymbol{X} \otimes \boldsymbol{Y} = \begin{pmatrix} x_{00}y_{00} & x_{00}y_{01} & x_{01}y_{00} & x_{01}y_{01} \\ x_{00}y_{10} & x_{00}y_{11} & x_{01}y_{10} & x_{01}y_{11} \\ x_{10}y_{00} & x_{10}y_{01} & x_{11}y_{00} & x_{11}y_{01} \\ x_{10}y_{10} & x_{10}y_{11} & x_{11}y_{10} & x_{11}y_{11} \end{pmatrix}$$

需要注意的一点是, 直积运算不满足交换律, 不要将参与直积运算的矩阵或向量交换位置. 写在符号 $\otimes$ 的左端和右端的表达式分别属于 $\mathcal{H}^A$ 和 $\mathcal{H}^B$, 这一点不能改变.

把直积的规则用在基向量上, 有

$$|0\rangle \otimes |0\rangle = \begin{pmatrix} 1 \\ 0 \end{pmatrix} \otimes \begin{pmatrix} 1 \\ 0 \end{pmatrix} = \begin{pmatrix} 1 \\ 0 \\ 0 \\ 0 \end{pmatrix}, \quad |0\rangle \otimes |1\rangle = \begin{pmatrix} 1 \\ 0 \end{pmatrix} \otimes \begin{pmatrix} 0 \\ 1 \end{pmatrix} = \begin{pmatrix} 0 \\ 1 \\ 0 \\ 0 \end{pmatrix}$$

$$|1\rangle \otimes |0\rangle = \begin{pmatrix} 0 \\ 1 \end{pmatrix} \otimes \begin{pmatrix} 1 \\ 0 \end{pmatrix} = \begin{pmatrix} 0 \\ 0 \\ 1 \\ 0 \end{pmatrix}, \quad |1\rangle \otimes |1\rangle = \begin{pmatrix} 0 \\ 1 \end{pmatrix} \otimes \begin{pmatrix} 0 \\ 1 \end{pmatrix} = \begin{pmatrix} 0 \\ 0 \\ 0 \\ 1 \end{pmatrix}$$

它们实际上就是四维复空间 $\mathbb{C}^4$ 的自然基向量, 只不过用两个 $\mathbb{C}^2$ 空间的自然基向量的直积形式表示罢了. 直积空间 $\mathcal{H}$ 中任意一个态向量 $|\Psi\rangle$ 可以在基 $\{|i\mu\rangle\}$ 上展开, 即

$$|\Psi\rangle = \sum_{i=0}^{1} \sum_{\mu=0}^{1} c_{i\mu} |i\rangle |\mu\rangle = c_{00}|00\rangle + c_{01}|01\rangle + c_{10}|10\rangle + c_{11}|11\rangle \tag{6.3}$$

其中, 系数 $c_{i\mu}$ 可以表示为 $c_{i\mu} = \langle i\mu|\Psi\rangle$, 并且满足归一化条件 $\sum_{i,\mu} |c_{i\mu}|^2 = 1$. 以后, 我们把这样的两体系统简称为 $2 \otimes 2$ 系统.

虽然空间 $\mathcal{H}$ 是 $\mathcal{H}^A$ 和 $\mathcal{H}^B$ 的直积, 但是 $\mathcal{H}$ 中的量子态却并不是总能表示为 $\mathcal{H}^A$ 中的量子态和 $\mathcal{H}^B$ 中的量子态的直积. 如果 $|\Psi\rangle \in \mathcal{H}$ 可以表示为 $|\psi^A\rangle \otimes |\psi^B\rangle$, 其中 $|\psi^A\rangle \in \mathcal{H}^A$, $|\psi^B\rangle \in \mathcal{H}^B$, 那么 $|\Psi\rangle$ 被称为直积态 (product state); 如果不能, 则其被称为纠缠态 (entangled state). 纠缠态的概念最早是由薛定谔在讨论 EPR 问题的时候提出的.

虽然 $\mathcal{H}$ 中一般形式的量子态式 (6.3) 看起来形式有些复杂, 但是, 可以恰当地选择 $\mathcal{H}^A$ 或 $\mathcal{H}^B$ 的基向量, 将 $|\Psi\rangle$ 表示成最简单形式. 我们不加证明地直接叙述下面的结论.

对于任意量子态 $|\Psi\rangle \in \mathcal{H}$, 总能找到 $\mathcal{H}^A$ 和 $\mathcal{H}^B$ 的特定的基向量, 分别记作 $\{|e_i\rangle\}$ 和 $\{|f_\mu\rangle\}$, 使得 $|\psi\rangle$ 在 $\{|e_i\rangle|f_\mu\rangle\}$ 上的展开形式为

$$|\Psi\rangle = \sum_{j=0}^{1} c_j |e_j\rangle \otimes |f_j\rangle \qquad (6.4)$$

其中每一个 c_j 都是非负实数. 形如式 (6.4) 的表示叫作施密特分解.

有了施密特分解这样的结论, 我们在讨论 $2 \otimes 2$ 量子态的时候, 可以将它简单地表示为

$$|\Psi\rangle = \cos\theta |00\rangle + \sin\theta |11\rangle, \quad \theta \in [0, \frac{\pi}{2}]$$

而且还可以看到, 当且仅当 $\theta = 0$ 或 $\frac{\pi}{2}$ 的时候, $|\Psi\rangle$ 是直积态. 在这两种情况下, $|\Psi\rangle$ 分别是 $|00\rangle$ 和 $|11\rangle$. 当 $\theta = \frac{\pi}{4}$ 的时候, $|\Psi\rangle$ 为

$$\frac{1}{\sqrt{2}}(|00\rangle + |11\rangle)$$

这是一个不能分解为直积形式的纠缠态, 而且是最大纠缠态. 关于纠缠的定量度量, 我们不做介绍了, 只是告诉大家, 有 4 个重要的最大纠缠态, 叫作贝尔 (Bell) 态, 它们的形式是

$$|\Psi_-\rangle = \frac{1}{\sqrt{2}}(|01\rangle - |10\rangle), \quad |\Psi_+\rangle = \frac{1}{\sqrt{2}}(|01\rangle + |10\rangle)$$

$$|\Phi_-\rangle = \frac{1}{\sqrt{2}}(|00\rangle - |11\rangle), \quad |\Phi_+\rangle = \frac{1}{\sqrt{2}}(|00\rangle + |11\rangle)$$

容易看出, 这 4 个贝尔态满足正交归一条件, 可以作为 $\mathcal{H}$ 的基向量.

4 个贝尔态中的 $|\Psi_-\rangle$ 是将要讨论的对象, 这里我们先来看看它的一个性质. 如果我们将 $\mathcal{H}^A$ 和 $\mathcal{H}^B$ 的基向量都选择为 $|n\pm\rangle$, 这里的 $|n\pm\rangle$ 是 $\boldsymbol{n}$ 方向上的泡利矩阵 σ_n 的本征态, 那么, 请大家验算一下, $|\Psi_-\rangle$ 将变为

$$\begin{aligned}|\Psi_-\rangle &= \frac{1}{\sqrt{2}}(|01\rangle - |10\rangle) \\ &= \frac{1}{\sqrt{2}}(|n+\rangle |n-\rangle - |n-\rangle |n+\rangle) \end{aligned} \qquad (6.5)$$

$|\Psi_-\rangle$ 的这个性质将用来讨论 EPR 问题.

6.3 EPR 问题的玻姆模型

EPR 论文中用到的两体量子态不是关于粒子的自旋角动量的, 而是关于粒子的位置和动量的, 讨论起来较为麻烦. 这里我们援用玻姆提出的更为简明的模型: 处于量子态 $|\Psi_-\rangle$ 的两个自旋 1/2 粒子.

考虑两个自旋 1/2 粒子 A 和 B 组成的两体系统, 即所谓的 $2 \otimes 2$ 系统. 设这个两体系统处于量子态 $|\Psi_-\rangle$. 又假设两粒子彼此分离, 相距很远, 且二者间不会有任何相互作用. 它们也没有受到外界任何干扰.

$$|\Psi_-\rangle = \frac{1}{\sqrt{2}}(|0\rangle \otimes |1\rangle - |1\rangle \otimes |0\rangle) \tag{6.6}$$

现在测量 A 粒子的 z 方向上的自旋角动量的 S_z^A, 如果得到结果 $\frac{\hbar}{2}$, 那么我们知道, 与该结果对应的是 A 粒子的态向量 $|0\rangle$, 这个态向量出现在式 (6.6) 右端的第一项, 所以测量后两体系统的态变为 $|0\rangle \otimes |1\rangle$, 据此可以推断出粒子 B 处于 $|1\rangle$, 粒子 B 的 z 方向上的自旋角动量 S_z^B 应该有确定的值 $-\frac{\hbar}{2}$.

注意到式 (6.5) 告诉我们的 $|\Psi_-\rangle$ 的性质. 我们这一次可以选择测量 A 粒子的 $\boldsymbol{n}$ 方向上的自旋角动量 S_n^A. 如果得到结果 $\frac{\hbar}{2}$, 那么与这个结果对应的两体量子态是 $|n+\rangle \otimes |n-\rangle$, 由此可以断定 B 粒子的状态是 $|n-\rangle$, 于是 B 粒子的 $\boldsymbol{n}$ 方向上的自旋角动量 S_n^B 有确定的值 $-\frac{\hbar}{2}$. 而方向 $\boldsymbol{n}$ 可以随意选择, 因此我们可以说, 若选择粒子 A 的 S_x^A 进行测量并得到 $\frac{\hbar}{2}$, 那么可以推断粒子 B 的 S_x^B 具有确定的值 $-\frac{\hbar}{2}$. 若选择粒子 A 的 S_y^A 进行测量并得到 $\frac{\hbar}{2}$, 那么可以推断粒子 B 的 S_y^B 具有确定的值 $-\frac{\hbar}{2}$. 如此等等, 于是 B 粒子的任意方向上的自旋角动量都具有确定的值, 它们是 $\frac{\hbar}{2}$ 或 $-\frac{\hbar}{2}$, 取决于对 A 粒子的测量结果.

现在结合 EPR 的论点来看上面的叙述. 通过测量粒子 A 的观测量 S_z^A, 在不影响粒子 B 的情况下可以断言 B 的观测量 S_z^B 的明确的值; 通过测量粒子 A 的观测量 $\S_x^A$, 在不影响粒子 B 的情况下可以断言 B 的观测量 S_y^B 的明确的值⋯⋯所有过程都遵守可分离性条件, 根据物理实在性的要求, 可以说 S_z^B 和 S_x^B 都具有物理实在性, 二者都具有确定的值.

这样一来, EPR 给量子力学出了大难题. 一方面, S_z^B 和 S_x^B 可以同时具有确定的值, 这是量子力学不允许的, 因为这两个观测量不对易, 不确定关系不允许它们同时具有确定的值; 另一方面, 更糟糕的是, 在前面说到的结论 **C** 中, 即式 (6.1), 命题 **P2** ——两个不对易的观测量不能同时具有确定的值——似乎被 EPR 提出的方案克服了, 于是命题 **P1** ——量子力学是不完备的——在所难逃.

而且, 还可以问这样的问题: 如果对粒子 A 的观测量 S_z^A 的测量结果不是 $+\frac{\hbar}{2}$ 而是 $-\frac{\hbar}{2}$, 那么粒子 B 的观测量 S_z^B 的值是否就应该为 $+\frac{\hbar}{2}$ 呢? 如果是这样的, 那么我们将面临这样的情形: 对于两个彼此分离的没有任何关联的粒子, 对其中一个测量结果决定了另一个的行为.

在 EPR 发表了他们的论文之后, 相关的争论主要有两个方向: 一个质疑可分离性原则, 对此提出了尖锐的批评; 另一个是承认可分离性, 提出了建立在隐变量上的具有确定性的理论, 以此对量子理论作修正, 使之完备. 薛定谔和玻尔认为在量子理论中可分离性原理是不成立的. 二人的看法又有不同之处. 薛定谔认识到的是, 复合量子系统中的子系统是不可分离的, 描述整个量子系统的量子态是纠缠的 (entangled). 而玻尔则强调量子系统和测量仪器之间的不可分离性. 于是, 玻尔和薛定谔通过反对 EPR 提出的可分离性原理而解决了 EPR 问题.

我们遵从玻尔和薛定谔的观点, 认为两体量子系统的量子态包含了一种非定域关联, 其关联程度超出了经典关联的上限, 因而称之为量子关联. 如何区分经典关联和量子关联? 这是贝尔定理的内容, 我们不在这里讨论了. 接下去我们想用一个简单的模型体现经典的实在论观点在 EPR 问题中遇到的困境.

6.4 墨明装置

大卫·墨明 (David Mermin) 用一个直观形象的装置来说明经典观念是无法解释 EPR 问题的. 设想从一个源中发出两个粒子, 一个向左运动进入探测器 A, 另一个向右运动进入探测器 B, 如图 6.2 所示. 每一个探测器内部都有 3 个测量通道可供选择, 分别记作 1, 2, 3. 这可以形象地理解为 SG 实验装置中 3 个不同的测量方向. 再设想有一个开关可以随机地控制测量通道 (或方向) 的选择. 当向左和向右运动的粒子分别进入探测器 A 和 B 并在特定的方向进行测量之后, 结果由探测器外部的两种信号灯显示出来——红 (记作 R) 或绿 (记作 G).

探测器 A, B 和源 S 两两之间没有任何联系, 也不存在任何信息交换的可能. 探测器内部测量方向的选择与源的行为也是丝毫不相干的. 具体说来, 从源 S 中发出的粒子不可能知道它们将面临哪个方向上的测量. 探测器 A 的测量模式的选择与探测器 B 的模式选择是无关的, 反之亦然.

整体看来, A 和 B 的联合测量模式一共有 9 种可能:

$$11, \quad 12, \quad 13, \quad 21, \quad 22, \quad 23, \quad 31, \quad 32, \quad 33$$

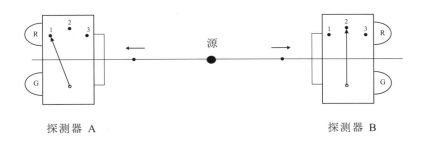

图 6.2　墨明装置

两个自旋 1/2 粒子来自同一个源的裂变, 分别向左和向右进入探测器 A 和 B, 每个探测器中有 3 种测量方式可供选择, 测量结果有两种可能, 用信号灯的颜色红或绿表示.

比如说 13 模式, 意即 A 选择在方向 1 上做测量, 而 B 选择在方向 3 上做测量. 至于测量结果, 则是宏观上的信号灯的颜色, 以如下方式被记录下来:

$$23\text{GR}, \quad 12\text{GR}, \quad 11\text{GG}, \quad \cdots$$

这里一共有 36 种可能情况, 没有一一列出. 一般地可以记作

$$ijXY, \quad i,j = 1,2,3, \quad X,Y = \text{R}, \text{G}$$

其意义: 以 23GR 为例, 表示 A 的测量方向被设置为 2, 并且看到 A 上的绿色信号灯闪亮; B 的测量方向被设置成 3, 且 B 上的红灯闪亮.

通过对大量的实验结果进行分析, 可以得到如下规律:

(a) 当 A, B 的测量方向一致的时候 (以下称之为 a 类设置), 双方的信号灯有相同的颜色. 例如 11RR, 11GG, 22RR, $\cdots$, 33GG. 这就是完好关联. 这是实验结果, 我们只能无条件接受. 记作事实 (a).

(b) 当 A, B 的测量方向不一致的时候 (以下称为 b 类设置), 有 1/4 的数据表明双方的信号颜色相同, 例如 12RR, 23GG 等. 其中 RR 和 GG 的实验结果等概率出现. 而其余的 3/4 的实验结果显示双方的信号灯不同色. 当然, 此时 RG 和 GR 出现的概率也是相同的. 这也是实验结果, 我们也只能无条件接受. 记作事实 (b).

以上是对实验结果的描述. 以下将寻求对已知事实的理论解释. 如果用量子力学对自旋量子态做相应的计算, 那么以上结果是必然的. 当然, 这些计算过程我们没有在这本书里说. 在这里我们想做的是寻求另外的可能解释.

作为一种具有经典意味的理解, 我们引入指令集这一说法. 设想每一个粒子可能具备一些性质或信息, 使其在某个方向上被测量时可以点亮某种颜色的灯. 而这种所谓的性质或信息是属于微观层面上的, 是我们无从把握的. 在这个意义上, 它们对应于隐变量这个晦涩的术语. 你可以不关心这个术语, 只需要知道, 引入隐变量的目的是为量子现象提供客观实在性的解释. 信号灯及其颜色是宏观层面上的量, 是我们可以记录并讨论的实验结果. 也就是说, 宏观的实验现象是微观上的隐变量的统计分布的结果. 我们眼下要做的事就是用指令集来解释上面提到的实验结果, 看看是否行得通.

首先考察怎样为粒子赋予相应的指令. 某个粒子进入了探测器 A 或 B, 它将面临 1, 2, 3 三种不同模式的测量, 其结果是 R 或 G. 于是暂且认为粒子所具备的性质可以表示为

$$\{RRR, RRG, RGR, RGG, GRR, GRG, GGR, GGG\} \tag{6.7}$$

以 RRG 为例. 粒子带有 RRG 指令, 其意义是, 它可以在模式 1 的测量中点亮红色的信号灯, 在模式 2 的测量中点亮红色的信号灯, 在模式 3 的测量中点亮绿色的信号灯. 上述 8 种指令涵盖了所有可能. 现在我们用这些指令尝试解释事实 (a) 和事实 (b).

对于事实 (a), 其前提是 A, B 的测量方向一致. 事实 (a) 的特点是双方的信号灯是同一种颜色的. 换句话说, 在给定的前提下, 两边不会亮起不同颜色的灯. 用符号来表示, a 类设置将导致形如 $iiXX$ 这样的结果, 而决不会有形如 $iiXY$ 的结果, 这里 $i \in \{1, 2, 3\}$. 为了解释这样的现象, 一个易于想到的途径是: 离开源 S 的两个粒子带有相同的指令集. 比如说, 两个粒子都具有 RRG 指令, 那么当它们同样地面对模式 1 或者模式 2 或者模式 3 的测量时, 必然会给出相同颜色的信号. 于是可以认为, 为指令集设立一定的要求便可以解释事实 (a).

再来看看事实 (b). 我们的立足点仍然是 "两粒子带有相同的指令集". 该说法不依赖于探测器内部的测量模式的选择, 这是因为我们前面提到过的事实: 源 S 中产生的粒子无法知晓探测器中的开关将指向 1, 2 还是 3. 另一方面, 虽然我们不能够得知指令集的详情, 但是我们可以通过考察所有可能的指令来推知有关 b 类设置的实验结果. 如果借由这样的 "推知" 得到的结论与真实的实验结果一致, 则 "指令集" 以及 "两粒子携带相同的指令" 这些说法有望成立. 否则原有的出发点将有大问题.

b 类设置中有 6 种可能: $\{12, 21, 23, 32, 13, 31\}$. 两个粒子中的每一个携带的指令

有 8 种可能, 即式 (6.7), 而这两个粒子携带的指令是相同的. 我们需要对这 8 种可能逐一分析. 例如, 对于 RRG 指令, 我们可以说, 在 b 类的 6 种设置中, 只有 12 和 21 类型的测量方向的选择将给出 RR 的结果, 即 12RR 和 21RR. 而其他 4 种设置均涉及方向 3, 指令 RRG 会在方向 3 的测量时点亮绿灯. 具体地说, 会有如下可能的结果: 13RG, 31GR, 23RG, 32GR. 于是有这样的结论: 如果用大量的携带 RRG 指令的粒子对做实验, 并且随机地设置 A, B 中的测量方向, 进而考虑 A, B 中的测量方向不一致的情形, 即所谓的 b 类设置 (该类设置中的 6 种情形是等概率出现的), 那么可以推知, 在 b 类设置的实验中, 有 1/3 的实验结果给出相同颜色的信号.

值得注意的是, 这里 1/3 这一概率已然和真实的实验结果所显示 1/4 的概率有了明显的差别. 同理, 针对 RGR, GRR, GGR, GRG, RGG 这些可能的指令, 仍然可以得到 "1/3 的事件显示出相同颜色的信号" 这一结论. 还剩下两种可能的指令: RRR 和 GGG. 很容易看出, 在这两种情形下, 两个探测器势必给相同颜色的信号. 综合起来说, 用 "指令" 这样的观点可以解释事实 (a), 但是会针对 b 类设置实验给出 "至少有 1/3 的概率出现相同颜色的信号" 这一结论. 之所以说 "最小为 1/3", 是因为 RRR 和 GGG 类型的指令会必然导致 A, B 出现相同颜色的信号这一结果. 如果不存在具有这两种指令的粒子, 那么相应的概率正好是 1/3, 反之概率大于 1/3. 于是, 理想实验的结果与 "指令集" 这种描述方式给出的结果是不相吻合的.

第 7 章

量 子 计 算

7.1 计算机的前世今生

7.1.1 从齿轮到电子计算机

在讲量子计算机之前, 我们有必要搞清楚为什么要研究量子计算机, 而这个问题, 必须要从计算机说起.

计算机或者说计算装置的历史可以追溯到公元前的安提凯希拉仪器 (图 7.1), 它是一种研究天体运动的机械装置, 通过复杂的齿轮、刻度盘等机械传动结构, 实现计算日、月和五星等天体在天空中运行的位置, 预测日食、月食等多种复杂现象. 近代历史上很多著名科学家如帕斯卡、莱布尼茨、开尔文等都曾进行过模拟或数字计算装置的开发. 第一台通用电子计算机 ENIAC (图 7.2) 于 1946 年在美国诞生, 它可以看作我们现在使用的计算机的直系始祖.

图 7.1 安提凯希拉仪器

图 7.2 ENIAC

ENIAC 使用的元件是电子管（图 7.3(a)），是一种最早期的电信号放大器件. 电子管的工作原理导致其相当笨重，这导致其最终被晶体管所取代. 晶体管（图 7.3(b)）泛指一切以半导体材料为基础的单一电子元件，晶体管可以实现电子管的所有功能，而且具有小巧、制造简单、成本低廉的优点. 晶体管的出现为集成电路的诞生提供了可能性，所谓集成电路（图 7.3(c)），就是把一个功能电路的构成元件直接在一小片硅片上制作出来并封装得到的微型器件，使电子元件更加小巧、低功耗、智能化和可靠.

(a) 电子管　　　　　　　　　(b) 晶体管　　　　　　　　(b) 集成电路

图 7.3 不同时期的电子元件

集成电路出现后计算机的发展某种角度上就等于晶体管集成技术的发展，单位体积内能够集成更多的晶体管，同等体积的计算机就会具有更强的计算能力. 而集成技术的发展非常之快：芯片上可以容纳的晶体管数量平均一年半到两年就可以翻一倍，这就是著名的摩尔定律.

7.1.2 电子计算机的发展瓶颈

摩尔定律成立的背后是单个晶体管尺寸的急剧缩小, 从 20 世纪 70 年代至今, 晶体管的制程已经从几微米缩小到了几纳米. 在散热问题和涌现的量子效应的影响下, 进一步缩小晶体管的尺寸已经越发艰难, 而且技术的终点似乎已经逐渐清晰可见: 由几个原子甚至一个原子构成的晶体管似乎很难想象. 这种困难也就是算力进一步提升的困难所在.

如果目前的算力已经满足我们的大部分需求, 那么算力不能提升可能也无所谓. 但实际上算力远远谈不上够用, 有些问题使用目前的电子计算机需要几万年甚至更久才能解决. 其中很典型的一类问题就是量子模拟.

模拟是电子计算机出现之后变得非常有用的一种科学方法. 通常来说, 对于一个物理问题, 我们有两种途径来解决它: 第一种是做实验, 自然会通过实验现象告诉你这个问题的答案; 第二种是理论推导, 通过已有的物理定律直接计算出问题的解; 而电子计算机出现后有了第三种途径, 人通过计算机根据物理定律模拟系统的演化, 模拟结果也可以被认为问题的答案.

计算机模拟可以有效处理那些理论上难以计算、实验上难以做出来的问题. 计算机模拟的原理并不复杂, 比如说我想知道加速度满足 $a(t) = \cos t^2$ 的直线运动的 x-t 和 v-t 关系, 这个运动运用高中知识来说是无法求解的. 但利用计算机我们可以得到一个近似的答案: 当两个时刻的时间间隔 Δt 无穷小时, 根据速度和加速度的定义, 系统下一时刻的状态可以用当前时刻的状态和时间间隔 Δt 近似表示:

$$
\begin{aligned}
a(t + \Delta t) &= \cos(t + \Delta t)^2 \\
v(t + \Delta t) &= v(t) + a(t)\Delta t \\
x(t + \Delta t) &= x(t) + v(t)\Delta t
\end{aligned}
\tag{7.1}
$$

尽管这个表示只有当 Δt 趋近于 0 时才严格成立, 但是只要 Δt 足够小, 结果的偏差也会足够小到可以接受, 实际上这也正是无穷小的数学定义. 这样我们就模拟出了下一时刻的状态, 接下来我们利用下一时刻的状态还可以模拟"下下一时刻"的状态……如此反复, 最终就可以模拟出整个演化过程, 换言之就近似解出了 x-t 和 v-t 关系.

当然, 实际的模拟工作要复杂得多: 一方面模拟的问题要复杂得多, 模拟的对象往往可能是成千上万个粒子的运动, 相互作用的数量会以平方的速度增长, 在有限的计算条件下, 就要想方设法在保证必要精度的同时降低计算量; 有些时候面对一些复杂的物理问题, 建立一个正确的模拟算法并不容易, 还会有一些时候多种挑战兼而有之.

量子模拟的方法实际上也差不多, 无非是利用数学方法对量子力学的时间演化方程——薛定谔方程加以近似求解. 但量子模拟的问题在于, 随着模拟体系的变大, 量子系统的计算量增长要比经典系统大很多.

比如说我们要对一个 n 粒子系统进行模拟, 我们只关心粒子的一个特定物理量 X, 这个物理量 X 是个标量, 且 X 随时间的变化与其他物理量无关, 只和当前各粒子物理量 X 的取值有关. 对于经典系统, 每一步我们需要计算每个粒子物理量 X 的新值, 需要 n 次计算; 而对于量子系统, 即使对每个粒子而言在观测量 X 的表象下只有两种状态, 那么对于整个 n 粒子系统而言在 X 表象下就会存在 2^n 种状态, 每一步我们需要计算每种状态对应系数的变化量, 这就意味着需要进行 2^n 次计算! 这样的增长速度不仅意味着我们现在无法解决量子模拟问题, 更意味着按照目前电子计算机的发展趋势, 在可见的将来都无法解决量子模拟问题.

7.1.3　量子计算机

既然电子计算机看起来已经无法有效模拟量子系统, 那就需要找到一条新的技术路径. 1981 年, 诺贝尔物理学奖得主理查德·费曼给出了这样一个猜想: 有了合适的量子机器, 你可以模仿任何量子系统.

目前来说, 这个猜想是对的, 科学家们已经造出了初具计算能力的量子计算机, 而量子计算机确实在几分钟内就解决了一些现有电子计算机需要上万年才能解决的问题. 量子计算机有着十分光明的前景, 这就是我们开展关于量子计算研究的原因.

7.2　一个抽象的量子计算机

7.2.1　量子计算机的结构

现在把时间拨回 1981 年, 假想我们是几位年轻的物理学家, 在听了费曼的猜想后热血沸腾地想大干一场, 那么面对的第一个问题是: 论证量子计算机相比电子计算机的优越性. 量子计算机是一个颇具创造力的想法, 但如果无法证明量子计算机比经典计算机更好, 那么这项工作的意义就不大了. 而在论证的开始, 我们必须明确什么是量子计算机. 但量子计算机这个词本身并没有说清楚量子和计算机这两个概念是如何结合的. 一种有些保守但是很自然的想法是: 首先把电子计算机从概念上拆解成一些基本构成元素, 然后把这些元素用"具有量子性质"的同类替换掉, 最后再组合起来就是一台量子计算机了. 这个想法也正是目前量子计算领域的实际做法. 或许量子计算机可能还可以其他的架构实现, 实现的效果可能还更好, 但是脚踏实地一点, 从一个最简单的思路开始尝试没什么坏处.

那么计算机最基本的元素可以是什么? 在信息技术课程中对计算机体系结构进行过介绍, 按照冯·诺依曼结构, 计算机主要由 5 个部分组成: 输入设备、控制器、存储器、运算器和输出设备. 其中输入和输出设备并不关键, 而控制器虽然重要但并非必要, 对于不具有通用能力的计算机而言, 结构可以更加简单. 存储器和运算器可以算是计算机最核心的部分了, 因此可以把存储数据的单元和处理数据的单元看作构成计算机最基本的元素合情合理.

7.2.2 量子比特

我们先尝试替换存储数据的单元. 在普通的计算机中, 信息以二进制数的形式被存储于一个个晶体管中, 晶体管通过离散的"开""闭"两种状态来表示二进制数一位的 1 或 0. 稍加思考就可以发现, 到现在我们已经非常熟悉的量子小球完全可以做到同样的事情: 随便选择一个表象, 这里我们不妨选择量子小球的 Z 表象, 我们规定量子小球在 $|z+\rangle$ 态时表示这一位的数字是 0, 在 $|z-\rangle$ 态时表示这一位的数字是 1, 接下来我们就可以使用量子小球代替晶体管来存储信息了. 既然我们已经进行了规定, 那么在后续的内容中, 我们就用 $|0\rangle$ 称呼 $|z+\rangle$ 状态, 用 $|1\rangle$ 称呼 $|z-\rangle$ 状态, 实际上我们在第 3.8.1 小节已经做过这件事了. 同理, 如果没有特别说明, 我们关于量子小球的一切讨论都是在 Z 表象下进行的.

在不考虑更多技术细节的情况下, 我们已经证明了量子小球可以替代晶体管. 但如果量子小球没有什么额外的功能, 那么这种替代也没有什么实际意义. 所以接下来我们必须要证明量子小球不仅不比晶体管差, 而且比晶体管更好.

在之前的章节中, 我们知道量子小球不仅可以处于 $|0\rangle$ 或者 $|1\rangle$ 状态, 也可以处于形如 $a|0\rangle + b|1\rangle$ 的任意状态, 比如说之前提到的 $|x+\rangle$ 就可以写作 $(|0\rangle + |1\rangle)/\sqrt{2}$. 这样来看, 相比晶体管, 一个量子小球可以存在更多的状态, 这也意味着一个量子小球相比一

个晶体管可以存储更多的信息: 因为通常来说, 存储媒介状态的数目, 对应着信息存储能力的大小.

但是现在就下结论似乎不太公平: 晶体管的设计初衷就是用来表示两个离散的状态, 这并不能说明经典器件不能表示 0、1 和更多状态. 比如说我们可以设计一种能在开闭状态之间连续变化的 "连续晶体管"(先不考虑可能会有哪些问题), 其状态就可以用一个 $0 \sim 1$ 的实数加以表示, 数越大代表开的程度越高. 这样的和类似的器件还是不能和量子小球媲美, 因为在之前的章节中我们了解到用一个实数无法描述量子小球的状态.

当然有些物理量也可以是复数, 如果描述开闭的也是这样的物理量呢? 如果存在一个 "复连续晶体管", 其状态可以用满足 $|c| \leqslant 1$ 的复数 c 表示, 那么实际上这个器件和一个量子小球能取到的状态是一样多的. 因为一个量子小球的状态在忽略掉总体相位后总可以写作 $\sqrt{1 - |c|^2} \, |0\rangle + c \, |1\rangle$ 的形式, 在这种形式写法下, 量子小球的量子态和模不大于 1 的复数 c 之间具有一一对应的关系.

但如果不把比特数限制在 1, 经典器件将再无可能追赶上量子小球的优势: 两个量子小球组可以形成 $(|00\rangle + |11\rangle))/\sqrt{2}$ 这样的纠缠态, 纠缠是量子力学中特有的现象, 因此经典器件则不能实现这一点. 这就说明了, 量子小球确实是一种不同且优于经典器件的存储单元. 由于量子小球的存储能力和一个晶体管不同, 所以在接下来的内容中, 我们把表示一个量子小球能够存储的信息单元称为一个量子比特, 从而和普通的比特相区别.

接下来的问题是: 一个量子比特能存储多少信息呢? 在前文中曾用一个球面上的点来表示量子小球的状态, 而球面上点的数目是无限的! 看起来我们可以把任意一个任意位的二进制信息转化成一个实数, 然后用球面上以这个实数为坐标的点来记录此信息. 这是否说明我们可以用一个量子比特存储任意量的信息呢?

这种想法其实有一个类似的经典版本: 能否通过画一条特定长度的线, 通过其长度来记录任意量的信息? 这种想法显然是不合理的, 因为无论是加工精度还是测量精度都不可能达到. 而且在当加工精度能够远小于分子原子时甚至很难界定 "线的长度". 对于量子小球而言, 这个想法的缺陷也是类似的: 首先我们可能需要花费巨量的资源才能制备一个任意的特定量子态; 更重要的是, 即使能够制备出来, 基于量子测量假设, 读取过程中也只会随机得到 $|0\rangle$、$|1\rangle$ 两者之一作为结果, 到即测量后每个量子比特只能保存 1 比特信息. 如果想得到如 $a \, |0\rangle + b \, |1\rangle$ 这样量子态中的 $|a|$, 需要进行大量反复的测量后对结果进行统计学处理才行, 这种方式存储信息的性价比可能还不如常规方法.

测量后每个量子比特只能保存 1 比特信息这一限制暗示了这样一件事情: 未经过测

量的量子比特似乎保存着更多的信息, 但如果这些信息不能保留到测量之后, 还有什么意义呢? 这是个很好的问题. 说到问题, 我们应当意识到问题的答案信息量可以而且往往很小, 比如说一个 1000 位的二进制数是否是质数, 实际上用 1 比特就可以表达其答案:"是"或者"否", 而涉及大信息量的是解决问题的过程. 如果我们把待测量的量子比特看作问题的答案, 把量子比特在测量之前的演化看作解决问题的过程, 那么量子比特只能在未测量状态下存储的信息就并非没有意义. 说到这里, 我们该讨论计算机的另一个元素——处理数据的单元了.

7.2.3　逻辑门

在电子计算机中, 处理数据的单元被称为逻辑门. 之所以叫"门", 是因为在电子计算机中它能控制电流的路径; 而逻辑两字, 则表示门的功能是对输入信号进行逻辑运算后输出. 通俗地说, 逻辑门就是一个"逻辑电路".

为什么逻辑电路可以执行数学运算呢? 因为逻辑判断和数学运算实际上是等价的, 因而可以相互转化. 比如说, 我们将命题的真假对应于一个数值, 称为这个命题的真值, 我们规定真命题的真值为 1, 假命题的真值为 0, 那么对于若干个命题, 就可以通过特定的运算来实现与、或、非这些逻辑关系, 从而计算一个如"$(\neg A \wedge B) \vee (B \vee A)$"这样复杂命题的真假. 数学上有一套用来研究逻辑学的数学工具, 从而可以把逻辑学作为一种特殊的代数系统来进行研究, 这一分支叫作布尔代数, 也称为逻辑代数.

对于电子计算机的逻辑门来说, 由于输入和输出都是 0 或 1 这种离散的信号, 所以逻辑门可以通过一个表格来表示. 输入和输出都是 1 比特的逻辑门有 2 种: 恒等门和非门 (图 7.4).

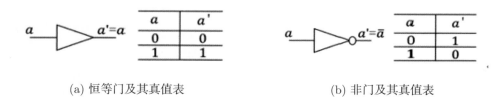

(a) 恒等门及其真值表　　　　　　　　(b) 非门及其真值表

图 7.4　恒等门和非门的真值表

输入 2 个比特, 输出 1 个比特的逻辑门一共有 16 种, 这里只介绍比较重要的 3 种: 与门、或门 (图 7.5) 和异或门. 与和或都是我们比较熟悉的逻辑运算.

量子信息基础与实验
Fundamentals and Experiments of Quantum Information

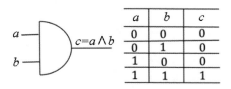
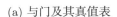
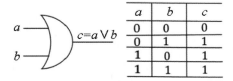

(a) 与门及其真值表   (b) 或门及其真值表

图 7.5 与门和或门的真值表

异或是一种相对陌生的逻辑运算 (图 7.6), 简单地说, 输入真假不同时输出真, 输入真假相同时输出假.

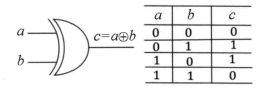

图 7.6 异或门及其真值表

更多的逻辑门不再进行介绍. 除了把逻辑判断看作数学运算, 反过来, 数学运算也可以认为是逻辑判断的组合: 由 0 和 1 构成的二进制数也可以看作真假构成的序列, 二进制数的运算自然也可以看作一系列逻辑判断. 举一个简单的例子, 通过若干个逻辑门我们可以构造出一个 n 位加法器, 即能够计算 n 位二进制数加法的装置 (图 7.7).

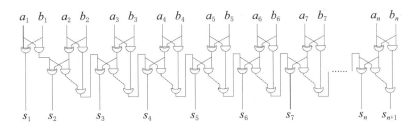

图 7.7 n 位加法器

图 7.7 中 a_i 表示加数 a 的第 i 位数; b_i 表示加数 b 的第 i 位数; s_i 表示和 s 的第 i 位数. 这是一个略显庞大的结构, 所以我们一点点拆开来看. 我们先分析一下个位的加法, 个位的加法是最简单的, 因为不会有数进位上来, 个位加法的逻辑门结构是:

首先，我们要计算和的个位数值 s，基于二进制的运算规则，显然有 $0+0=0$; $0+1=1$; $1+0=1$; $1+1=(1)\,0$，第四个式子中打了括号的"(1)"表示我们暂时不关心进位的事，就本位数值而言，$1+1$ 的结果就是 0. 很容易可以发现，这个规则和异或逻辑门是一样的，所以我们就在逻辑线路中放置一个异或门来计算和的个位数值.

接下来，我们考虑进位值 c，显然两个数相加进位值只能是 1 或 0，而且在二进制下，只有 $1+1$ 进位值才会是 1，其他情况进位值都是 0，这又和与逻辑门的规则一模一样，所以我们就再另开一路放置一个与门来计算进位值. 这样的结构称为半加器 (图 7.8)，因为实际上这个结构的功能是残缺的，无法用于上一位有进位的计算.

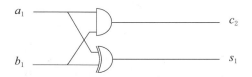

图 7.8　半加器

能够考虑上一位进位的单位加法电路结构被称为全加器，全加器的电路结构如图 7.9 所示.

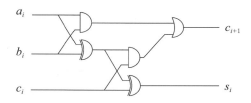

图 7.9　全加器

我们能够从全加器结构中看到半加器的影子，确切地说，全加器就是由两个半加器和一个或门组合成的. 从运算的法则来说，这很合理，带进位的加法运算实际上可以看作两个加数和进位值三者之和，自然需要两个加法来实现. 至于进位与否，由于只要两次加法之一产生进位最终就会进位，所以最终进位输出由两个半加器的进位输出经过或门后得到. 将每位全加器的进位输出作为高一位全加器进位输入，就可以得到一个多位的加法器.

说到这里实际上已经有些离题了，之所以我们花了很大工夫来讨论如何在电子计算机中运用逻辑门实现加法运算，是希望能够借助这个例子把如何使用逻辑门解决数学问题这件事理解透彻.

量子信息基础与实验
Fundamentals and Experiments of Quantum Information

7.2.4 量子逻辑门

现在我们已经大概了解了逻辑门是怎么一回事了，接下来言归正传，我们把关注点放在量子计算机的逻辑门上. 在这里我们先考虑量子逻辑门能做哪些事情，可能具有什么样的性质，把如何实现量子逻辑门的问题放到后面.

量子逻辑门的作用和逻辑门会存在一些区别，比如说在量子通信章节中就提到过量子不可克隆定理，而克隆信息对于电子计算机而言轻而易举. 在这里我们赋予量子逻辑门一个和逻辑相近但略有不同的定义: 量子逻辑门是改变一个或者多个量子比特的状态的操作. 我们可以参考逻辑门来要求量子逻辑门: 比如说如果存在一个量子逻辑门 X 门是"量子非门"的话，将其施加于处于 $|1\rangle$ 态的量子比特上，量子比特应当变为 $|0\rangle$ 态，类似地，X 门也应该可以把 $|0\rangle$ 态的量子比特转化为 $|1\rangle$ 态.

到此为止还没有表现出什么特殊之处，不过我们马上就想到了新的情况: 如果 X 门作用于处于 $(|0\rangle + |1\rangle)/\sqrt{2}$ 状态的量子比特会发生什么? 更一般地，X 门应当如何作用于任意 $a|0\rangle + b|1\rangle$ 状态的量子比特?

一个很自然的想法是，既然 X 门能够把 $|0\rangle$ 变成 $|1\rangle$，那么理应把 $a|0\rangle$ 变成 $a|1\rangle$，同理 $b|1\rangle$ 应被变成 $b|0\rangle$. 也就是说，那么 X 门的应该定义成调换量子态在两个维度上的分量的操作，也就是把 $a|0\rangle + b|1\rangle$ 变成 $b|0\rangle + a|1\rangle$. 如果从布洛赫球面上看，X 门的作用相当于绕 x 轴旋转 π.

从这个问题上可以看出，由于量子比特可能处于 $|0\rangle$、$|1\rangle$ 之外的状态，所以量子逻辑门比普通逻辑门更复杂. 也正因为量子比特具有更多的可能性，所以量子逻辑门相比普通逻辑门具有更多的可能: 逻辑门作用于一个值为 0 的单个比特，只可能把比特的值从 0 改变为 1，量子逻辑门作用于一个处于 $|0\rangle$ 态的量子比特，除了量子非门把 $|0\rangle$ 变成 $|1\rangle$，还可以存在能够把 $|0\rangle$ 变成 $|x+\rangle$、$|y+\rangle$ 的其他量子逻辑门.

而且，量子逻辑门对量子比特的作用不再是简单的 0、1 转换. 以单比特量子逻辑门而言，将其行为看作一种布洛赫球面上的变换更为恰当. 比如说前文提到的量子非门 X 就是把量子比特绕 x 轴旋转 π(图 7.10(a)). 再比如在量子计算中有个非常重要的量子逻辑门叫作 Hadamard 门，一般简写作 H 门，其作用是把 $|0\rangle$ 变成 $|x+\rangle$、$|1\rangle$ 变成 $|x-\rangle$，在布洛赫球面上就可以看作将量子比特沿 x 轴和 z 轴角平分线旋转 π(图 7.10(b)).

前文已经提到过，观测量是量子态变换的生成元，因此有着"更高一级"的身份，必须用矩阵而非向量表示，量子逻辑门是量子态的变换，自然也和它的生成元一样，需要用"更高一级"的数学元素矩阵来进行刻画. 以单比特量子逻辑门为例，我们通常将其写作

一个 2×2 矩阵加以表示, 量子非门 X 实际上就是泡利矩阵 σ_x:

$$X = \sigma_x = \begin{pmatrix} 0 & 1 \\ 1 & 0 \end{pmatrix}$$

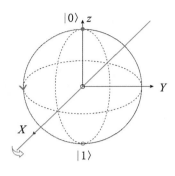

(a) 量子非门

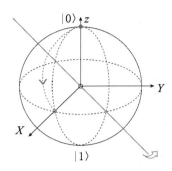

(b) Hadamard 门

图 7.10　用布洛赫球面描述量子逻辑门

而 Hadamard 门则是 $(\sigma_x + \sigma_z)/\sqrt{2}$:

$$\mathsf{H} = \frac{1}{\sqrt{2}} \begin{pmatrix} 1 & 1 \\ 1 & -1 \end{pmatrix}$$

在我们设定量子非门的功能时, 我们很自然地假设逻辑门对 $|0\rangle$ 和 $|1\rangle$ 的叠加状态的作用结果等于对 $|0\rangle$ 和 $|1\rangle$ 状态作用的叠加, 这也正是线性变换的基本性质. 这种能把叠加状态一并处理的性质意味着量子逻辑门的一次运算等于两次乃至更多次的普通逻辑门运算! 量子比特可以叠加的量子态越多, 量子逻辑门的运算效率就越高, 而可以叠加状态的数目随着量子比特数的增加是呈指数增长的. 量子逻辑门的这种性质和电子计算机中并行计算的概念非常类似, 但是并行计算仅仅是对运算流程的优化, 并没有实质上降低运算次数, 而量子计算机中的计算天生就是并行的, 且相比单次计算并行计算似乎没有任何额外的损耗. 这种巨大的天生优势正是量子计算机被看好的原因之一.

最后我们简单谈一谈量子逻辑门的实现, 在第 4 章我们学习了量子小球随时间的演化, 这种演化就是一种对量子小球 (现在我们称之为量子比特) 状态的变换. 也就是说, 量子逻辑门操作可以通过令量子小球进行一段特定的演化来实现. 我们还知道量子小球的演化由哈密顿量这个观测量决定, 所以设计量子逻辑门这件事就转化成了如何通过构造特定的外界条件 (如磁场、微波等) 来控制小球的哈密顿量.

和量子比特一样, 量子逻辑门的种种性质也受到了量子测量假设的制约: 最终只会根据概率读出计算结果的状态之一. 所以量子逻辑门的并行性并不能让我们可以直接把一个量子计算机当成许多个电子计算机使用. 我们需要设计一个巧妙的计算流程, 才能发挥出量子逻辑门和量子比特的优点.

7.2.5 量子算法

所谓"巧妙的计算流程", 就是算法, 对于量子计算机上运行的算法而言, 需要再加上"量子"二字以示区别. 量子计算机的宏伟愿景在于其可以运行新的算法, 即量子算法, 使得在经典计算机上解决需要多到不可能资源的问题成为可能. 这就要求量子算法需要通过使用量子比特和逻辑门从而比经典算法更好.

量子算法的设计是一件困难的事情, 目前已知有实际用途且优于经典算法的量子算法并不多, 主要集中在大数分解算法和搜索算法. 量子算法的设计困难至少有两个原因: 设计出一个优秀的算法往往就很困难, 无论是经典算法还是量子算法; 我们的直觉对量子世界的适应程度也不如对经典世界的适应程度, 因此量子算法的设计相比经典算法更加困难.

所以, 如何把量子比特和逻辑门的优势变成计算效率上的优势呢? 我想通过一个量子算法的案例来说明这个问题应该是最好的办法. 非常幸运的是, 确实有一个比较简单的量子算法可以用来演示, 这个算法叫作 Deutsch 算法.

这个算法试图解决这样一个函数分类问题, 现在有一些函数 $f_i(x)$, 它们的自变量 $x \in \{0, 1\}$ (这是一个集合而非区间!), 而且还满足函数值 $f_i(x) \in \{0, 1\}$. 很显然, 简单的排列组合一下就能得出"一些函数"一共有 4 个结论:

$$f_1(x) = 0 ; \quad f_2(x) = 1 ; \quad f_3(x) = x ; \quad f_4(x) = 1 - x$$

接下来我们把这 4 个函数分成这样两类: 函数值只有一种的函数叫作常函数, 函数值中 0 和 1 数量相同的叫作平衡函数. 那么现在问题来了: 如果现在有一个未知装置, 我们可以向装置输入自变量, 装置会依照 4 个函数之一 $f_i(x)$ 输出函数值, 我们至少需要输入几次, 才能确定装置对应的函数 $f_i(x)$ 是常函数还是平衡函数?

需要补充的是, 这里的输出和之前的量子小球一样, 可能需要我们根据实验结果间接得到. 此外, 我们没有对装置的具体输出方式加以规定, 所以在合理的范围内, 你可以认为装置能够按照我们希望的方式输出结果.

我们先抛开量子计算机, 用经典的思路去分析一下这个问题. 我们不妨先将 0 作为自变量输入看看, 假设函数返回的函数值是 1, 那么 $f_i(x)$ 只能是 $f_2(x)$ 或者 $f_4(x)$. 到这里为止, 显然无法做出判断, 所以我只能继续将 1 作为自变量输入, 假设函数返回的函数值还是 1, 那么我就可以确定函数 $f_i(x)$ 是 $f_2(x)$, 从而得出结论: 这个函数是常函数.

在第一次尝试中我们进行了两次输入, 那么有没有可能一次输入就解决问题呢? 简单分析一下问题就可以想通这是不可能的: 每次输入只能得到函数的一个取值, 而基于函数的一个取值无法判断函数属于平衡函数还是常函数.

但这个结果并不能让人满意: 首先, 两次输入我们不仅分辨了函数类型, 实际上我们已经确定了未知函数具体是哪个函数, 这说明我们获得的信息有些是不必要的; 其次, 如果我们根据其他方式把这 4 个函数分成两类, 每类两个, 那么其他两种分类方法都可以通过一次输入就能确定函数类型. 比如说, 如果 $f_2(x)$ 和 $f_4(x)$ 一类, $f_1(x)$ 和 $f_3(x)$ 一类, 那么直接把 0 作为自变量输入即测量 $f_i(0)$ 即可, 如果 $f_2(x)$ 和 $f_3(x)$ 一类, $f_1(x)$ 和 $f_4(x)$ 一类, 那么直接把 1 作为自变量输入即测量 $f_i(1)$ 即可.

所以, 真没有只需一次输入就能区分函数是平衡函数还是常函数的方法吗? 对于经典算法而言, 这样的方法确实不存在, 但是考虑量子算法的话确实存在, 就是这个 Deutsch算法.

我先把 Deutsch 算法的算法流程图 (图 7.11) 摆出来.

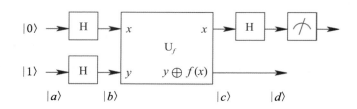

图 7.11　Deutsch 算法

图 7.11 这样的图示叫作量子电路图, 图中的每条线路代表一个量子比特的演化, 图中两条线路就表示这个算法需要两个量子比特来实现; 量子比特从左向右经历线路上的每个操作, 每个方块代表一个量子逻辑门, 比如说图中三个中间写有 H 的方块表示 Hadamard 门, 横跨多条线路的方块对应多比特逻辑门, 图中占据两条线路的逻辑门 U_f 就是一个两比特逻辑门, 其功能我们后面再说; 在线路最后画着一个指针标记的方块是一个特殊操作, 表示对量子比特进行测量.

在介绍了量子电路图的基本要素后, 我们正式开始理解这个算法. 这个算法需要使用两个量子比特, 在算法的开始, 第一个量子比特需要处于 $|0\rangle$ 态, 第二个量子比特需要处于 $|1\rangle$ 态, 即这个两比特量子系统处于 $|01\rangle$ 状态.

算法的第一步是分别对两个量子比特施加一个 Hadamard 门. 这一步比较好理解, 常函数和平衡函数是函数的一种全局性质, 为了通过一次计算获取这种性质, 我们需要量子比特处于叠加状态, 从而通过后续的量子逻辑门时在 "一次计算中获得两个结果". 在分别经过了 Hadamard 门后, 量子比特由 $|01\rangle$ 态变成了 $|x+\rangle |x-\rangle$ 态:

$$|01\rangle \xrightarrow{H_1} |x+\rangle |1\rangle \xrightarrow{H_2} |x+\rangle |x-\rangle$$
$$|x+\rangle |x-\rangle = \frac{1}{\sqrt{2}}(|0\rangle + |1\rangle) \frac{1}{\sqrt{2}}(|0\rangle - |1\rangle) = \frac{1}{2}(|00\rangle + |10\rangle - |01\rangle - |11\rangle) \tag{7.2}$$

接下来量子比特会经过两比特逻辑门 U_f. U_f 门是一个和未知函数 f 有关的两比特逻辑门, 这里先直接给出这个逻辑门的效果:

$$|\varphi\rangle |\delta\rangle \xrightarrow{U_f} |\varphi\rangle |\delta \oplus f(\varphi)\rangle$$

这是一个两比特的受控门. 受控门是指这样的一类多比特逻辑门, 其中一个比特被称为控制位, 逻辑门不会改变控制位的比特, 同时依据这个比特的值来决定逻辑门是否改变其他比特. 在这个逻辑门中, 第一个比特 $|\varphi\rangle$ 是控制位, 第二个比特受到控制位比特的控制, 会变为 $\delta \oplus f(\varphi)$, 这里 $\oplus$ 是我们之前看到过的异或运算. 接下来我们就可以看看 U_f 门的实际效果了:

$$f(x) = 1 : |0\rangle \to |1\rangle; \quad |1\rangle \to |0\rangle$$
$$f(x) = 0 : |0\rangle \to |0\rangle; \quad |1\rangle \to |1\rangle$$

如果 $f(x) = 1$, U_f 门对第二个比特而言等价于一个非门; 如果 $f(x) = 0$, 那么 U_f 门对第二个比特而言等价于一个恒等门, 换句话说无事发生. 然而我们的量子比特中, 第二个量子比特处于 $|x-\rangle = (|0\rangle - |1\rangle)/\sqrt{2}$ 态, 此时非门的作用是:

$$U_f |x+\rangle = U_f \frac{1}{\sqrt{2}}(|0\rangle - |1\rangle) = \frac{1}{\sqrt{2}}(|1\rangle - |0\rangle) = -|x+\rangle \tag{7.3}$$

即非门的实际效果是让量子比特获得了一个整体相位 -1, 为了进行对比, 我们也把恒等门的作用看作让量子比特获得了一个整体相位 $+1$. 也就是说 U_f 门于 $|\varphi\rangle |x-\rangle (\varphi \in \{0,1\})$ 态的作用是获得一个由 $f(\varphi)$ 决定的整体相位, 用一点数学技巧我们可以把这个规律写成

$$|\varphi\rangle |x-\rangle \xrightarrow{U_f} (-1)^{f(\varphi)} |\varphi\rangle |x-\rangle \tag{7.4}$$

对于量子态 $|\varphi\rangle |x-\rangle (\varphi \in \{0,1\})$ 而言, 整体相位本来也不会产生什么可观测效应. 但是对于叠加态 $(a|0\rangle + b|1\rangle) |x-\rangle (ab \neq 0)$ 而言, $|0\rangle$ 和 $|1\rangle$ 各自获得的相位 $(-1)^{f(\varphi)}$ 如果不同, 产生的相对相位是可以引起可观测效应的! 而是否会产生相位差取决于

$(-1)^{f(1)}$ 是否等于 $(-1)^{f(0)}$, 这不就是我们希望分辨的性质吗? 如果 $f(0)$ 和 $f(1)$ 是相同的, 即 $f(x)$ 是常函数, U_f 门不会产生相位差; 但是如果 $f(0)$ 和 $f(1)$ 是不同的, 即 $f(x)$ 是平衡函数, 那么 U_f 门就会产生相位差. 具体到我们算法的情况中, 常函数的 U_f 门不会产生任何可观测的改变, 而平衡函数的 U_f 门则会把 $|x+\rangle |x-\rangle$ 态变成 $|x-\rangle |x-\rangle$ 态. 在这里, 我们终于看到了在 Deutsch 算法中是如何通过 U_f 门让两种函数的结果产生差异的.

那么最后一步在于如何通过测量分辨 $|x+\rangle |x-\rangle$ 和 $|x-\rangle |x-\rangle$. 最直观的方法是对第一个比特进行 X 测量, 但是在量子计算机中, 为每个问题准备一种特定的测量模式未必是一个好的设计. 更普适的方法是将第一个比特从 $|x\pm\rangle$ 转化成 $|0\rangle$ 或 $|1\rangle$, 这样我们还是通过 Z 测量就可以加以分辨. 这种转化也并不复杂, 只要把 $|x\pm\rangle |x-\rangle$ 的第一个比特再次通过一个 Hadamard 门就可以实现了. 最后对第一个比特进行一次测量就可以得到函数类型: 如果是平衡函数, 最终的测量结果会是 $|1\rangle$, 而常函数的测量结果则是 $|0\rangle$.

到这里为止的话, 看起来 Deutsch 算法也没有什么大不了的, 毕竟两次跟一次并不会差多少. 但如果这个问题还有后续呢? 我们如果让问题更复杂一点: 对于一个定义域在 $\{0,1\}^n$ 的 n 元函数 $f(x_1, x_2, \cdots, x_n)$. 说到这里, 可能需要进行一些解释, n 元函数是指具有 n 个自变量的函数. 其中每个自变量 x_i 的可能取值为 0 或 1, 所有的自变量的可能取值是由 0 和 1 构成的 n 元数组, 具体形式是, $(0,0,\cdots,0), (0,0,\cdots,1), (1,1,\cdots,1)$, 这样的数组有 2^n 个.

我们继续介绍问题: 这个函数 $f(x_1, x_2, \cdots, x_n)$ 的取值仍然只能取 0 或 1; 两种函数的定义也完全相同, 函数值只有一种的函数叫作常函数, 函数值中 0 和 1 数量相同的平衡函数, 且 $f(x_1, x_2, \cdots, x_n)$ 必定是常函数或平衡函数, 那么现在我们需要几次尝试才能够确定未知函数的类型呢?

我们还是选择先分析经典算法的情况, 现在问题有些不太一样, 尝试的次数开始具有运气成分了: 如果我们进行了两次尝试且返回的函数值不同, 那么我们可以认为未知函数是平衡函数, 但是如果这个函数是常函数, 我们就需要 $2^{n-1} + 1$ 次尝试才能确定, 这也是运气最差时判断一个函数是平衡函数所需的次数. 那么量子算法呢? 答案还是一次! 对应的算法只需要在 Deutsch 算法进行一些细节调整即可, 新的算法叫作 Deutsch-Josza(D-J) 算法, 这是为了纪念扩展这个问题过程中另一个科学家 Richard Josza 的贡献.

这个算法的量子电路图如图 7.12 所示.

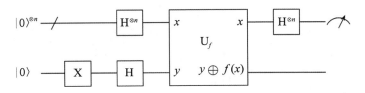

图 7.12　Deutsch-Josza 算法

　　算法需要 $n+1$ 个比特, 图中 X 表示非门, 所以实际上我们还是从 $|00\cdots01\rangle$ 的初始比特开始发起运算. 在上方线路中 $\otimes n$ 表示对 n 个比特进行了相同的处理, 所以在进入 U_f 门之前量子比特的状态是

$$|x+\rangle\,|x+\rangle\cdots|x+\rangle\,|x-\rangle=\frac{1}{\sqrt{2}^n}\sum_{x_i\in\{0,1\}}|x_1\rangle\,|x_2\rangle\cdots|x_n\rangle\,|x-\rangle \tag{7.5}$$

求和符号表示对每个 x_i 取 0 或 1 产生的所有可能项进行求和, 显然完全展开一共会有 2^n 项, 所以式子系数是 $2^{-n/2}$. U_f 门的作用还是把 $|x_1\rangle\,|x_2\rangle\cdots|x_n\rangle\,|x-\rangle$ 变为 $(-1)^{f(x_1,x_2,\cdots,x_n)}|x_1\rangle\,|x_2\rangle\cdots|x_n\rangle\,|x-\rangle$, 此时量子比特的状态变为

$$\frac{1}{\sqrt{2}^n}\sum_{x_i\in\{0,1\}}(-1)^{f(x_1,x_2,\cdots,x_n)}|x_1\rangle\,|x_2\rangle\cdots|x_n\rangle\,|x-\rangle \tag{7.6}$$

然后还和 Deutsch 算法类似, 让量子比特前 n 位再经过一次 Hadamard 门. 现在我们已经有 2^n 项了, 如果每一项都再次展开成 2^n 项, 那么实际上是一个更加复杂的 4^n 项求和, 为了弄清楚这一求和结果, 我们有必要用更加具有规律性的方式来表示 Hadamard 门. 已知 Hadamard 门可以把 $|0\rangle$ 变为 $(|0\rangle+|1\rangle)/\sqrt{2}$, 变为 $(|0\rangle-|1\rangle)/\sqrt{2}$, 那么我们可以把这两种变换统一为

$$|k\rangle\xrightarrow{\text{H}}\frac{|0\rangle+(-1)^k|1\rangle}{\sqrt{2}}$$

　　但这样还不够好, 虽然我们已经把结果表示成关于 k 的表达式了, 但是这个表达式中 $|0\rangle$ 和 $|1\rangle$ 并不是对称的, 注意到:

$$(-1)^0=1;\quad 0\times k=0;\quad 1\times k=1$$

我们可以进一步把变换写成

$$|k\rangle\xrightarrow{\text{H}}\frac{(-1)^{0\cdot k}|0\rangle+(-1)^{1\cdot k}|1\rangle}{\sqrt{2}}$$

所以再次通过 Hadamard 门后的最终的待测量子态为

$$\frac{1}{\sqrt{2}^n} \sum_{x_i \in \{0,1\}} (-1)^{f(x_1,x_2,\cdots,x_n)} \left(\frac{(-1)^{0 \cdot x_1} |0\rangle + (-1)^{1 \cdot x_1} |1\rangle}{\sqrt{2}} \right) \cdots$$

$$\left(\frac{(-1)^{0 \cdot x_n} |0\rangle + (-1)^{1 \cdot x_n} |1\rangle}{\sqrt{2}} \right) |x-\rangle \tag{7.7}$$

接下来我们考虑一下一个由 $|x_1\rangle |x_2\rangle \cdots |x_n\rangle |x-\rangle$ 通过 Hadamard 门变换产生的 $|z_1\rangle |z_2\rangle \cdots |z_n\rangle |x-\rangle$ 的系数. 需要注意的是, 这里我们求的不是 $|z_1\rangle |z_2\rangle \cdots |z_n\rangle |x-\rangle$ 的系数, 因为显然其他的项 $|x'_1\rangle |x'_2\rangle \cdots |x'_n\rangle |x-\rangle$ 通过 Hadamard 门变换后也会产生 $|z_1\rangle |z_2\rangle \cdots |z_n\rangle |x-\rangle$ 项. 首先 $|z_1\rangle |z_2\rangle \cdots |z_n\rangle |x-\rangle$ 会继承来自 $|x_1\rangle |x_2\rangle \cdots |x_n\rangle |x-\rangle$ 的系数 $(-1)^{f(x_1,x_2,\cdots,x_n)} \sqrt{2}^{-n}$; 其次每一位上发生的 Hadamard 门变换都会产生一个新的因子 $(-1)^{x_i z_i} \sqrt{2}^{-1}$, 这里 i 是发生变换的位号. 所以最终由 $|x_1\rangle |x_2\rangle \cdots |x_n\rangle |x-\rangle$ 通过 Hadamard 门变换产生的 $|z_1\rangle |z_2\rangle \cdots |z_n\rangle |x-\rangle$ 的系数就是 $(-1)^{f(x_1,x_2,\cdots,x_n)+\sum x_i z_i} 2^{-n}$. 这样的项一共有 4^n 项, 要把它们加起来, 我们需要将 $(x_1,x_2,\cdots,x_n)$ 和 $(z_1,z_2,\cdots,z_n)$ 分别遍历 $\{0,1\}^n$ 求和, 最终量子比特的状态可以写为

$$\frac{1}{2^n} \sum_{z_i \in \{0,1\}} \sum_{x_i \in \{0,1\}} (-1)^{f(x_1,x_2,\cdots,x_n)+\sum x_i z_i} |z_1\rangle |z_2\rangle \cdots |z_n\rangle |x-\rangle$$

如何从这个式子中得出函数类别呢? 注意到对于 z_i 均为 0 的 $|0\rangle |0\rangle \cdots |0\rangle |x-\rangle$ 而言, $\sum x_i z_i$ 恒等于 0, 因此 $|0\rangle |0\rangle \cdots |0\rangle |x-\rangle$ 的系数为

$$\frac{1}{2^n} \sum_{x_i \in \{0,1\}} (-1)^{f(x_1,x_2,\cdots,x_n)}$$

对于常函数而言, 由于所有函数值相等, 如果我们记这个函数值为 f, 那么这个系数 $2^{-n} \sum_{x_i \in \{0,1\}} (-1)^{f(x_1,x_2,\cdots,x_n)} = (-1)^f = \pm 1$, 即 $|0\rangle |0\rangle \cdots |0\rangle |x-\rangle$ 态的系数为 ± 1, 这说明测量结果一定是 $|0\rangle |0\rangle \cdots |0\rangle |x-\rangle$; 而对于平衡函数而言, 函数值中 0 和 1 恰好各占一半, 这意味着系数

$$2^{-n} \sum_{x_i \in \{0,1\}} (-1)^{f(x_1,x_2,\cdots,x_n)} = -2^{-1} + 2^{-1} = 0$$

因此 $|0\rangle |0\rangle \cdots |0\rangle |x-\rangle$ 态的系数为 0, 这说明测量结果一定不是 $|0\rangle |0\rangle \cdots |0\rangle |x-\rangle$, 所以我们只需对前位比特进行测量, 如果末位之外的任何一位比特测量结果为 $|1\rangle$, 未知函数就一定是平衡函数, 如果全为 0 就是常函数.

在本章的最后, 我们总结一下 D-J 算法是如何发挥出量子计算的优越性的: 量子计算机最大优势在于运算过程中的并行性, 所以在解决具有全局性特点的问题时往往容易

具有超越经典算法的效率. 如果想解决一个全局性问题, 那么首先要让量子比特 "全局化", 即从单一状态转换为全部单一状态的叠加, 这个过程一般通过 Hadamard 门实现, 这也是为什么 Hadamard 门是量子计算中一个非常重要的逻辑门. 让量子比特 "全局化" 之后, 接下来需要找到一个和问题相关的逻辑门并让量子比特通过, 毕竟如果量子电路中每个逻辑门都和问题无关的话是不可能解决问题的, 而算法设计中可能最核心之处就在于, 如何把问题相关逻辑门施加给量子比特的变化从全局中提取出来, 转化成有确定测量结果的比特状态. 在 Deutsch 算法中, U_f 门的作用先是通过 $|x-\rangle$ 态部分把函数值转化成相位变化, 相位变化又使得第一个比特根据函数类型的不同保持 $|x+\rangle$ 态或变成 $|x-\rangle$ 态, 两种不同状态最终经过 Hadamard 门变成具有确定性测量差异的 $|0\rangle$ 和 $|1\rangle$ 态.

到目前为止, 我们已经了解了一个抽象出来的量子计算机是如何运行的, 在下面的章节中, 我们将看到如何在真实的物理系统把量子计算机实现出来.

7.3 量子计算机的物理实现

7.3.1 DiVincenzo 的 7 个条件

到这里为止, 我们已经学习了量子计算的基本理论, 量子计算机的计算能力相比同规模经典计算机确实可以实现难以计量的提升. 但一个很现实的问题是, 如果想在量子计算机上运行量子算法解决问题, 我们需要把量子计算机造出来, 即找到一个合适的物理系统来实现量子计算机的设计.

有关能够实现量子计算的物理系统, 一个很具有参考意义的判定标准是 2000 年 IBM 的科学家 DiVincenzo 提出的建造量子计算机的 5 点要求和 2 个辅助条件:

(1) 一个能表征量子比特并可扩展的物理系统.

这一条的意思是物理系统必须能够明确定义量子比特, 即对应 0 和 1 的量子态; 而且由于最终需要实现具有足够多量子比特的量子计算机, 所以要求物理系统能够定义或者经过扩展后能够定义足够多的量子比特.

(2) 能够把量子比特初始化为一个标准态, 这相当于要求量子计算的输入态是已知的.

这一条的意思是需要能够找到初始化量子计算机, 即将物理系统重置成某个标准状态的方法: 比如说以 D-J 算法为例, 要求量子计算机具有能够把所有比特位重置成态的能力, 顺带一提, 使用直积态作为计算初始态是比较通行的一种规则.

(3) 退相干相对于量子门操作时间要足够长, 这保证在系统退相干之前能够完成整个量子计算.

这一条件对应的是一个在物理实现过程中才会出现的问题, 即在环境影响下, 量子系统能够进行计算的时间是有限的, 在某个时间节点后量子系统将失去继续计算的能力. 而条件中提到的系统退相干正是导致其无法进行计算的原因. 关于这部分内容后面将进行具体的讨论.

(4) 构造一系列普适的量子门完成量子计算.

这一条比较好理解, 就是对于物理系统中定义的量子比特, 必须有一些物理方法可以对应实现一些通用而必要的量子逻辑门, 从而能够运行量子算法.

(5) 具备对量子计算的末态进行测量的能力.

这一条的意思是, 必须能够测量实现量子算法之后的状态以提取计算结果. 如果不能读出结果显然前面的所有工作都毫无意义.

2 个辅助条件分别是:

(1) 在静止量子比特和飞行量子比特之间实现量子信息的转换.

(2) 具备在节点间实现量子比特传输的能力.

这两条的意义在于物理系统实现能够发送和存储量子信息, 以构建量子数据处理网络. 这种"网络性"要求并非当下需要考虑的问题, 在本章中也不会进行更多的讨论.

7.3.2　可行的量子计算物理系统

由于整体来说量子计算机的发展目前还处于较初级的阶段, 所以目前有不止一种物理体系在被研究, 接下来简单介绍几种能够实现可行的量子计算机的物理系统:

(1) 超导量子计算. 超导量子计算的主要元件是超导约瑟夫森结. 超导现象就是当物体温度下降到某个临界温度以下时, 其电阻值为 0 的现象. 该现象在 1911 年由荷兰科学家昂内斯首先发现. 将两块超导材料 A、B 中间加一薄层材料 C, 就构成约瑟夫森结. 其中 C 可以是绝缘体、正常导体或削弱 (如较细) 的超导体. 将约瑟夫森结与一定大小的电容、电感接成振荡回路可构成超导量子比特. 约瑟夫森结可看成非线性的可调电感, 这样在约瑟夫森结回路中形成一个可作为量子比特二能级量子体系. 量子比特的状态通过用与量子比特相连接的谐振器测量谐振频率确定. 用超导传输线谐振器建立量子比特间的耦合, 形成量子比特纠缠态. 超导量子比特工作于 m K 温度, 由液氦制冷获得.

(2) 离子阱量子计算. 离子阱, 又称离子囚禁, 其技术原理是利用离子电荷与电磁场间的交互作用力牵制带电粒子体运动, 再利用激光冷却使离子停在平衡位置. 利用受限离子的基态和激发态组成的两个能级作为量子比特 $|0\rangle$、$|1\rangle$. 用两能级间的荧光强度可表达量子比特的具体状态. 用两束激光可建立量子比特间的耦合 (纠缠). 离子阱量子计算机具有量子比特品质高、相干时间较长、制备和读出效率较高三大特点.

(3) 光量子计算. 光量子计算技术是将量子比特信息编码在单个光子上, 通过对光子进行量子操控及测量来完成计算. 与超导、离子阱、半导体等技术路线相比, 光子与外部环境的相互作用极其微弱, 无需真空和低温; 信息存储量大、热量散发少、能耗相对较小; 兼容量子通信. 在众多技术路线中光量子计算没有相对劣势.

(4) 核磁共振量子计算. 磁场中的自旋是一个天然的二能级系统, 很适合作为量子比特. 核磁共振量子计算利用分子内核的自旋态作为量子比特, 通过射频电磁波可以实现对核磁量子比特的操纵, 可以细分为固态和液态核磁共振. 利用分子中不同的原子核可实现多个量子比特; 可以利用不同核之间的耦合结合射频电磁波实现多比特量子门.

(5) NV 色心量子计算. NV 色心是另外一种自旋量子比特, NV 色心是金刚石的一种缺陷结构, 该缺陷一共涉及 6 个电子, 整个色心可以等效为一个自旋为 1 的电子. 可以通过激光和微波对 NV 色心进行初始化、操纵和读出. 在磁场中 NV 色心会发生塞曼劈裂, 从而可获得一个辅助比特; NV 色心与周围原子核 ^{14}N、^{13}C 存在耦合, 利用它们相互作用的超精细结构, 可实现自旋多量子比特之间的纠缠, 实现更多量子比特的计算. NV 色心的优点是可在室温运行, 相干时间较长, 单自旋量子比特的初始化和读出易实现.

7.3.3　NV 色心量子计算机实例

接下来, 以 NV 色心系统为案例, 具体说明这个物理系统是如何满足 DiVincenzo 的 5 个条件的.

先比较详细地介绍一下什么是 NV 色心. NV 色心是金刚石中的一种缺陷结构, 缺陷就是指晶体的周期性的有序结构中错误或失序的部分. 在这里缺陷并无任何贬义, 因为在很多情况下, 正是因为缺陷的存在, 材料才具有我们所期望的性质. 金刚石是一种由碳原子构成的晶体, NV 色心中的 "N" 表示在缺陷处, 金刚石中的一个碳原子被氮原子顶替了, 而"V"表示在缺陷处金刚石的另一个碳原子缺失, 形成了一个空穴; 当氮原子和空穴相邻时, 这样的结构就会明显吸收一定波长的可见光, 因此具有这种缺陷的金刚石会具有一定颜色, 这就是为什么这种缺陷叫作色心.

NV 色心分为不带电 NV 和带一个负电荷的 NV$^-$ 两种, 由于后者性质更好, 所以使用的 NV 色心均为 NV$^-$, 如果没有特殊说明, 本书中的 NV 色心均指 NV$^-$. 一共有 6 个电子在 NV 色心中, 它们有的来自相邻的碳原子或氮原子, 有的是从外界获得的, 对应那个负电荷. 关于 NV 色心的电子能级结构, 因为比较复杂, 所以这里不做详细讨论, 就结论而言, 我们可以把处于基态的 NV 色心看作一个自旋 $s = 1$ 的电子, 其自旋在轴上的分量 s_z 大小可以有 -1、0、1 三种状态, 这里自旋 s 和自旋 Z 轴上的分量 s_z 都是一种测量量. 当没有外界磁场时, $|s_z = 1\rangle$ 和 $|s_z = -1\rangle$ 两种态的能量会略高于 $|s_z = 0\rangle$ 态.

我们先解决 DiVincenzo 的第一个条件: 能够良好定义量子比特. 我们定义 NV 色心的基态 (能量最低的态) 中的 $|s_z = 0\rangle$ 态作为量子比特的 $|0\rangle$ 态, 定义基态的 $|s_z = +1\rangle$ 和 $|s_z = -1\rangle$ 两个态共同作为量子比特的 $|1\rangle$ 态. 这里为什么把两种态都看作量子比特的 $|1\rangle$ 态呢? 因为在没有磁场的情况下, 两个态很难区分, 也没什么区分的必要性.

第一个条件还包括另外一点: 可扩展性. 如果为 NV 色心施加一个 Z 方向的外磁场, 量子态会获得正比于磁场强度和自旋 Z 轴分量的能量, 因此 $|s_z = +1\rangle$ 和 $|s_z = -1\rangle$ 两个态的能量会产生差异, 即发生能级分裂. 此时, 我们就可以定义两个量子比特: $|0\rangle$ 的定义不变, 取 $|s_z = +1\rangle$、$|s_z = -1\rangle$ 各自作为两个量子比特的 $|1\rangle$, 我们一般还会把两个态用 $|+1\rangle$ 和 $|-1\rangle$ 加以区分. 需要说明的是, 这种方式定义的量子比特实际上不是两个独立的量子比特, 一般我们把其中一个称为辅助比特. 除了这种方式可以实现比特数的扩展外, NV 色心附近的原子核自旋也可以用来扩展量子比特.

接下来解决 DiVincenzo 的第二和第五两个条件, 之所以放在一起, 是因为实现这两者的是同一物理机制. 在之前我们只提到了 NV 色心的基态能级, 现在我们扩展一下, 把 NV 色心的一些激发态能级也牵扯进来.

如果我们用 532 nm 的激光照射金刚石, 处于 $^3A_2$ 态即基态的 NV 色心会吸收光子发生跃迁, 这里 $^3A_2$ 是不可约表示的 Mulliken 记号, 目前不需要了解其具体含义, 大可以暂时把这些记号当成一个名字来看. 这里如果不太能理解整个 NV 色心的能级跃迁, 把这种跃迁看成 NV 色心中的电子从能量较低的轨道跃迁到能量较高的轨道上也是可以的, 只是我们把 NV 色心当作一个整体看待更方便解释, 所以不考虑具体的电子排布细节. 无论是 $|0\rangle$ 还是 $|\pm 1\rangle$ 都会发生跃迁, 最终变成对应激发态 ^3E 上自旋 Z 轴分量 $s_z = -1, 0, 1$ 的态.

在这里还要啰嗦几句, 在量子力学中一般认为只有光子的能量等于两态能量差时才会发生能级跃迁, 而波长为 532 nm 的光子能量并不等于激发态和基态对应的自旋态的能量差, 跃迁的真实过程是 NV 色心先跃迁到 ^3E 的声子边带上, 这个位置上 NV 色心不仅处于能量更高的轨道, 而且处于振幅更大的振动状态, 而振动能量会逐渐耗散掉, 最终 NV 色心降到 ^3E 激发态的对应自旋态上 (图 7.13).

而处于激发态的 NV 色心终究是不稳定的, 所以时间一长, 激发态上 NV 色心就会 "试图" 回到基态. 对于 ^3E 上 $s_z = 0$ 的 NV 色心而言, 这个过程比较简单, 它们发射一个波长为 637 nm 的光子就会回到 $|0\rangle$, 其余途径可以基本忽略不计; 而对于 ^3E 上 $s_z = \pm 1$ 的 NV 色心而言, 这个过程就要复杂一些了, 首先这些 NV 色心也通过可以发射一个波长为 637 nm 的光子返回 $|\pm 1\rangle$ 态 (这里波长相同并非是因为两个能量差严格相等, 只是因为太小了, 所以有效数字范围内没有差别), 除了这条路径之外, 还有相当多的一部分 NV 色心会通过经由 $^1A_1$、^1E 两个中间态的路径回到基态.

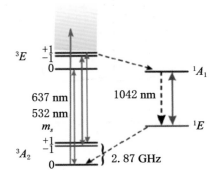

图 7.13 NV 色心的能级结构

这条路径有两个特点, 分别和 DiVincenzo 的两个条件有关: 一方面, 这条路径的终点是 $|0\rangle$, 而非 $|\pm 1\rangle$, 也就是说, 每个 "跃迁循环" 中, 总有相当一部分 $|\pm 1\rangle$ 的 NV 色心会转换成 $|0\rangle$ 态, 经过若干次转化后 $|0\rangle$NV 色心的比例会接近 100%, 这就是对初始化的实现; 另一方面, 沿这条路径不会发射波长在可见光范围的光子, 因此 $|\pm 1\rangle$NV 色心发出的光强会弱于等量的 $|0\rangle$NV 色心, 只需要通过一个光强传感器, 经过标定后就可以由光强判断 NV 色心量子比特究竟处于 $|0\rangle$ 还是 $|1\rangle$. 实际上, 通过光强我们测量的是 NV 色心状态的平均值, 也就是说, 对于叠加状态下的量子比特, 我们还可以判断 $|0\rangle$ 和 $|1\rangle$ 的比例. 由此, 我们可以说实现了 DiVincenzo 的第二条件和第五条件.

接下来, 我们解决 DiVincenzo 的第四个条件, 也就是量子逻辑门的实现. 这个部分的原理并不复杂: 量子逻辑门可以通过量子比特随时间的演化实现, 而量子比特随时间

的演化和其哈密顿量即能量有关, 我们可以通过改变外界条件来影响量子比特的哈密顿量. 对于 NV 色心来说, 通过施加磁场的方式可以改变 NV 色心的能量, 这里的磁场既可以是静磁场, 也可以是周期性变化的磁场即电磁波, 当然还可以是两者的混合. 在第 5 章中量子小球随时间的演化部分, 已经介绍过量子小球于恒定势场或周期性势场中时其量子态在布洛赫球上的运动轨迹, 处于恒定势场中的量子小球在布洛赫球上的轨迹是一个圆, 处于特定周期性势场中的量子小球在布洛赫球上的轨迹会是一个 "螺旋线": 在绕 Z 轴旋转的同时在 $|0\rangle$ 和 $|1\rangle$ 之间振荡, 这个现象在量子力学中称为拉比振荡.

在第 5.5.3 小节中的轨迹图像其实已经是一种简化的结果, 因为在实际的情况中, ω_0 和 ω_1, 即固定磁场和微波磁场的强度往往没有特定的比例关系, 这使得实际上在拉比振荡过程中布洛赫球面上量子比特的轨迹其实比较复杂 (图 7.14).

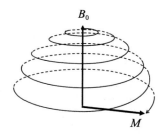

图 7.14 实验室参考系下布洛赫球面上量子比特的拉比振荡轨迹

如果我们在布洛赫空间中以一个 ω_0 的匀速旋转参考系代替实验室参考系来观察量子比特, 新参考系下量子比特的轨迹就会显得非常简单: 一个球面上以球心为圆心过极点的圆. 如果把 $|0\rangle$ 作为初态, 量子比特会发生从 $|0\rangle \to (|0\rangle + i|1\rangle)/\sqrt{2} \to |1\rangle \to (|0\rangle - i|1\rangle)/\sqrt{2} \to |0\rangle$ 的周期转化. 截取一段这种运动模式, 也就实现了相关的逻辑门.

在具体实现过程中, 我们还需要通过测量获取一些特定的参数: 可以让量子比特实现共振的交变磁场即电磁波频率, 确切地说是微波频率; 量子比特在 $|0\rangle$ 和 $|1\rangle$ 之间振荡的时间参数, 比如说 1/4 周期、半周期和周期, 之所以要分别获得这三者, 是因为在实际实验中, 三者未必严格满足倍数关系. 微波频率的数据可以通过连续波实验获得, 振荡相关的时间参数可以通过拉比振荡实验获得.

7.3.4　金刚石量子计算教学机

在连续波实验和后续的量子计算实验中, 我们都会使用到金刚石量子计算机这一仪器. 金刚石量子计算教学机是全球首台量子计算教学仪器, 是一台真实可感知的两比特量子计算机. 该机器以金刚石中 NV 色心和自旋磁共振为原理, 通过控制激光、微波、磁场等物理量, 对 NV 色心的自旋进行量子操控和读出, 从而实现量子计算功能的教学仪器 (图 7.15). 该仪器在室温大气条件下运行, 无需低温真空环境. 其丰富的硬件模块支持个性化动手搭建和调试, 多功能的软件支持自定义脉冲序列编写. 该仪器可以提供基于金刚石 NV 体系的从基础的量子力学实验到量子计算算法的一套量子计算实验.

图 7.15　国仪量子生产的金刚石量子计算教学机

仪器装置分为光路模块、微波模块、控制采集模块及电源模块, 整机由运行在电脑上的软件 (Diamond I Studio) 控制. 光学模块包括激光脉冲发生器、笼式光路、辐射结构、金刚石和光电探测器. 激光脉冲发生器产生 532 nm 的绿色激光脉冲, 用于金刚石中 NV 色心状态的初始化和读出. 笼式光路将绿色的激光聚焦到金刚石上, 金刚石中的 NV 色心在绿色激光的照射下, 会发出红色荧光. 经过滤光器, 将产生的荧光聚焦到光电探测器中. 光电探测器将光信号转化成电信号, 发送给控制采集模块. 微波模块负责通过施加微波脉冲实现量子逻辑门的操作, 其中微波源能产生特定频率的微波信号, 经过微波开关调制成脉冲形式, 然后经过微波功率放大器, 实现功率增强, 最后进入微波辐射模块, 辐射到金刚石上. 控制采集模块分为脉冲控制部分以及信号采集处理部分. 脉冲控制部分产生 TTL 信号, 输送给激光脉冲发生器、微波模块和信号采集处理部分. 一方面, 用于调制激光脉冲, 控制激光脉冲发生器的输出, 以及触发微波开关, 调制微波脉冲; 另一方面, 用于同步各个器件之间的时序. 光电探测器将收集到的红色荧光信号转化成电信号, 信号采集处理部分负责将采集到的这部分电信号转换为数字信息, 经过数据处理后展示出来. 电源模块为实验装置中所有部件提供所需要的电能, 其工作电压为 220 V、

50 Hz 的交流电, 待机电流约为 0.6 A, 工作电流不大于 0.95 A, 最大功率约为 200 W. 可提供: 28 V、6 A 直流电, +12V、3 A 直流电, ±12 V、3 A 直流电, +5V、1 A 直流电.

7.3.5 连续波实验

实验步骤如下:

打开金刚石量子计算教学机、电脑和配套软件, 连接设备后选择连续波实验.

输入微波频率起始值和结束值, 或者输入中心值和频率宽度, 确定频率扫描的范围. 一般来说, 频率范围在 2820 MHz~2920 MHz 比较合适.

输入步进次数和循环次数. 步进次数作为输出波形的点数, 一般至少为 50, 实验点数越多, 意味着相邻点之间的频率差越小, 输出波形越精细; 循环次数作为实验平均的次数, 一般取值 100~300 次, 次数越多, 输出波形越准确, 平滑程度越高. 但增加步进次数或循环次数都会导致实验时间延长.

设置好保存路径后点击开始实验, 输出波形结果参考如图 7.16 所示, 记录 NV 色心的两个特征吸收频率. 具体的实验数据可以在保存路径中保存的 xls 文件中看到.

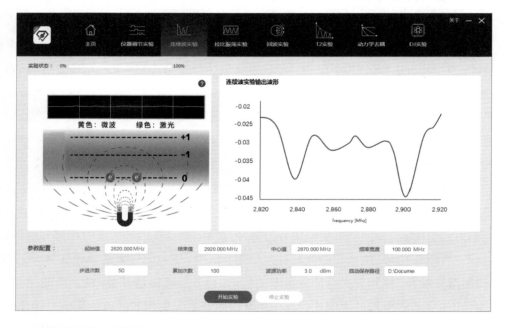

图 7.16 连续波实验参考结果

比较理想的输出波形最好只有两个明显的吸收峰, 如果输出波形中看到许多杂峰, 说明磁铁的位置不佳, 可打开光路模块的舱盖调整磁铁位置, 磁铁位于光路模块中的左下角.

可以先使用较低的步进次数和累加次数进行实验, 然后在吸收峰附近的小区间以较高的步进次数和累加次数进行二次实验获得较好的结果.

实验结束后, 关闭软件、电脑和教学机.

7.3.6 拉比振荡实验

1. 实验原理

在拉比振荡实验中, 我们希望绘制一条量子比特初始态为 $|1\rangle$ 的 $|b(t)|^2 \sim t$ 曲线, 因此我们需要对每个时刻量子比特进行测量以获得该时刻的状态, 但经过测量后的量子比特无法继续按我们希望的方式演化. 因此实际的实验过程是, 对于 $|b(t)|^2 \sim t$ 曲线上的每个点都需要进行一次实验 (实际上是若干次重复试验平均), 每个实验的演化时长递进一个很小的时间间隔. 实验原理示意如图 7.17 所示.

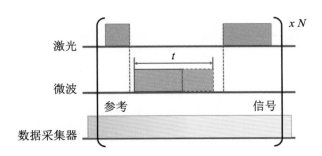

图 7.17 拉比振荡实验原理

图 7.17 中, 第一行表示激光信号, 第二行表示微波脉冲信号, 最后一行表示是否对光强进行检测, 即信号采集. 由于实验过程比较复杂, 所以需要进行脉冲编辑. 脉冲编辑的界面如图 7.18 所示.

在编辑界面中, 我们主要需要关注右侧的 "表格". "表格" 分为 8 列, 分别代表 8 个通道, 各种器件 (如激光源、微波源和信号采集源) 会通过一个通道和控制采集模块相连. "表格" 中的每一行代表一个时段, 时段的长度可以通过在该行最右侧的长度和步进两格输入时间来自行设定, 长度表示第一次实验的时间长度, 步进表示下一次实验递增的时间长度. 点击中间的空白格子可以令格子变为绿色(再次点击变为白色), 绿色的格子表明所在列通道关联的器件在所在行时段下处于工作状态. 通道对应哪个器件可以通过控制采集模块上各个通道引出的数据线来确定.

图 7.18　脉冲编辑界面

2. 实验步骤

打开金刚石量子计算教学机、电脑和配套软件, 连接设备后选择拉比振荡实验.

点击左侧的编辑脉冲后点击编辑脉冲下方的编辑图标, 进入编辑脉冲页面. 根据拉比振荡原理设置脉冲长度和步进长度, 参考编辑结果如图 7.19 所示. 保存编辑序列后软件将验证序列编写是否符合规则, 并自动跳转至实验主页.

通过波源选择下拉框, 选择 "MW1". 按照脉冲编辑的数据再次输入开始时间、步进次数和步进长度, 最长时间应当保持在 250 ns 以上, 否则可能观察不到完整的一次振荡. 将连续波实验得到的一个共振频率输入微波频率. 设置微波功率和循环次数, 微波功率越大, 振荡越快, 一般取在 0 到 -6 dBm 的范围内; 循环次数一般取 100~300 次. 选择自动保存路径, 作为实验数据保存路径.

点击开始实验按钮, 开始执行实验. 等待执行完所设定循环次数, 依次读取并记录 $\pi/2$、π 和 2π 脉冲时间, 分别对应 $|b(t)|^2$ 取值为 0.5、0 和 1. 使用另外一个共振频率, 重

复上述实验, 记录数据. 实验中如果不能找到恰好 $\pi/2$ 脉冲的时间, 可以降低步进长度重复试验, 最长时间不能小于 π 脉冲, 否则无法把光强正确地归一化成 $|b(t)|^2$.

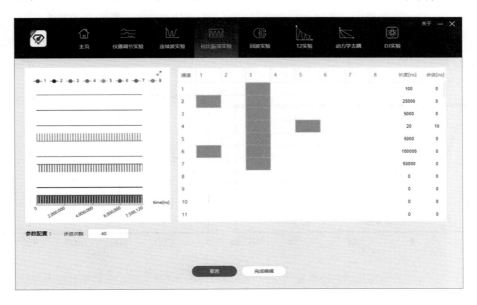

图 7.19 拉比振荡脉冲编辑参考方案

实验结束后, 关闭软件、电脑和教学机.

7.4 一个新问题: 退相干现象

在上一小节中, 我们对量子计算要素的物理实现进行了讨论, 和我们通过量子小球设计量子计算机框架相比, 只差最后的量子算法实现了. 而距离量子算法的实现, 还差一件事情没有讨论, 就是 DiVincenzo 的第三个条件: 退相干相对于量子门操作时间要足够长, 这保证在系统退相干之前能够完成整个量子计算.

讨论退相干问题的第一步是讲清楚什么是退相干. 这里有一个比较好的例子: 如果进行了上一节中的拉比振荡实验, 可以发现实验结果和理论有比较明显的差异. 如果直接跳过了实验也无妨, 下面两张图分别是拉比振荡的理论曲线 (图 7.20(a)) 和实验曲线 (图 7.20(b)).

在理论推导中, 振荡的幅度是保持不变的, 量子比特会无限次地从 $|0\rangle$ 到 $|1\rangle$, 从 $|1\rangle$

到 $|0\rangle$……而在真实的实验结果中, 量子比特的振幅越来越小, 最终量子比特的振荡会微不可察, 且收敛到 $|0\rangle$、$|1\rangle$ 的中间. 根据量子测量假设, 如果在 Z 表象下进行测量, 对于 n 个相同的量子比特 $a|0\rangle + b|1\rangle$（即 $a|z+\rangle + b|z-\rangle$）的测量平均结果是 $[(z+) + (z-)]/2$, 那么说明 $|a|^2 = |b|^2 = 1/2$. 那么看起来最后量子比特处于形如 $(|0\rangle + \mathrm{e}^{\mathrm{i}\varphi}|1\rangle))/\sqrt{2}$ 叠加态, 即量子态处于布洛赫球面的"赤道"上.

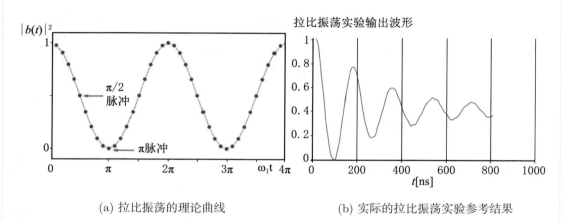

(a) 拉比振荡的理论曲线

(b) 实际的拉比振荡实验参考结果

图 7.20 拉比振荡的理论曲线和实验曲线

遗憾的是这个结论是完全错误的. 回忆一下可以发现, 在 NV 色心系统中, 我们对量子比特的读出过程并非对单个 NV 色心进行测量, 而是对数目巨大的 NV 色心全体进行测量得到一个统计结果. 这种计算体系和读取方法要求所有 NV 色心处于相同状态或至少基本处于相同状态, 否则测量结果就不是 NV 色心状态的真实反映.

在量子比特刚完成初始化时, 绝大多数 NV 色心确实处于相同状态. 但这种一致的状态是很难维持的, 系统在和环境发生相互作用时, 会有从一致的状态向多样的状态演化的趋势. 这里用一个力学中的例子来例证这个规律: 一个物体在摩擦力的作用下逐渐减速直到静止的过程中, 运动形式从微粒速度方向一致的机械运动转化成了微粒速度方向高度随机的热运动. 由于篇幅有限, 在这里不对关于这种变化趋势的本质进行详细讨论, 实际上这是熵增的体现. 同样, NV 色心系统随着时间的推移, NV 色心会逐渐失去初始化后的一致性, 在拉比振荡实验中我们观察到的最终状态, 实际上可以看作大量 NV 色心在布洛赫球面上呈均匀分布, 测量结果平均值由对称性可得, 和在布洛赫球面"赤道"上的量子态相同.

我们把 NV 色心在初始化结束时的同步一致性称为相干性, 与之对应的, 我们把 NV 色心随时间增长逐渐失去同步一致性的过程称为退相干. 退相干和量子计算有什么关系呢? 从信息的角度看, 我们无法在充分退相干后读取出量子比特所表示的信息, 由此可见退相干是一个失去信息的过程. 在量子计算中, 这意味着经过一段时间后, 量子比特将丧失计算结果的所有信息. 因此我们必须系统地在退相干之前完成整个计算流程. 这种现象并非 NV 色心体系独有, 所有量子系统都很难长时间的保持相干状态.

对于简单算法的实现而言, 退相干的影响不是很大, 但当要实现的算法足够复杂时, 相干时间就有可能不足以完成计算. 解决的方法有两类: 第一类是降低整个算法需要的时间, 包括优化算法和优化逻辑门的实现方法; 第二类是延缓量子比特退相干的趋势, 争取到足够长的相干时间. 受篇幅所限, 这里只简单介绍第二类方法中的一种: 回波.

要讲清楚回波是怎么一回事, 就要先聊一聊退相干是如何产生的. 产生退相干的原因很多, 对于不同的物理体系而言原因也不尽相同. 就 NV 色心体系而言, 原因之一就是我们不能提供理想的匀强磁场. 我们知道不论是否额外施加微波, 量子比特都会因静磁场在布洛赫球上产生绕极轴的转动, 而转动的角速度正比于磁场大小. 如果金刚石所处的空间中磁场并非匀强磁场, 那么不同 NV 色心就会以不同的角速度发生旋转, 从而逐渐产生角度差, 也就是相位差.

回波是一种用消除这种相位差的简单而有效的方法. 一般来说, 因为要发挥量子计算机的并行能力, 量子计算的第一步往往是将处于 |0⟩ 态的量子比特通过 Hadamard 门转换成叠加态, 从布洛赫球的角度来看, 也就是让处于 "极点" 的量子转移到 "赤道" 上. 而回波就是在整个计算的时间中点时刻直接对处于布洛赫球赤道上的量子比特施加一个半周期长度的脉冲, 即 π 脉冲, 或者可以理解为施加了一个非门.

我们分析一下非门会产生什么效果. 非门在布洛赫球面上的效果可以看作绕 x 轴旋转 π 弧度, 显而易见 "赤道" 上的量子比特在经过非门后还在赤道上, 而量子比特的相位 φ 变成了原值的相反数, 角速度越快的量子比特就会相位越落后. 但是反过来, 相位越落后的量子比特角速度越快, 所以在计算的后半段会逐渐追回相位差, 也很显然的是, 量子比特追回相位差的时长等于产生相位差的时长, 这就是为什么要在整个计算过程的时间中点来施加非门.

我们可以估计进行回波后系统所支持的计算长度. 前文提到过, 可以通过光强来测量比特的状态, 量子比特均处于 |0⟩ 态时光强最强, 均处于 |1⟩ 态时光强最弱, 退相干后的平衡状态光强会介于两者之间. 经过回波后末态光强 f 随计算时间 t 满足以下函数关系:

$$f = Ae^{-(t/T_2)^{\alpha}} + B$$

式中, T_2 是退相干的特征时间.

我们可以通过回波实验验证回波位置对延缓退相干效果的影响, 通过 T_2 实验测量量子计算机的退相干特征时间. 在相干时间足够的情况下, 我们就可以进行 D-J 算法实验了, 即利用量子计算机实现 $n = 1$ 的 D-J 算法.

7.4.1 回波实验

实验步骤如下:

打开金刚石量子计算教学机、电脑和配套软件, 连接设备后选择回波实验.

输入 t_1 和 t 的起始时间和结束时间 (t 的区间应包括 t_1)、数据点数和循环次数 (均可使用默认值), 根据连续波实验和拉比振荡实验的实验数据填写所需微波频率、$\pi/2$ 和 π 脉冲时间. 选择保存路径.

点击开始实验按钮, 静待实验结束, 实验参考结果如图 7.21 所示.

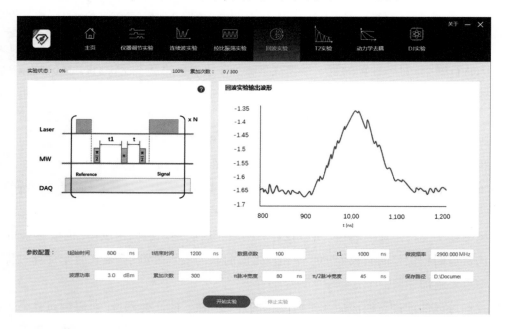

图 7.21　回波实验参考结果

比较信号极大值的时间和 t_1 的大小关系, 改变 t_1 重复试验, 最终得出结论.

实验结束后, 关闭软件、电脑和教学机.

7.4.2　T_2 实验

1. 实验步骤

打开金刚石量子计算教学机、电脑和配套软件, 连接设备后选择 T_2 实验.

输入开始时间和结束时间、数据点数和循环次数 (均可使用默认值), 建议结束时间在 30000 ns 以上, 最好可以达到 50000 ns 以上. 根据连续波实验和拉比振荡实验的实验数据填写所需微波频率、$\pi/2$ 和 π 脉冲时间. 选择实验数据保存路径.

开始实验, 静待实验结束, 实验参考结果如图 7.22 所示.

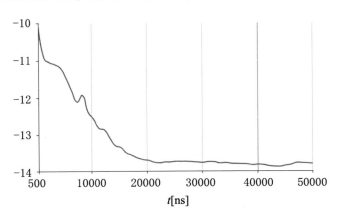

图 7.22　T_2 实验参考结果

在保存路径中可以找到实验数据文件.

实验结束后, 关闭软件、电脑和教学机.

2. 数据处理

末态光强 f 随计算时间 t 的关系满足以下函数:

$$f = Ae^{-(t/T_2)^\alpha} + B$$

一般情况下直接假定式中的 $\alpha = 1$, 此时 f-t 是一个常见的指数函数关系, 可以通过常见数据处理软件如 Origin 进行指数函数拟合即可求出 T_2.

如果我们不对 α 的值进行假定, 那么此时函数就是一个相对复杂的复合函数, 一般的数据处理软件无法直接进行拟合, 此时拟合数据就需要一定技巧. 处理方法如下:

首先截取后半段的数据计算平均值, 以参考结果为例, 取时间在 40000~50000 ns 的

数据点计算 $\overline{f} = \dfrac{1}{N} \sum\limits_{t_i=40000}^{50000} f(t_i)$, 这里 N 是这部分数据点的数目. 由于此时指数部分已经几乎衰减至 0, 所以可以近似认为 $B \approx \overline{f}$. 进而求出 $A = f(0) - B$.

接下来我们引入一个新函数 $F = (f - B)/A = \mathrm{e}^{-(t/T_2)^{\alpha}}$, 舍去含有 $F \leqslant 0$ 的数据点的区间后, 以 $\ln(-\ln F)$ 为纵坐标、$\ln t$ 为横坐标作图, 此时横坐标 x 与纵坐标 y 理论上满足:

$$y = \alpha (x - \ln T_2) \tag{7.8}$$

舍去一部分数据坏点后, 进行一次函数拟合, 利用截距和斜率就可以求出 α 和 T_2.

7.4.3　D-J 算法实验

1. 实验原理

在实验中我们只对 $n = 1$ 的情形进行验证.

在 $n = 1$ 的 D-J 算法, 即 Deutsch 算法中, 逻辑门 U_{f_4} 对于第一位量子比特的实际作用写成矩阵为

$$\mathrm{U}_f = \begin{bmatrix} (-1)^{f(0)} & 0 \\ 0 & (-1)^{f(1)} \end{bmatrix} \tag{7.9}$$

因此, 这个算法可以通过单比特完成, 只要我们找到如下四个量子门的实现即可:

$$\mathrm{U}_{f_1(x)=0} = \begin{bmatrix} 1 & 0 \\ 0 & 1 \end{bmatrix} \qquad \mathrm{U}_{f_2(x)=1} = \begin{bmatrix} -1 & 0 \\ 0 & -1 \end{bmatrix}$$
$$\mathrm{U}_{f_3(x)=x} = \begin{bmatrix} 1 & 0 \\ 0 & -1 \end{bmatrix} \qquad \mathrm{U}_{f_4(x)=1-x} = \begin{bmatrix} -1 & 0 \\ 0 & 1 \end{bmatrix} \tag{7.10}$$

其中, U_{f_1} 对应恒等门, 也就是不需要操作, U_{f_4} 实际上等于 $\mathrm{U}_{f_2}\mathrm{U}_{f_3}$, 也不需要额外寻找, 所以问题变成了如何实现 U_{f_2} 和 U_{f_3}. U_{f_2} 可以通过拉比振荡实现, $\omega = \omega_0$ 的拉比振荡在以 ω_0 为角速度的旋转坐标系下可以写成:

$$U(t) = \begin{bmatrix} \cos\dfrac{\omega_1}{2}t & -\mathrm{i}\sin\dfrac{\omega_1}{2}t \\ -\mathrm{i}\sin\dfrac{\omega_1}{2}t & \cos\dfrac{\omega_1}{2}t \end{bmatrix} \tag{7.11}$$

当 $\omega_1 t = 2\pi$ 时, $U(t)$ 就是我们需要的 U_{f_2}. U_{f_3} 也可以通过相同的方法做到, 不同的是我们需要对辅助量子比特进行拉比振荡, 由于辅助比特和量子比特共用 $|0\rangle$ 态, 所以此时只有 $|0\rangle$ 态的相位改变, 即为所求.

接下来我们在回波实验中添加 U_f 门, 如果是常函数, 那么回波结果是正常的, 在 $t = t_1$ 的位置出现极大值; 如果是平衡函数, 回波结果会恰好相反, 即在 $t = t_1$ 的位置出现极小值. 实验原理示意图如图 7.23 所示.

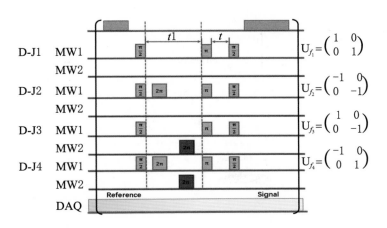

图 7.23　D-J 实验四种函数的逻辑门构造

2. 实验步骤

打开金刚石量子计算教学机、电脑和配套软件, 连接设备后选择 D-J 算法实验.

从实验序列下拉框, 选择实验序列, 有 D-J1 到 D-J4 四个序列可选, 依次对应 $f(x) = 0$、$f(x) = 1$、$f(x) = x$ 和 $f(x) = 1 - x$ 四种函数操作; 先选择 D-J1, 当然也可以选择 D-J2~D-J4 中的一个.

类似回波实验, 输入开始时间、结束时间、回波时间和步进次数, 回波时间应介于开始和结束时间之间. 输入两种微波的频率和对应的 $\pi/2$、π 和 2π 脉冲时间. 输入循环次数, 建议值为 100~300, 并选择保存路径.

点击开始实验按钮, 静待实验结束. 通过图像上的回波方向, 能够直观判断 $f(x)$ 是常函数还是平衡函数.

选择另外三个函数（D-J2、D-J3、D-J4）, 重复实验. 对比结果 (图 7.24), 可以通过回波实验结果判断函数类型, 证明 D-J 算法可行.

实验结束后, 关闭软件、电脑和教学机.

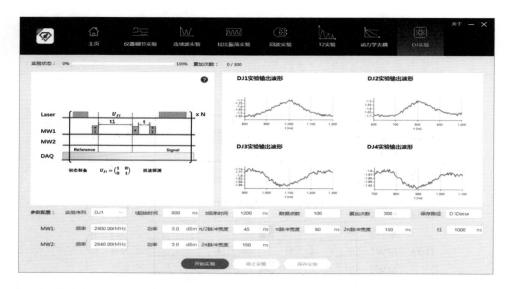

图 7.24　D-J 实验参考实验结果

7.5　一些更复杂也更具实际意义的量子算法

D-J 算法解决的问题是一个专门设计出来用以表现量子计算优越性的问题, 这样做的好处是在这个问题中量子算法和经典算法的效率差异十分明显, 而这样做的坏处则是这个问题几乎没有任何实用价值.

那么是否具有实用价值, 同时算法效率也远超经典算法的量子算法呢? 当然是有的. 在这个小节中, 将作为拓展阅读材料介绍两个十分经典的量子算法: 用于大数质因数分解的 Shor 算法和量子搜索算法 (Grover 算法). 这部分内容会尽可能地用简单的方式表达, 但是并不能保证这部分内容可以完全被理解.

7.5.1　Shor 算法

Shor 算法是一种用来对大数进行质因数分解的量子算法. 质因数分解是一个小学学习的数学问题: 已知一个正整数 N, 把这个正整数写成若干个质数乘积的形式, 比如

说对于 $N = 105$, 就可以写成 $3 \times 5 \times 7$.

对于一般人而言, 可以口算 $2 \sim 3$ 位数的质因数分解, 对于一般的 4 位数基本上就要求助于笔纸, 对于 $5 \sim 6$ 位的数字可能需要算上一天或者求助计算机. 一般的质因数分解计算网站可以在几秒钟内完成 70 位十进制数的质因数分解, 但当被分解的十进制数在 600 位左右时, 目前所有电子计算机都无法保证在千年之内可以完成质因数分解.

为什么质因数分解如此困难? 这是因为本质上来说对于一个任意的整数而言, 质因数分解的实质就是不断地用质因子去试. 对于一个 n 位二进制数而言, 目前最好的质因数分解算法是普通数域筛选法, 计算量大致在 $n^{2/3}\,e^{\sqrt[3]{64N/9}}$ 量级. 这是一个指数型的增长速度.

大数难以被质因数分解的这一特点被用到了加密算法 RSA 中. RSA 算法的大致原理如下: 我们先要找到一个数 $N = P \times Q$, P、Q 是两个质数; 然后计算一个关于 N 的欧拉函数 $\varphi(N) = (P-1)(Q-1)$, 这个函数的意义是比 N 小且和 N 互质的正整数个数. 然后在 1 和 $\varphi(N)$ 之间选择一个和 $\varphi(N)$ 互质的整数 E 作为公钥. 公钥是一串不作保密的通常用来加密的关键参数. 与之对应的, 需要保密的用于解密的一串关键参数称为私钥, RSA 中私钥 D 和公钥 E 满足 $ED \equiv 1\,(\mathrm{mod}\,\varphi(N))$.

这里稍微解释一下 $a \equiv b\,(\mathrm{mod}\,x)$ 是什么意思, 因为我们在后面会反复用到这部分数学概念. "mod x" 读作 "模 x", 称之为模运算, $a\ \mathrm{mod}\ x$ 表示用 x 去除以 a 所得到的余数. 而 $a \equiv b\,(\mathrm{mod}\,x)$ 则实际上等价于 $a\ \mathrm{mod}\ x = b\ \mathrm{mod}\ x$, 即用 x 去除以 a 和 b, 两者的余数是相等的, 即 a 和 b 同余. 生活中实际上会有很多模运算, 比如说钟表上的时间就是可以看作 "时间 $\mathrm{mod}\,12$", 星期几可以看作 "日期 $\mathrm{mod}\,7$", 我国的干支纪年法中的干支也可以看作 "年 $\mathrm{mod}\,60$", 在第 6.2.3 小节中提到的异或逻辑门 "$\oplus$", 也可以看作模 2 的加法: $x \oplus y = (x + y)\ \mathrm{mod}\ 2$, 这也解释了为什么加法器中会频繁地使用异或门.

那么如何利用公钥和私钥加密或解密呢? 如果我们用字母 M 表示待加密的信息, 用字母 C 表示加密后的信息, 那么两者的关系为

$$C = M^E \bmod N \tag{7.12}$$
$$M = C^D \bmod N \tag{7.13}$$

即加密后的信息 C 是 M^E 除以 N 的余数, 被加密的信息 M 是 C^D 除以 N 的余数. 需要补充的一点是, M 应当小于 N, 对于比较长的信息, 可以分段进行加密. 举一个例子, 我们如果令 $P = 3$, $Q = 5$, 那么 $N = 15$, $\varphi(N) = 2 \times 4 = 8$, 我们不妨取 $E = 3$, 那么 D 可以取 3, 因为 $3 \times 3 \div 8$ 余 1. 如果我们希望加密的数字 $M = 7$, 那么 $M^E = 7^3 = 343$, 用 343 除以 15 余 13, 所以加密后的密文 $C = 13$. 接下来我们尝试解

密, $C^D = 13^3 = 2197$, 2197 除以 15 余 7, 正是我们一开始加密的数字.

在这个算法中, 不保密的信息包括 N 和公钥 E, 而保密的信息为私钥 D, 实际上 $\varphi(N)$ 也是保密的信息, 因为如果 $\varphi(N)$ 发生泄露的话, 根据 E 是很容易推出 D 的. 而从理论上说, 从 N 推出 $\varphi(N)$ 是完全可行的: 只要把 N 进行质因数分解得到质数 P 和 Q, $\varphi(N)$ 就唾手可得了.

但如前文所提到的那样, 对于很大的比如说几百位的十进制数进行质因数分解从耗时角度而言可以认为是不可能的. 或者这样说更为实际一点: 加密方总可以利用不太多的计算资源, 以一个破解方利用手中计算资源不足以破解加密的时间长度为周期更新密码, 使得破解方永远无法完成对现有密码的破解.

Shor 算法是一种有很高的概率找到正整数 N 的一个质因子的算法, 找到一个质因子对于质因数分解问题具有很大帮助, 特别是对于 RSA 算法中的数 N 来说, 由于 N 一定刚好是两个质数的乘积, 所以找到一个质因子就等于破解了 RSA 加密. 对一个 n 位二进制数而言, Shor 算法可以在一个至少有 $2n$ 位量子比特的量子计算机上以 n^3 量级的时间完成运行, 这种加速水平简直可以用奇迹来形容. 如果量子计算机硬件发展到了可以满足 Shor 算法运行需求的程度, 那么可以说目前这个世界上绝大多数的 RSA 加密算法都形同虚设.

如果我们使用 Shor 算法对两个质数的乘积 N 进行质因数分解大致分为几个步骤:

(1) 选取一个数 $a < N$.

(2) 计算 $\gcd(a, N)$, $\gcd(a, N)$ 表示 a 和 N 的最大公因数, 这一步可以通过辗转相除法实现. 有关辗转相除法可以自行上网搜索.

(3) 如果 $\gcd(a, N)$ 不为 1, 那么我们已经找到了 N 的一个质因子, 此时通过除法就可以得到另一个质因子, 问题解决.

(4) 如果 $\gcd(a, N)$ 为 1, 那么计算令 $a^r \equiv 1 \pmod{N}$ 的最小整数 r. r 在数学中称为 x 模 N 的阶. 这一步称为求阶, 是整个算法中计算量的核心, 具体的实现方法我们放到后面讲.

(5) $a^r \equiv 1 \pmod{N}$ 意味着 $a^r - 1$ 可以被 N 整除, 如果 r 是一个偶数, 那么根据平方差公式, $a^r - 1$ 就可以分解为 $a^{r/2} + 1$ 和 $a^{r/2} - 1$. 也就是说 N 的质因子就在 $a^{r/2} + 1$ 和 $a^{r/2} - 1$ 中. 数学中有这样一个结论: 如果 $a^{r/2} + 1$ 不是 N 的倍数, 那么 $\gcd(a^{r/2} + 1, N)$ 与 $\gcd(a^{r/2} - 1, N)$ 中至少有一个是 N 的因子, 且不为 N 或 1. 如果恰好 $a^{r/2} + 1$ 是 N 的倍数或者 r 是一个奇数, 算法失败.

关于算法成功不确定性的问题, 我们放在后面再说. 我们先解决求阶的算法. 经典方法中求阶首先可以计算 $r = 1, 2, 3 \cdots$ 时的 $a^r \pmod{N}$, 最后找到令 $a^r \equiv 1 \pmod{N}$ 的

r, 但是这样计算产生的计算量不会小于甚至大概率会超过使用经典算法质因数分解, 数学上也有一些技巧来求阶, 但是这些方法往往需要借助 $\varphi(N)$, 而求 $\varphi(N)$ 正是我们的最终目标. Shor 算法中采用了一种很快的方式求阶: 如果我们要求 x 模 N 的阶, 可以先制备一个逻辑门 U, 该逻辑门会把量子态 $|y\rangle$ 变成量子态 $|xy \,(\mathrm{mod}\, N)\rangle$, 如果我们对逻辑门 U 的一个本征态 $|u_s\rangle$ 作用 U 门 r 次, 有

$$U^r |u_s\rangle = |x^r u_s \,(\mathrm{mod}\, N)\rangle \tag{7.14}$$

上文中的 x、y、u_s 都表示一个整数, 量子态 $|y\rangle$ 实际上表示的比特状态等于 y 的二进制表示的量子态. 举一个例子, 如果我们使用了 5 位量子比特, 那么 $|5\rangle$ 就表示 $|00101\rangle$ 或者 $|0\rangle |0\rangle |1\rangle |0\rangle |1\rangle$. 根据同余的性质, 显然有 $ab\,(\mathrm{mod}\, N) = [a\,(\mathrm{mod}\, N)] \times [b\,(\mathrm{mod}\, N)]$, 也就是说 $x^r u_s \,(\mathrm{mod}\, N) = u_s \,(\mathrm{mod}\, N) = u_s$. 这说明通过 r 个 U 门后 u_s 变成了自己, 连整体相位的区别也没有.

我们现在考虑一下 u_s 的本征值, 由于一个量子比特通过量子逻辑门后还是一个量子比特, 所以逻辑门的本征值一定是一个模为 1 的数, 我们不妨把这个数写作 $\mathrm{e}^{2\pi\mathrm{i}\varphi}$, 那么通过 r 个 U 门后 u_s 的状态可以改写作

$$U^r |u_s\rangle = \mathrm{e}^{2\pi\mathrm{i}\varphi r} |u_s\rangle = |u_s\rangle \tag{7.15}$$

这意味着 φr 是一个整数. 实际上, u_s 的下标 s 的含义就是 $\varphi = s/r$. 在量子计算中有这样一种算法或者说技巧叫作相位估计, 可以很快得到一个精度不错的 φ 的估计值, 通过这个值可以得到 s/r, 如果 s 和 r 是互质的, 那么也就得到了 r.

需要指出的一点是, 实际上相位估计算法以及整个 shor 算法也可以在经典计算机上运行. 但是在相位估计中的一个关键数学步骤 (离散傅里叶变换) 上, 量子算法和量子计算机的效率要远高于经典算法和经典计算机. 对 n 位二进制数进行质因数分解在这一步骤需要处理 2^n 个数据, 量子算法在 n^2 量级的时间内处理完毕, 而经典算法需要 $n2^n$ 量级的时间. 更一般地说, 如果不考虑耗时问题, 其实量子计算机和经典计算机的能力是完全一样的, 而发展量子计算的目的就是在可以接受的时长内解决那些经典计算机可以解决但是耗时无法接受的问题.

最后谈一下关于不确定性的问题, 这个算法中其实充斥着不确定性: 求阶算法中 s 和 r 不互质、r 是奇数、$a^{r/2}+1$ 是 N 的倍数以及求阶算法的精度问题, 都会导致算法失败. 这是随机性算法面临的必然问题, 但相应的, 一个成功的随机性算法在效率上的收益足以弥补算法失败的风险. 对于 Shor 算法而言, 其至少有 $1/8$ 的概率成功, 如果我们运行 100 次, 那么全部失败的概率不足百万分之二, 而此时 Shor 算法仍然是一个时长在

n^3 量级的算法.

7.5.2 量子搜索算法

量子搜索算法又称为 Grover 算法. 这个算法用于解决无结构数据集中的搜索问题. 搜索是一类很常见的问题, 比如说从衣柜里面找一件自己需要的衣服, 从书中找到自己想看内容的一页, 在一个名单上找到自己名字的位置……实际上现在计算机已经帮我们解决了很多问题, 我们未必再需要从地图上找到一个特定地点, 未必再需要从商店找到一件特定的商品, 也很可能不需要在图书馆或者书店里寻找一本特定的图书, 在各种软件的搜索框中输入自己想搜索的内容, 软件会自动帮你找到你想要的.

这是因为计算机代替我们完成了搜索工作, 这也恰恰说明, 搜索是一件计算机高频执行的操作, 因此一个好的搜索算法是非常重要的. 一般来说, 搜索问题中被搜索对象的集合(数据集)是有一些结构, 即是规则的. 这些规则会为搜索提供方便, 或者说使得非常高效的搜索方式成为可能. 举一个例子, 如果你从一个名单上找到名字"张三", 如果名单是以姓氏拼音首字母排序的, 那么可以直接从 Z 开始看, 而不需要从头开始慢慢找.

但对于被搜索对象的排列是完全随机的, 即被搜索的数据集是一个无结构数据集, 那么搜索就没有什么好办法可言了. 我们只能从第一个对象开始逐个判断, 直到找到目标对象为止. 如果数据集中数据的数量为 N, 那么平均来说需要 $N/2$ 次才能找到目标, 且通过 $N/2$ 次搜索, 找到目标的概率为 $1/2$. 而且没有任何经典算法可以达到更高的效率.

而 Grover 算法只需要 $\sqrt{N}$ 次搜索, 就可以近乎必然地找到目标. 这个加速并不如 Shor 算法那么惊世骇俗, 但也是显著而超越经典算法极限的. 而 Grover 算法的更大优点在于, 不同于 Shor 算法似乎"只是解决了一个很特殊的问题只是问题恰巧很重要", 搜索问题本身就是一个很普遍的问题, 比如说质因数分解从某种角度上也是一个在 1 到 N 之间找到一个特定整数的问题.

要执行搜索工作, 我们需要有一个能够判别目标机制, 在量子算法中实现这一目标的是一个被称为 Oracle(英文意为先知、神谕)的量子逻辑门 O, 这个量子逻辑门可以对目标对象和非目标对象做出不同的响应. 类似 D-J 算法中的逻辑门 U_f, 我们希望 Oracle 可以实现这样的操作: $O|x\rangle = (-1)^{f(x)}|x\rangle$, 这里 $f(x)$ 是一个检测当前对象 $|x\rangle$ 是否为搜索目标的函数, 如果 $|x\rangle$ 是搜索的目标, 那么 $f(x) = 1$, 否则 $f(x) = 0$.

本书中不对如何实现 Oracle 加以解释, 具体的实现方法可以自行拓展学习, 不同的问题中 Oracle 也可能不尽相同. 不过这里需要说明的是, Oracle 能够分辨当前对象是否是搜索目标并不意味着 Oracle 掌握了搜索目标是谁, 知道搜索目标和能够识别搜索目标是有区别的, 我们完全可以在不知道搜索目标具体是谁的情况下制造出 Oracle 来. 举一个简单的例子, 对于一个在 1 和 N 之间的数 x, 我们根据 N 是否能被 x 整除就可以判断出 x 是否是 N 的因数, 利用这个性质我们就可以设计出一个判别数 x 是否为 N 的因数的 Oracle, 但这并不意味着我们知道 N 有哪些因数.

Grover 的量子电路图如图 7.25 所示.

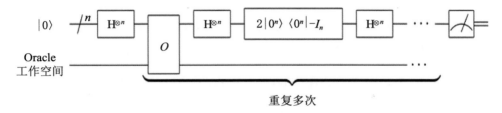

图 7.25　Grover 算法量子电路图

图 7.25 中的下半部分我们不用关心, 这部分称为 Oracle 的工作空间, 这些量子比特作用是实现 Oracle 功能, 与 Grover 算法主体无关.

算法的第一部分还是将各个比特通过 Hadamard 门, 获得一个均匀叠加的量子态, 按照布洛赫球面的习惯, 我们把这个"均匀叠加态"写作 $|x+\rangle^{\otimes n}$. $|x+\rangle^{\otimes n}$ 需要若干次经过涉及 Oracle 和其他一系列量子门的循环, 最终检查 n 个量子比特的状态就可以得到结果. 至于循环的次数, 我们这里先卖个关子.

为了描述 Oracle 对 $|x+\rangle^{\otimes n}$ 的作用, 我们定义两个态:

$$|\alpha\rangle = \frac{1}{\sqrt{N-M}} \sum_{|x\rangle \notin A} |x\rangle \tag{7.16}$$

$$|\beta\rangle = \frac{1}{\sqrt{M}} \sum_{|x\rangle \in A} |x\rangle \tag{7.17}$$

这里集合 A 是这样定义的: $A = \{|x\rangle \,|\, f(x) = 1\}$, 此外 N 是量子态的总数, 而 M 是搜索目标的总数, 即 A 集合中的元素数. 上面两个态的意义很简单, $|\beta\rangle$ 是目标量子态的均匀叠加态, $|\alpha\rangle$ 是非目标量子态的均匀叠加态. $|x+\rangle^{\otimes n}$ 可以用 $|\beta\rangle$ 和 $|\alpha\rangle$ 表示出来, 这并不难:

$$|x+\rangle^{\otimes n} = \sqrt{\frac{N-M}{N}} |\alpha\rangle + \sqrt{\frac{M}{N}} |\beta\rangle \tag{7.18}$$

因此, Oracle 会把 $|x+\rangle^{\otimes n}$ 变为

$$\sqrt{(N-M)/N}\,|\alpha\rangle - \sqrt{M/N}\,|\beta\rangle$$

我们接下来看后面的部分, 这三个量子逻辑门连在一起对于初学者而言似乎不算很直观, 不过既然量子逻辑门也可以用矩阵表示, 我们不妨从矩阵的角度加以分析. 根据矩阵的基本性质, 有

$$\mathrm{H}^{\otimes n}\left(2\,|00\cdots\rangle\langle00\cdots| - I\right)\mathrm{H}^{\otimes n} = 2\mathrm{H}^{\otimes n}\,|00\cdots\rangle\langle00\cdots|\,\mathrm{H}^{\otimes n} - \mathrm{H}^{\otimes n}I\mathrm{H}^{\otimes n} \tag{7.19}$$

对于后面一项, Hadamard 门 H 自乘后为恒等门 I, 所以后一项最终可以化简为 I; 而前一项我们可以运用结合律加以化简:

$$\mathrm{H}^{\otimes n}\,|00\cdots\rangle\langle00\cdots|\,\mathrm{H}^{\otimes n} = \left(\mathrm{H}^{\otimes n}\,|00\cdots\rangle\right)\left(\langle00\cdots|\,\mathrm{H}^{\otimes n}\right) = |x+\rangle^{\otimes n}\langle x+|^{\otimes n} \tag{7.20}$$

所以最终这个量子逻辑门被化简成了 $\left(2|x+\rangle^{\otimes n}\langle x+|^{\otimes n} - I\right)$, 因此量子比特被转化成了:

$$\left(2|x+\rangle^{\otimes n}\langle x+|^{\otimes n} - I\right)\left(\sqrt{\frac{N-M}{N}}\,|\alpha\rangle - \sqrt{\frac{M}{N}}\,|\beta\rangle\right)$$

$$= 2|x+\rangle^{\otimes n}\langle x+|^{\otimes n}\left(\sqrt{\frac{N-M}{N}}\,|\alpha\rangle - \sqrt{\frac{M}{N}}\,|\beta\rangle\right) - \left(\sqrt{\frac{N-M}{N}}\,|\alpha\rangle - \sqrt{\frac{M}{N}}\,|\beta\rangle\right)$$

$$= 2\left(\sqrt{\frac{N-M}{N}}\,|\alpha\rangle + \sqrt{\frac{M}{N}}\,|\beta\rangle\right)\left(\sqrt{\frac{N-M}{N}}\,\langle\alpha| + \sqrt{\frac{M}{N}}\,\langle\beta|\right)$$

$$\left(\sqrt{\frac{N-M}{N}}\,|\alpha\rangle - \sqrt{\frac{M}{N}}\,|\beta\rangle\right) - \left(\sqrt{\frac{N-M}{N}}\,|\alpha\rangle - \sqrt{\frac{M}{N}}\,|\beta\rangle\right)$$

$$= 2\left(\frac{N-M}{N} - \frac{M}{N}\right)\left(\sqrt{\frac{N-M}{N}}\,|\alpha\rangle + \sqrt{\frac{M}{N}}\,|\beta\rangle\right) - \left(\sqrt{\frac{N-M}{N}}\,|\alpha\rangle - \sqrt{\frac{M}{N}}\,|\beta\rangle\right)$$

$$= \frac{N-4M}{N}\sqrt{\frac{N-M}{N}}\,|\alpha\rangle + \frac{3N-4M}{N}\sqrt{\frac{M}{N}}\,|\beta\rangle \tag{7.21}$$

虽然这个结果似乎很乱, 但是我们至少可以看出, 量子比特中 $|\alpha\rangle$ 的比例在下降而 $|\beta\rangle$ 的比例在提高. 这说明我们更接近搜索目标了. 如果想搞清楚需要多少次循环才能够到达搜索目标, 我们需要用一点数学技巧让这个过程更直观: 如果我们令 $\sqrt{(N-M)/N} = \cos\varphi$, $\sqrt{M/N} = \sin\varphi$, 且把量子比特的状态也写作 $\cos\theta\,|\alpha\rangle + \sin\theta\,|\beta\rangle$ 的形式, 我们可以看到:

$$O\left(\cos\theta\,|\alpha\rangle + \sin\theta\,|\beta\rangle\right) = \cos\theta\,|\alpha\rangle - \sin\theta\,|\beta\rangle$$
$$= \cos(-\theta)\,|\alpha\rangle + \sin(-\theta)\,|\beta\rangle \tag{7.22}$$

量子信息基础与实验
Fundamentals and Experiments of Quantum Information

这说明 Oracle 的作用是令 θ 变为 $-\theta$,而后面的 $\left(2|x+\rangle^{\otimes n}\langle x+|^{\otimes n}-I\right)$ 作用是:

$$\left(2|x+\rangle^{\otimes n}\langle x+|^{\otimes n}-I\right)(\cos\theta\,|\alpha\rangle+\sin\theta\,|\beta\rangle)$$
$$=2\left(\cos\varphi\,|\alpha\rangle+\sin\varphi\,|\beta\rangle\right)\left(\cos\varphi\,\langle\alpha|+\sin\varphi\,\langle\beta|\right)\left(\cos\theta\,|\alpha\rangle+\sin\theta\,|\beta\rangle\right)$$
$$-(\cos\theta\,|\alpha\rangle+\sin\theta\,|\beta\rangle)$$
$$=(2\cos\varphi\cos(\varphi-\theta)-\cos\theta)\,|\alpha\rangle+(2\sin\varphi\cos(\varphi-\theta)-\sin\theta)\,|\beta\rangle$$
$$=\cos(2\varphi-\theta)\,|\alpha\rangle+\sin(2\varphi-\theta)\,|\beta\rangle \tag{7.23}$$

最后的数学处理会用到一点积化和差的技巧. 这说明 $\left(2|x+\rangle^{\otimes n}\langle x+|^{\otimes n}-I\right)$ 作用是将 θ 变为 $2\varphi-\theta$,那么两者结合起来后,总的效果是将 θ 变成了 $2\varphi+\theta$.

注意到,初态 $|x+\rangle^{\otimes n}$ 的 $\theta_0=\varphi$,所以经过 n 次循环后 $\theta_n=(2n+1)\varphi$. 到这里,我们就可以解答循环次数的问题了:我们的理想目标是将量子比特变成 $|\beta\rangle$,此时我们测量后量子比特一定会坍缩到一个搜索目标对应的量子态上,而 $|\beta\rangle$ 对应的 θ 值是 $\pi/2$,所以我们需要循环的次数 $n=(\pi/2\varphi-1)/2$. 我们定义中 $\sin\varphi=\sqrt{M/N}$,对于一个复杂的搜索问题而言,M/N 一定是一个很小的数,所以 $\sqrt{M/N}$、$\sin\varphi$、φ 都会很小,此时有近似 $\varphi\approx\sin\varphi=\sqrt{M/N}$. 因此次数 $n=\sqrt{N/M}\,\pi/4-1/2$. 当 $M=1$ 时,$n=\sqrt{N}\pi/4-1/2$,耗时在 $\sqrt{N}$ 量级.

实际情况中,$(\pi/2\varphi-1)/2$ 很可能不是一个整数,但循环的次数只能是一个整数. 这其实不会带来什么问题:如果我们取最接近 $(\pi/2\varphi-1)/2$ 的整数作为 n,那么量子比特的 θ_n 和 $\pi/2$ 的差异实际上不会大于 $\varphi/2$,此时对量子比特进行测量只有极小的概率测量到包含于 $|\alpha\rangle$ 的非目标叠加态,这个概率本身也是可以估计的:

$$p_\alpha=\sin^2\left(\frac{\pi}{2}-\theta\right)\leqslant\sin^2\frac{\varphi}{2}\approx\frac{\varphi^2}{4}=\frac{M}{4N} \tag{7.24}$$

这个概率可能比计算机发生故障的概率更小.

第 8 章

量子精密测量

8.1 测量

　　和量子计算一样, 在讲量子精密测量之前, 我们要先讲一讲测量. 什么是测量呢? 这个问题如果完全说清楚可能不太容易. 简单来说, 测量是对非量化实物的量化过程, 即按照某种方法对物体或是事件的某个性质进行观察, 并用数据来描述观察到的现象. 数据通常使用数字加上单位来表示, 例如一段距离可以用 1000 m 或 1 km 来表示. 测量的目的是使对不同物体或事件的相同性质加以比较. 这是大部分自然科学、技术、经济学乃至一切定量研究的基础. 有关测量的科学被称为计量学.

　　和测量如影随形的一个概念叫作误差. 误差是指测量结果与真值之间的差异. 误差并不是 "错误", 是事物固有的不确定性因素在测量中的体现. 什么是真值呢? 在经典层面上说, 真值就是测量量在特定条件下的客观实际值, 也可以看作是所有测量的不完善性被完全排除时的理想测量结果. 但对量子层面而言, 我们其实无法假定被测对象存在

"客观实际值". 那么什么是量子层面的真值呢?

首先, 在一些情况下量子系统会存在一个确定的状态, 比如说量子小球处于 $|z+\rangle$ 时在 Z 表象下测量结果就应该是确定的 $z+$. 另一种适用性更好的办法是沿用真值的另一种定义: 在无系统误差的情况下, 观测次数无限多时所求得的平均值. 在测量量 A 表象下, 对于一个量子态 $\sum_i c_i |\alpha_i\rangle$ 而言, 基于量子测量假设, 这个值应该为 $\sum_i |c_i|^2 a_i$.

按照定义计算得到的值称为绝对误差. 绝对误差非常客观和明确. 但是实际使用起来并不方便, 因为在不同的测量中, 相等的绝对误差的意义截然不同: 对于天文观测而言, 1 m 的绝对误差几乎就是没有误差的, 而对于精密机械加工而言, 1 m 的绝对误差意味着整个工作会毫无意义. 更加常用的是相对误差的概念, 相对误差定义为绝对误差和真值之比, 在大多数情形下, 类似于偏离 1% 的说法要实用很多, 而且更具普适性.

误差可以根据误差来源分成两部分: 系统误差和随机误差. 系统误差我们在上文已经提到过了, 大量测量平均值和真值的差异称为系统误差. 系统误差是各次测量误差中相同的部分, 这也正是系统误差最大的特点. 系统误差往往是影响测量结果准确程度的重要因素, 因为系统误差在重复测量中是无法消除的. 消除系统误差的方式可以通过改良实验方法或者确定其大小后再在测量值中扣除. 发现并消除系统误差并没有普适的方法, 因此消除系统误差的能力往往要靠实验经验的积累, 同时也是测量者实验水平高低的反映.

另一种误差是随机误差. 随机误差也称偶然误差, 是由我们无法控制的因素造成的, 如人眼的分辨能力、仪器的极限精度和气象因素等. 在测量学上, 也把由于观测者的不规范操作和操作失误造成的误差当作测量误差. 随机误差是不可避免的, 但重复观测取平均一般可以减少偶然误差的影响. 大量的随机误差会呈现一定的统计规律, 有关统计学这里不做非必要的展开讨论.

与误差对应的另一个概念是精度, 精度是表示观测值与真值的接近程度. 精度可以分为准确度、精密度和正确度. 精密度是指在规定条件下, 独立测试结果间的一致程度, 可以认为是随机误差大小的表示; 正确度是指由大量测试结果得到的平均数与接受参照值间的一致程度, 可以认为是系统误差大小的表示; 准确度则是精确度和正确度的综合, 可以认为是整体误差大小的表示.

通过改良测量方法, 我们可以尽可能消除系统误差并降低随机误差来降低整体误差. 我们可以暂且不考虑系统误差, 因为没有什么理由表明找到"完美的测量方法", 至少找到"无限趋近于完美的测量方法"是无法实现的. 而对于随机误差而言, 我们能够无限度地降低随机误差吗? 从经典的角度来说, 也没有什么问题. 但是量子力学中海森伯提出的不确定性原理否定了这一美好设想. 我们都知道方差用来衡量随机误差的大小, 对于两个观测量 A、B 而言, 不确定性原理同时测量 A、B 的方差乘积满足：

$$s_A s_B = \left|A - \overline{A}\right|^2 \left|B - \overline{B}\right|^2 \geqslant \frac{1}{4}\left|\overline{[A, B]}\right|^2 \tag{8.1}$$

我们暂时不需要把这个重要的不等式理解透彻, 只需要从中得到我们需要的结论就够了. 公式中的 $[A, B]$ 表示观测量 A 和 B 的对易. 关于对易, 我们现在只需要知道这一点足矣：观测量 A 和 B 的对易只有在其各自对应的矩阵表示满足乘法交换率时才会为 0. 那么两个物理量对易为 0 很常见吗? 老实说有一些, 但是也并非到处都是、随处可见. 这意味着我们往往不可能对两个物理量同时进行无限精确的测量. 这个原理无关具体的测量技术好坏, 而是基于量子力学基本假设的推论.

那么如果退而求其次呢? 我们能不能舍弃 A 从而对 B 实现无限精确的测量呢? 很不幸也是不可能的：A 的方差无穷小就要求 B 的方差无穷大, 而让一个物理量的波动程度无穷大可以看作是无法实现的. 因此对单一物理量的单次测量也无法任意提高精度. 不过总的来说, 我们现在的技术相比不确定性原理为我们规定的测量极限来说还很远.

相比之下, 另一件事情更值得关注：重复测量对随机误差的改善. 我们不妨把同时进行 N 次测量作为重复测量的方式, 那么基于不确定性原理的观点, 观测量 A 的随机误差将会反比于另一个物理量 B 的标准差, 即方差的平方根. 在经典测量中, 每个测量都是独立的, 所以对于 N 次测量而言, 方差为单次测量的 N 倍, 这也意味着 N 次测量的精度不会超过单次测量的 $1/\sqrt{N}$.

这一性质被称为标准量子极限 (standard quantum limit), 它已经被证实是通过经典的重复测量方法不可突破的极限. 之所以名字中具有量子, 是因为这一经典测量的极限是从量子力学得到的. 如果想突破这一极限, 就需要通过 "量子的" 方式进行测量, 这样的测量无疑是更加精密的, 所以这个领域被称为量子精密测量.

8.2 量子精密测量

量子精密测量用来描述下列几种情况, 一般来说, 只要满足其中一个方面就可以认为是量子精密测量.

第一个方面是运用一个具有量子性质的系统去实现对物理量的测量. 这个量子系统必须具有明确的分立的量子能级, 而在测量过程中也需要运用到这个性质. 一个典型的运用便是原子钟:钟或者说时间测量的实质是找到一个周期性运动的系统然后通过计数来测量时间,比如说有一个频率为 1 Hz 的摆,那么刚好摆动了 1 个周期就意味着时长为 1 s.原子钟的原理是利用原子中固定的两个能量不同的能级,电子在两个能级中间跃迁的时候会释放频率非常固定(频率与能量成正比)的波,从而完成对于时间的标定.

第二个方面是运用量子系统中的量子相干性去测量一个物理量.量子相干性是指在微观世界中量子态之间有相互关联,并不相互独立.

第三个方面是运用量子纠缠去极大改善测量精度,以至于突破经典系统所能达到的测量极限,即突破"经典极限".此处的纠缠指的是量子纠缠态.纠缠为什么能够突破经典极限呢?我们可以通过一个简单的例子来说明问题.

按照上文的理论,如果我们测量量子小球的一个物理量 A,其精度取决于另一个物理量 B 的标准差 $\sigma_B = \sqrt{S_B}$,如果 B 只有两个态 $|x\rangle$ 和 $|y\rangle$ 分别对应测量值 B_x 和 B_y,一个量子小球中 B 的测量标准差最大值为 $|B_x - B_y|/\sqrt{2}$,对于 N 个独立量子小球而言,它们对 B 的测量标准差最大值为 $\sqrt{N}|B_x - B_y|/\sqrt{2}$,这既是二项分布的推论,也是我们刚才提到的标准量子极限.而在量子世界中,N 个量子小球未必是独立的,小球之间可以存在量子纠缠!如果 N 个小球系统的量子态 $|B_1 B_2 \cdots B_i \cdots B_N\rangle = (|xx \cdots x \cdots x\rangle + |yy \cdots y \cdots y\rangle)/\sqrt{2}$,也就是说如果对 B 进行测量,测量结果要么全部是 B_x,要么全部是 B_y,此时 B 的测量标准差最大值为 $N|B_x - B_y|/\sqrt{2}$!也就是说,这也意味着 N 次测量的精度可以达到单次测量的 $1/N$.这大大超过经典量子极限,同时这也是量子精密测量的理论极限,被称为海森伯极限.

这三种情况中,前两种定义相当广泛,涵盖了许多物理系统,而第三个定义更严格,是一个真正的量子定义.但实际上,目前来说根据前两种定义的量子传感器通常更接近应用,也是接下来我们讨论的重点.

8.3 量子传感器

用于量子精密测量的器件被称为量子传感器,类似于量子计算机的 DiVincenzo 条件,量子精密测量也有类似的一组 DiVincenzo 条件:

(1) 量子系统具有离散的、可分辨的能级.

(2) 量子系统必须能初始化到已知量子态以及量子态读出.

(3) 量子系统可以被相干操纵,通常是通过与时间有关的场.并非所有协议书都严格要求这一条件, 例如连续波光谱学或弛豫速率测量.

(4) 量子系统与相关物理量 V 会具有相互作用并导致量子系统的能级移动或能级之间的跃迁. 这种相互作用通过耦合或转导参数来量化, 从而能够将跃迁能量 E 的变化与外部参数 V 的变化联系起来. 不同于类似量子计算的前三条, 这一条是量子精密测量独有的.

接下来介绍几种量子传感器的物理体系.

(1) 中性原子磁传感器. 碱金属原子完全满足量子传感器的定义. 它们的基态自旋是电子角动量与核自旋的耦合, 通过强自旋选择性光学偶极跃迁, 将它们的 s 波电子基态与 p 波第一激发态连接起来, 可以制备并读出它们的基态自旋. 最简单的使用方式是将原子的热蒸气作为磁场的量子传感器. 在室温或室温以上的腔室中, 原子被光学泵浦光束自旋极化后, 基于塞曼效应就可以实现对磁场的传感. 在经典的图像中, 这个场引起自旋的相干进动. 同样地, 在量子图像中, 它驱动自旋跃迁, 从初始量子态到一个不同的状态, 这可以基于光学法拉第效应被探测光束检测到. 这个方法可以测量出 10^{-16} T·Hz$^{-1/2}$ 级别, 也就是地磁场千亿分之一级别的磁信号. 激光冷却技术的出现引发了原子传感领域的一场革命, 通过激光可以将原子的温度降低到 μK 水平, 这样原子构成的体系就称为冷原子. 冷原子的传播速度降低, 在真空或被困状态下沿特定轨迹自由下落, 使得利用空间受限的原子进行更长时间的传感变得可能, 因此冷原子体系可以用于对重力进行测量. 在对应装置中, 原子云通过感知激光束沿自由下落轨迹的空间相移来测量加速度.

(2) 里德堡原子. 里德堡原子是对原子状态的一种描述. 按照我们的一般认识, 核外电子会排布在主量子数 $n = 1 \sim 7$ 的原子轨道上, 而在里德堡原子中, 会有一个电子被激发到相对外侧的轨道上, 如主量子数 $n = 90$ 的原子轨道上. 里德堡原子的原子核和近层电子可以看成带一个正电荷的"原子核", "原子核"和被激发电子构成一个类氢原子. 里德堡原子具有极强的微波跃迁电偶极矩和极化率, 对外界电磁场非常敏感, 利用原子量子相干效应可实现超宽频段电磁场的高精度高灵敏度测量, 使得里德堡原子成为实现量子精密测量的重要体系之一. 作为最引人注目的传感应用, 里德堡原子在真空中被用作低温腔中微波光子的单光子探测器, 科学家在一系列的实验中所取得的成果获得了 2012 年的诺贝尔物理学奖.

(3) NV 色心. NV 色心体系除了能用作量子计算, 也可以用作磁场的量子精密测量. NV 色心在量子精密测量中应用分为系综传感器和单自旋传感器两种. 前者是通过大量的 NV 色心来实现对磁场的测量, 精度可以高达 10^{-12} T·Hz$^{-1/2}$, 理论极限还要再低数个数量级. 而后者则是利用单一 NV 中心进行测量, 基于 NV 色心自旋子能级的塞曼、斯塔克和温度漂移, 其已被用作/提出作为敏感磁强计、静电计、压力传感器和温度计. 将 NV 中心集成到扫描探针中作为敏感磁强计, 可以实现低于 100 nm 分辨率的磁场成像, 并应用于纳米尺度的磁性结构和区域, 涡旋与磁畴壁, 超导涡旋和电流映射等研究.

8.4 磁共振

8.4.1 磁矩、原子能级与塞曼效应

接下来, 我们对量子精密测量中的一类方法——磁共振技术进行更加详细的介绍.

磁共振是指磁矩不为零的微观粒子在稳恒磁场中对电磁辐射的共振吸收现象. 根据引起共振的对象不同, 还可以分为由原子核引起的核磁共振 NMR、由电子自旋引起的顺磁共振 EPR、有铁磁物质的磁畴引起的铁磁共振 FMR 等.

磁矩 μ 在第 5.4.1 小节中已经做过介绍. 简单地说, 磁矩是一种描述载流线圈或微观粒子磁性的物理量. 对于微观粒子而言, 其磁矩可以分为两部分: 粒子的运动本身会产生一份磁矩, 尽管在量子物理中, 动量、位置、轨道等概念已经未必存在了, 但是运动本身和运动产生的磁效应仍然是客观存在的, 这部分磁矩称为轨道磁矩; 微观粒子往往还会具有一份额外的磁矩, 这份磁矩是由粒子的自旋产生的, 自旋是一种不具有宏观对应的粒子内禀性质, 我们不做深究, 这部分磁矩称为自旋磁矩. 对于一个原子而言, 其磁矩主要有几个来源: 电子在核外运动所产生的磁矩, 这部分称为电子轨道磁矩; 电子本身的自旋也会产生磁矩, 这部分磁矩称为电子自旋磁矩; 原子核也有自旋, 原子核自旋也会产生一份磁矩, 这部分磁矩称为核磁矩.

磁矩 μ 在磁感应强度为 B 的磁场中具有势能 $E = -\mu \cdot B$. 所以当原子处于磁场中时, 原本能量相同, 但沿磁场磁矩分量不同的原子轨道间就会出现能量差, 这种能级分裂被称为塞曼分裂或塞曼效应. 原子中不同的磁矩之间也存在相互作用能, 这部分能量使得处于同一轨道的电子能量不再相同, 即原子轨道的能量发生了分裂, 产生了更细微的能级结构. 我们把由电子自旋分裂出的第二级结构称为精细结构, 把由核自旋在精细结构基础上分裂出的第三级结构称为超精细结构.

8.4.2　磁共振现象

磁场除了赋予磁矩一份势能, 磁场还会对磁矩 $\boldsymbol{\mu}$ 施加一个力矩, 令磁矩 $\boldsymbol{\mu}$ 矢量绕磁场 $\boldsymbol{B}$ 旋转（图 8.1）, 这种旋转在物理上被称为进动. 这个推论既适用于经典物理, 在量子物理中也会成立, 实际上, 这就是量子小球在恒定势场中的运动模式. 同理, 如果在磁感应强度为 B_0 的稳恒磁场外再施加一个沿 B_0 方向传播的电磁波, 即再施加一个周期性旋转的磁场, 那么根据我们学习过的拉比振荡现象, 磁矩 $\boldsymbol{\mu}$ 在绕稳恒磁场 B_0 旋转的同时, $\boldsymbol{\mu}$ 与 B_0 的夹角也会发生周期性变化, 特别是当磁场旋转的频率和磁矩进动的频率相等时, $\boldsymbol{\mu}$ 与 B_0 的夹角振荡区间会扩展到最大值 π. 这就是磁共振现象.

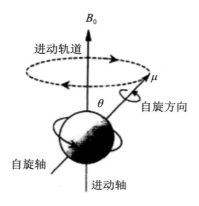

图 8.1　进动示意图

仅使用经典物理也可以解释磁共振现象：稳恒磁场 B_0 会令磁矩 $\boldsymbol{\mu}$ 产生角速度为 ω_0 的进动, 如果一个参考系 A 也以 ω_0 的角速度旋转, 那么在 A 参考系中磁矩 $\boldsymbol{\mu}$ 就是静止的, 如果我们是通过观察 $\boldsymbol{\mu}$ 的运动来判断磁场的大小, 那么在 A 参考系中 B_0 就消失了. 也就是说, 对磁矩 $\boldsymbol{\mu}$ 而言, 磁场 B_0 相当于一个角速度为 ω_0 的旋转参考系. 这种方法是一种处理有关电磁场复杂问题的小技巧.

在这个参考系中, $B_1(t)$ 的状态也会发生变化, 特别地, 如果 $B_1(t)$ 的角速度也恰为 ω_0, 那么在旋转参考系中 $B_1(t)$ 是一个稳恒磁场, 此时磁矩 $\boldsymbol{\mu}$ 显然应该绕 $B_1(t)$ 进动, 由于 $B_1 \perp B_0$, 所以这个进动过程中 $\boldsymbol{\mu}$ 和 B_0 之间的夹角就应该发生周期性变化.

这个解释不涉及量子力学, 但得出了基本相同的结论, 经典物理和量子力学在这个问题结论上的不同只在于：经典物理认为磁矩是一个连续取值的矢量, 而量子力学中认为磁矩是不能连续取值的, 只能处于磁矩或者说自旋的几个本征态和这些本征态的叠加

量子信息基础与实验
Fundamentals and Experiments of Quantum Information

态上. 这并不意味着量子力学是没有必要的, 这种一定程度上的相同恰恰验证了量子力学的正确性:经典物理是量子力学中普朗克常数 h 趋近于 0 时的近似. 磁矩在单次测量中确实只能取到不连续的几个值, 这一实验事实简单地证明了在微观问题上孰对孰错.

在磁共振过程中, 磁矩方向的改变会使磁矩的势能改变, 这意味着系统需要和外界交换能量, 通过对能量交换的检测, 我们就可以利用电磁波频率计算出共振磁场的磁感应强度大小. 在实际实验中, 通常会固定电磁波频率, 通过改变磁场的磁感应强度实现共振.

8.5　光泵磁共振

8.5.1　光泵磁共振原理

磁共振的原理比较简单, 但是实现过程会遇到很多问题.

如果一个微观带电粒子的两个能量相等的量子态 $|+\rangle$、$|-\rangle$ 在稳恒磁场 B 中能量不再相等, 令 $E_+ < E_-$, 那么当施加一个频率恰等于 $\Delta E/\hbar$(这里 ΔE 是两量子态的能量差)的电磁波时发生磁共振:处于 $|+\rangle$ 态的原子核会跃迁到 $|-\rangle$ 态上;实际上处于 $|-\rangle$ 态的原子核会跑到 $|+\rangle$ 态上并辐射能量.

但实际上, 粒子并不会一股脑地处于 $|+\rangle$ 态或者 $|-\rangle$ 态上, 而是会根据物理规律在两态上进行分布. 统计物理学给出了分布规律:

$$\frac{N_-}{N_+} = \frac{e^{-\frac{E_-}{kT}}}{e^{-\frac{E_+}{kT}}} = e^{-\frac{\Delta E}{k_B T}} \tag{8.2}$$

这个分布称为玻尔兹曼分布, 式中 k_B 是一个物理常数, 叫作玻尔兹曼常数, T 是热力学温度. 这里能量差和磁感应强度成正比: $\Delta E = \mu g B$, 比例系数 g 在不同情况中略有不同. 就电子而言, 如果磁感应强度为 1 T, 在 300 K 下, 两能态粒子数只相差千分之一. 而对于原子核, 也就是核磁共振而言, 由于原子核磁矩远小于电子, 这个差异还要小三个数量级. 在这里跑个题, 化学中核外电子排布的能量最低原则, 实际上可以看作玻尔兹曼分布在 ΔE 足够大时的情况.

在磁共振过程中, 处于低能态的粒子吸收能量的同时高能态粒子会辐射能量, 这两部分的作用会相互抵消, 因此可观测的信号只来自于两能态布居数差异的部分, 十分微弱. 想要增强信号需要扩大粒子在两能态上的分布差异, 这就需要降低温度或者加大磁场. 实际上来说, 1 T 对于磁感应强度而言已经是非常大的数值了, 要知道 2022 年由中国创造的人造稳态磁场的世界纪录也只有 45.22 T 而已. 所以用常规方法观测磁共振信号, 特别是核磁共振信号是很困难的.

如果希望利用磁共振技术测量一些微弱磁场, 如强度为 10^{-5} T 数量级的地磁场, 就必须采用一些特殊的手段来增强信号. 光泵磁共振方法就是一个很好的粒子, 该方法通过光抽运和光探测双管齐下: 利用光抽运扩大粒子的布居差值, 利用光探测将单个光子的信号强度提升 $7 \sim 8$ 个数量级. 这一方法于 20 世纪 50 年代初期由法国物理学家卡斯特勒等人提出, 用于研究原子基态和激发态的细致结构. 这一方法在基础物理学研究、磁场的精确测量以及原子频标技术等方面都有广泛的应用. 由于卡斯特勒在这一实验技术上的杰出贡献, 荣获了 1966 年的诺贝尔物理奖. 接下来具体说明光抽运和光探测的原理.

光抽运又称光泵, 是一种利用激光实现原子在各能级间的非平衡分布, 即偏极化的技术. 这种技术的原理和激光初始化量子比特非常相似. 核心思想都是利用跃迁和辐射的不对称性来打破粒子布居的对称性. 光泵磁共振一般使用 ^{87}Rb 原子蒸汽 (实际上是 ^{85}Rb 和 ^{87}Rb 的混合物). ^{87}Rb 原子的部分能级结构如图 8.2 所示.

图 8.2 中左侧一列是第 8.4.1 小节提到的精细结构, 中间一列是核自旋的磁矩也考虑进来的超精细结构, 最右侧是超精细结构在磁场中发生塞曼分裂产生的再次一级结构.

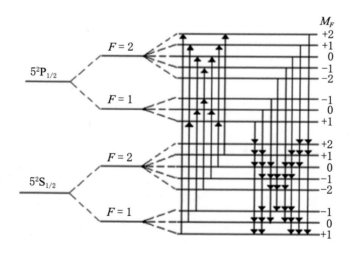

图 8.2 铷-87 的超精细能级的塞曼分裂

在化学中我们学到铷原子的最外层轨道, 即铷原子的基态能级是 5S 轨道, 5S 轨道只有一个精细能级, 就是图 8.2 中的 $5^2S_{1/2}$, 由于超精细能级和塞曼分裂的能级差非常小, 在大量的铷原子中, 最外层的一个电子可以分布于最右侧对应 $5^2S_{1/2}$ 任意能级中. 如果我们使用左旋圆偏振光照射铷原子气体, 铷原子的最外层电子会吸收光子发生跃迁. 由于一些守恒关系的存在, 原子能级之间辐射跃迁需要遵循一定的规则, 就我们讨论的系统而言, 跃迁过程必须满足 $\Delta F = 0, \pm 1$ (但不能是 $0 \to 0$) 和 $\Delta M_F = +1$, 这意味着位于 $5^2S_{1/2}$ 中 $F = 2, M_F = +2$ 的能级上的电子不能向上跃迁, 而辐射过程由于是自发进行的, 所以 $\Delta M_F = \pm 1$ 的情况均可发生, 这意味着总有一部分电子在辐射后会进入 $5^2S_{1/2}$ 中的 $F = 2, M_F = +2$ 能级. 经过多次这样只进不出的循环, 电子会聚集在 $5^2S_{1/2}$ 中的 $F = 2, M_F = +2$ 能级上. 这个过程称为偏极化.

当然类似于退相干过程, 电子还是会有进入其他能级的倾向, 这在物理上称为弛豫. 弛豫会破坏铷原子气体的偏极化状态, 这主要是由于铷原子和容器壁碰撞所致, 抑制弛豫的方法是充入分压在 1 kPa 左右的氮气作为缓冲 (铷原子气体的分压约为 1 MPa). 充入氮气后铷原子基本上只与氮气发生碰撞, 由于氮气的磁矩较小, 与铷原子碰撞时对偏极化几乎没有影响. 最终弛豫作用和偏极化作用回到一种平衡状态, 此时偏极化程度可以比不施加激光时高数个数量级.

光探测的原理和量子比特的读出也有一些类似之处: 用于光抽运的激光同时也是用于光探测的激光. 我们先对铷原子气体对激光的吸收程度进行简单分析: 当铷原子气体极化程度较低时, 大量铷原子的电子都可以吸收光子发生跃迁, 大量光子被吸收, 而随着极化程度提高, 可以吸收光子发生跃迁的电子就减少, 所以激光被吸收的强度也会降低.

如果铷原子气体可以发生磁共振, 此时处于 $M_F = +2$ 态的电子就会转移到 $M_F = +1$ 上, 实际上由于能极差相等, $M_F = +1$ 态上的电子还会转移到其他能级上, 就结果而言, 稳定的偏极化状态被打破了, 处于 $M_F = +2$ 态之外的电子会再吸收光子发生跃迁, 最终建立新的平衡. 这意味着磁共振发生时, 激光会出现明显的被吸收, 因而可以通过测量激光的透射光强来判断铷原子气是否发生磁共振. 在正常的情况下, 每个磁共振的粒子会吸收或释放一个能量等于能级差的光子, 这样的光子对应射频波段的光, 而在光探测中, 每个磁共振的粒子会导致一个可见光光子的光强改变, 两者的频率相差 $7 \sim 8$ 个数量级, 因此根据普朗克公式 $E = h\nu$, 信号强度即光强也会相差 $7 \sim 8$ 个数量级. 由此就可以实现信号的增强.

8.5.2 光泵磁共振实验

1. 实验装置

这个实验用到的实验装置是光磁共振实验装置. 装置外观如图 7.3 所示.

图 8.3 光磁共振实验装置

装置可以分为 5 个部分: 主体单元、电源、辅助源、射频信号发生器及示波器. 5 个部分的结构关系如图 8.4 所示.

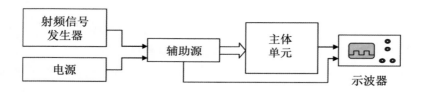

图 8.4 装置结构简图

主体单元是实验装置的核心, 如图 8.5 所示, 包括铷光谱灯、准直透镜、吸收池、聚光镜、光电探测器和亥姆霍兹线圈. 我们从光路开始看, 光路的起点是作为抽运光源的铷光谱灯, 铷光谱灯是一种高频气体放电灯, 由高频振荡器、控温装置和铷灯泡组成. 铷灯泡放置在高频振荡回路的电感线圈中, 在高频电磁场的激励下产生无极放电而发光. 发出的光经过干涉滤光镜后只保留下 794.8 nm 的光.

光接下来会通过透镜、偏振片和 1/4 波片, 最终转化为左旋圆偏振的平行光. 光接下来通过的存储天然铷和惰性缓冲气体的吸收泡, 吸收泡是一个直径约 52 mm 的玻璃泡, 用于存储天然铷和惰性缓冲气体, 该铷泡两侧对称放置着一对小射频线圈, 它为铷原子跃迁提供射频磁场. 这个铷吸收泡和射频线圈都置于圆柱形恒温槽内, 称它为"吸收池". 槽内温度约为 55 ℃. 吸收池放置在两对亥姆霍兹线圈的中心. 小的一对线圈产生的磁场用来抵消地磁场的垂直分量. 大的一对线圈有两个绕组, 一组为水平直流磁场线圈, 它使铷原子的超精细能级产生塞曼分裂; 另一组为扫场线圈, 它使直流磁场上叠加一个调制磁场.

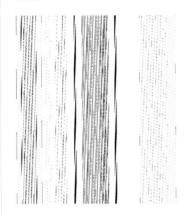

图 8.5 主体单元结构示意图

光通过吸收泡后, 再经过一个透镜会聚, 最终射入光路的终点——光电探测器, 光电探测器通过光电池接收光信号, 经放大器放大信号后在示波器上显示.

辅助源为主体单元提供三角波、方波扫场信号及温度控制电路等. 并设有"外接扫描"插座, 可接示波器的扫描输出, 其锯齿扫描经电阻分压及电流放大, 作为扫场信号源代替机内扫场信号.

射频信号发生器是为吸收池中的小射频线圈提供射频电流, 使其产生射频磁场, 激发铷原子产生共振跃迁的装置. 频率范围为 100 kHz~1 MHz, 输出功率在 50 Ω 负载上不小于 0.5 W. 并且输出幅度可调节.

示波器用于显示探测器得到的光信号.

2. 实验内容

(1) 准备. 在装置加电之前, 先应进行主体单元光路的机械调整 (具体步骤见具体仪器说明书); 再借助指南针将光具座与地磁场水平分量平行搁置. 检查各联线是否正确; 将"垂直场""水平场""扫场幅度"旋钮调至最小, 按下池温开关. 然后接通电源线, 按下电源开关. 约 30 分钟后, 灯温、池温指示灯点亮, 实验装置进入工作状态.

(2) 观察抽运信号. 首先将水平场与水平地磁场反向: 扫场任意, 调水平场的电流, 使每一周期的信号高度完全相同, 则说明零点已调到位. 然后再调垂直场电流, 使抽运信

号最强, 此时垂直地磁场恰好被完全抵消. 垂直磁场可以用此时的垂直场电流读数求得:

$$B = \frac{16\pi}{5^{3/2}} \frac{NI}{r} \times 10^{-3} (mT) \tag{8.3}$$

这里线圈匝数 $N = 250$, U 是每个线圈的电压, R 是每个线圈的电阻, 线圈有效半径 $r = 0.2411$ m, 具体数值可从仪器上读到. 垂直磁场的磁感应强度等于地磁场垂直分量.

(3) 搜索共振信号. 令水平场, 水平地磁场, 扫场都同向. 射频信号频率调到最大, 此时应无抽运信号和共振信号, 然后慢慢降低射频信号频率, 直至出现一个向下的尖峰, 此即为共振信号. 由于样品是 ^{85}Rb 和 ^{87}Rb 的混合气体, 所以会有两个共振信号. 第一个共振信号一定是 ^{87}Rb 的, 然后在该信号频率的三分之二处找到 ^{85}Rb 的共振信号. 注意此时共振信号和抽运信号相混杂, 应能够区分这两种信号. 测量这两个信号的频率, 计算其比值.

(4) 测量地磁场. 测量水平地磁场的共振频率, 并计算水平地磁场强度. 方法是先使三个磁场都同向, 然后将水平场和扫场反向, 测出两次的共振频率 υ_1 和 υ_2, 则 $\upsilon = (\upsilon_1 - \upsilon_2)/2$. 然后可以计算出地磁场的水平分量:

$$B_\parallel = \frac{h\upsilon}{g_F \mu_B} \tag{8.4}$$

g_F 称为朗德因子, ^{85}Rb 的朗德因子理论值为 $1/3$, ^{87}Rb 的朗德因子理论值为 $1/2$.

利用地磁场水平和垂直分量可以计算出地磁场的磁感应强度: $B = \sqrt{B_\perp^2 + B_\parallel^2}$.

8.6 原子钟

光泵磁共振是一种量子精密测量技术, 但它不是一个典型的量子精密测量技术. 这是因为光磁共振的主要应用领域和方法相对于其他量子精密测量技术来说有一些不同之处, 光泵磁共振通常用于研究原子或分子的能级结构和电磁相互作用, 以便测量或操纵其性质, 而典型的量子精密测量技术更侧重于测量物理量的绝对值.

相比之下, 原子钟是一项典型的量子精密测量技术, 它利用了量子物理的多个关键原理和特性, 使其成为一种具有极高精度的时间测量设备. 本节对原子钟和时间测量进行简单的介绍, 以便更好地理解量子精密测量技术.

8.6.1　时间

时间是一个我们非常熟悉的物理量, 不过对时间下个定义并不是很容易的, 因为时间是真正看不见摸不着的. 既然本章讲精密测量, 那么不妨从测量的角度对时间的含义加以讨论. 在之前已提到过, 测量是对非量化实物的量化过程, 那么对时间的测量在量化什么呢? 这个问题比较好回答, 测量时间既是对事件持续的期间长短或者事件之间的间隔长短的量化; 也是对事件发生之先后, 即时刻在过去—现在—未来之序列上位置的量化. 在相对论时空中, 时间是除了空间三个维度以外的第四维度.

关于时间可以讨论的内容十分丰富: 比如说狭义相对论指出的时间的相对性, 广义相对论指出的引力对时间的扭曲; 热力学第二定律决定的"时间箭头"; 时间是否连续; 时间是否有起点和终点……如果一个个地讨论下去未免偏题太远, 这一节我们的主题是对时间的测量.

8.6.2　时间的测量史

有什么方法能测量时间呢?

面对这个问题, 一个脱口而出的答案显然是用秒表计时就可以了, 现在随身携带的手机一般都具有秒表功能. 即使我们没有手机, 只要能够找到任何一个时钟, 都可以完成粗略的计时工作. 无论是手机还是各类时钟, 它们本身又是如何完成计时功能的呢? 或者应该这样问, 我们如何确定一秒、一分、一小时等的时间长度?

如果对计量的理解比较透彻的话, 这个问题其实不是问题, 因为其实计量单位都是人为规定出来的, 比如说 1 m 在很长一段时间内的定义就是米原器的长度. 当然对于时间来说, 我们并不能拿出一个实体说这就是 1 s, 对时间单位的定义是通过两个特定事件之间的时间间隔来实现的. 由于这个参照我们必须能够反复使用, 所以作为参照的事件最好是能够复现的, 这样看来, 用周期性事件来作为参照再好不过了.

对于古代的人来说, 最明显也最容易观测到的周期性事件莫过于日夜交替、月盈月缺、四季轮转, 所以在很长一段时间内对时间的定义都是通过地球的自转和公转来定义时间, 这种定义方式叫作天文时. 天文时实际上只是对日和年做出了定义, 而时、分、秒的度量实际上需要利用机械钟、石英钟等时钟来实现对时间单位的分割, 这也是实际上更实用的计时手段.

时钟可以看作周期性装置和计数装置的组合, 周期性装置通过稳定的周期性变化提供一个恒定的时间长度, 然后计数装置统计周期性变化的次数. 通过和天文时定义或其他已校准的时钟来确定周期的确切时长后, 基于单次时长, 通过计次就可以实现计时.

最早的时钟包括直接利用天象的日晷和一些类似于沙漏、水钟之类的装置, 这些时钟的精度很低, 只能用于估计时间. 近代开始出现了机械钟, 较早出现的是摆钟. 摆钟利用了单摆运动这一周期性运动, 单摆的周期只和摆长有关, 与振幅无关, 只要能够维持单摆振动, 其周期可以近似认为是恒定的, 摆钟的误差大概在 15 min/天. 在摆钟之后, 通过更加精妙的机械装置, 比如手表中的陀飞轮, 现代最好的机械表误差可以缩小到 5 s/天左右.

机械装置的精度是有极限的, 因为能够产生干扰的因素非常多. 比机械表精度更高的是电子表, 电子表又称石英表, 是因为电子表的核心是一块石英晶振. 石英是一种主要成分为二氧化硅的矿物, 石英具有压电效应: 石英在外力作用下发生形变时表面会出现电荷; 而在外加电场时会产生形变. 如果在切削成规则形状的石英晶体两侧贴上电极, 并将这个元件接入交流电路, 石英就可以产生非常稳定且高频的振动信号. 这个元件就叫作晶体振荡器, 简称晶振. 以石英晶振为周期性装置的电子表比机械表要精确得多, 一般的电子表误差就可以小到 1 s/天左右, 略优于最好的机械表, 而最好的电子表误差可以小到 1 s/300 年左右.

从电子表对机械表的降维打击我们可以看到, 越精密的时钟, 就需要越不受外界影响的体系: 机械系统会受到摩擦、气流、环境振动等众多条件的干扰, 而电路系统受到的干扰就要少得多.

8.6.3 原子钟原理

有没有比电路系统更稳定的系统呢? 那就要说到原子结构了.

原子在我们研究的绝大多数问题中, 都可以看作一个无结构的基本单元, 甚至是基本单元内部的基本单元. 这就意味着大多数的因素都无法干扰到原子内部结构. 那么原子内部结构中有没有周期性的因素呢? 其实是不太好找的. 在这个尺度上需要用量子物理来分析问题. 在量子物理中, 已经不存在真正意义上的位置、速度这些经典物理量了, 也没有经典力学中的运动概念, 更不要提周期性运动了. 但总归还是能找到和频率有关的量——原子不同能级之间的能级差对应的光子频率.

人类迄今为止找到的精度最高、稳定性最好的频率参考之一是 Cs 原子基态两个超精细能级跃迁的共振频率. Cs 原子的超精细能级结构如图 8.6 所示.

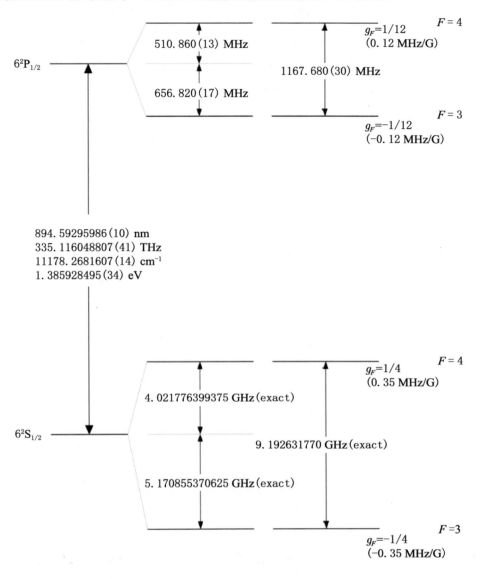

图 8.6　Cs 原子的超精细能级结构

　　注意: Cs 原子的 $6^2S_{1/2}$ 精细能级中 $F = 3$ 和 $F = 4$ 超精细能级的跃迁共振频率为 9.192631770 GHz(exact), 这个 excat 表示这是一个没有误差的精确值, 而没有误差的原因是现在的秒的定义就是"当铯-133 原子位于海平面处于非扰动基态时的两个超精细能阶之间跃迁时所辐射的电磁波的周期的 9192631770 倍的时间", 这里的两个超精细能级就是指我们提到的那两个能级.

这里稍微偏题讨论一下时间单位定义方式的改变. 最初的时间单位定义都是天文时, 即天体运动的周期, 但天文时并不稳定, 地球的自转公转周期都会发生波动, 虽然日和年的定义可以通过统计平均来消除波动, 但是长期的系统性改变通过统计平均也是无法消除的. 以地球自转为例, 有学者研究认为, 地球刚刚诞生时候自转周期仅 8 h;到了恐龙时代, 地球自转周期就减慢到 23.5 h;而恐龙时代至今的一亿多年中, 地球自转的平均周期平均每年变长约 16.4 μs, 共变长约 30 min. 因此, 使用天文时会导致长期来看时间单位的长度是变化不定的. 而通过原子能级跃迁共振频率来定义的原子时则不存在这个问题, 这就是为什么时间单位的定义从天文时转化成了原子时.

当然,Cs 原子的能级结构也并非完全不受外界影响, 所以在定义中会提到"非扰动基态"和"海平面处"这两个限制, 后者是因为根据广义相对论引力场会影响时间流速, 因此不同高度下时间其实会有非常微小的差异. 值得一提的是, 这个差异对原子钟而言确实是可以测量出来的.

相比这些影响对跃迁共振频率的改变, 一个更重要的问题是我们通过怎样的物理机制可以把这个频率提取出来. 从理论上说, 利用光泵磁共振技术就可以实现这一过程.

原理如图 8.7 所示, 假设现在有一些 Cs 原子, 刚开始处于基态的 Cs 原子核外的价电子应全部处于 6S 轨道上, 也就是 $|b\rangle$ 或者 $|c\rangle$ 量子态. 根据玻尔兹曼分布, 由于超精细能级之间的能级差很小, 所以价电子处于 $|b\rangle$ 和 $|c\rangle$ 的原子数几乎相等, 如图 8.7(a) 所示. 这时, 将一束光子能量等于 $|b\rangle$ 和 $|a\rangle$ 能级差的强激光打到 Cs 原子上. 处于 $|b\rangle$ 的电子会吸收光子转移到 $|a\rangle$ 上,$|a\rangle$ 上电子会辐射出能量然后转移到 $|b\rangle$ 和 $|c\rangle$ 上, 整个过程中 $|b\rangle$ 上的一部分电子转移到了 $|c\rangle$ 上, 反复循环后,$|b\rangle$ 上的所有电子都转移到了 $|c\rangle$ 上, 如图 8.7(b) 所示. 至此我们就利用光泵技术实现了电子布居数的极化. 此时如果再将上面的那束激光重新打到 Cs 原子上, 将不会被吸收, 因为几乎没有原子处在 $|b\rangle$, 而激光也不会被处在 $|c\rangle$ 的原子吸收, 即不产生共振.

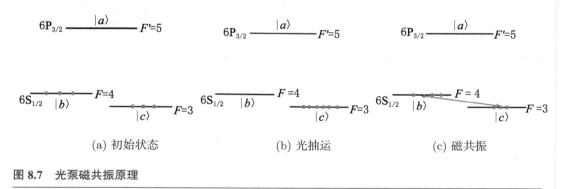

(a) 初始状态　　　　　　(b) 光抽运　　　　　　(c) 磁共振

图 8.7　光泵磁共振原理

在这个时候再利用磁共振技术, 将频率接近于 9.19263177 GHz 的微波作用于 Cs 原子处于 $|b\rangle$ 和 $|c\rangle$ 的电子, 则处于 $|c\rangle$ 的原子会有一部分被转移到 $|b\rangle$, 这一转移过程的强度取决于微波的频率, 频率越接近 9.19263177 GHz, 便会有越多的电子被转移到 $|b\rangle$.

此时再将原先的那束激光作用于 Cs 原子上, 这时因为有电子处于 $|b\rangle$ 了, 而且这束激光共振于 $|b\rangle$ 和 $|a\rangle$ 之间的跃迁频率, 因此会被吸收, 如图 8.7(c) 所示. Cs 原子从 $|a\rangle$ 到 $|b\rangle$ 自发辐射的过程中会发出荧光. 简单地说, 荧光就是自发辐射过程中沿各个方向射出的光, 由于射入的激光则只会沿一个方向传播, 那么在激光传播路径外的探测器就可以探测到荧光同时不会探测到激光. 荧光的强度取决于处于 $|b\rangle$ 的原子数, 也就取决于微波的频率. 总的来说, 最终打出来的荧光的强度是和作用于 Cs 原子的微波频率相关, 微波的频率越接近于共振频率 9.19263177 GHz, 荧光越强. 所以我们只需要不断利用电子技术调整微波的频率, 直到探测到的荧光最强, 此时微波的频率就等于 9.19263177 GHz. 到这一步我们就算将这个频率参考提取出来了, 然后以此定义时间单位, 就可以获得高精度的钟.

8.6.4　更好的原子钟: 原子喷泉技术

一个按照第 8.6.3 小节的原理设计的原子钟是什么样子呢? 美国在 1993 年到 1999 年作为国家的主要时间和频率标准的原子钟 NIST-7 是一个很好的例子. 简单地说, NIST-7 的结构如图 8.8 所示: 整个装置内部是真空的. 最左边的那个立方体腔内充满了原子, 将其中的原子加热, 原子由于热运动, 会从右边的那个小孔中射出, 这时原子处于①所示状态; 然后经过激光, 经历②所示的光学泵浦效应, 达到③所示状态; 再经过中间的微波腔, 经历④所示过程; 出微波腔后, 再与激光相互作用, 原子被打出荧光, 经历⑤所示过程, 最后探测荧光的强度.

如果测量一张荧光强度随微波频率的变化曲线, 会得到如图 8.9 所示的曲线: 我们只需要调整微波的频率使荧光最强, 此时微波的频率就基本等 9.19263177 GHz 了, 再用这个频率做钟, 就是原子钟了. 当然这个过程是非常具有技术含量的, 需要做到很窄的锁频带宽, 才能得到稳定的参考频率. 类似 Cs 这样的原子在室温下的平均速度是几百米每秒, 这样上面所述过程发生一次的时间就很短, 留给微波腔控制系统调整微波频率的时间就很短, 这会限制微波锁频的稳定度, 从而限制原子钟的精度. 貌似可以通过增加腔的长度来增加该过程的时间, 但是这会导致整个装置过大, 而且原子的轨迹并不是完全的直线, 会有一定的横向漂移, 这也会带来一系列问题.

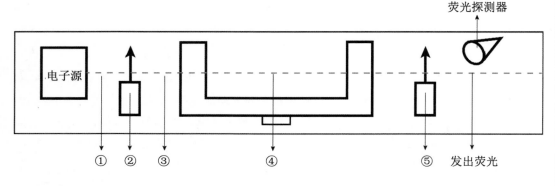

图 8.8　NIST-7 结构示意简图

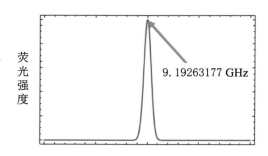

图 8.9　实验结果:微波频率–荧光强度曲线

NIST-7 在 1999 年被新一代原子钟 NIST-F1 所取代,NIST-F1 至今仍未退役.NIST-F1 采用了冷原子体系,通过降低原子的速度来为微波调制争取时间. 图 8.10 是 NIST-F1 的原理示意:首先将铯原子气体进入时钟的真空室. 类似光抽运可以将铯原子的电子从高能级抽运到低能级, 通过激光将原子从各个量子态抽运到原子的能量最低的可能能级, 从而最终冷却到接近绝对零度.NIST-F1 通过 6 束激光减缓原子的运动,并迫使它们在激光束的交叉点形成球状云. 冷却下来之后, 会有另一束激光 (未在图中) 进行光泵浦过程. 其实这 6 束激光施加给原子的偶极力并不完全相等,从下往上的那束冷却光施加的力要稍微大一些. 这样,当关掉冷却光后,原子便会向上移动,经过微波腔 (图中上方中空环形的装置). 由于重力的因素,原子上去后还得再下来,很像喷泉的过程. 最后将一束激光打到刚刚经过的两次微波腔的原子上,原子经历如此过程,发出荧光,被荧光探测器探测强度. 然后就是,荧光强度取决于微波的频率,进而标定时间.

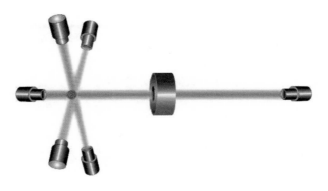

图 8.10　NIST-F1 核心结构示意图

　　普通铯原子钟的相对误差在 10^{-9} 量级, 而 NIST-F1 这类铯喷泉钟的相对误差低至 10^{-15} 至 10^{-16} 量级, 目前来说, 最先进的时间测量技术已经不是铯原子喷泉钟了, 而是光频标原子钟. 光频标原子钟有点类似光泵磁共振技术中的光探测部分, 通过把铯钟用到的微波在其他体系中用可见光取代, 获得数个数量级的频率提高, 从而实现测量精度的提升. 光频表原子钟目前的不确定度已经比最好的铯原子喷泉频率基准好 100 倍, 且仍有很大的潜力.

第 9 章

量子通信

9.1 从"斯巴达棒"到 BB84 协议——量子密码简介

9.1.1 密码学基本概念

密码应用场景广泛, 涉及社会、军事等方方面面. 随着人类进入信息化社会, 信息安全保障成为国家安全和个人生活的迫切需求. 密码学是研究在存在第三方窃听者的情况下如何进行安全通信的理论及实践的学科, 其研究主要包含密码编码学和密码分析学.

密码编码学 (cryptography), 也称密码术, 其所研究的是如何构建更加强大、更难以破解的密码系统 (也称密码体制), 用以保护待传递信息的安全. 密码分析学 (cryptanalysis) 所研究的是如何利用某一密码体制的缺陷、弱点来破解该密码体制, 从而得到其保护的信息. 下面介绍一些密码编码学中的基本术语及常用代称:

(1) 消息 (message)：以某种方式记载或传递的有意义的内容，也称为信息.

(2) 明文 (plaintext)：未经过任何伪装或隐藏技术处理的消息.

(3) 加密 (encryption)：利用某种密码体制对明文进行处理使消息被隐藏的过程.

(4) 加密算法 (encryption algorithm)：将明文加密成密文的规则或数学运算.

(5) 密文 (ciphertext)：被加密的消息.

(6) 解密 (decryption)：将密文恢复成为明文的过程.

(7) 解密算法 (decryption algorithm)：将密文解密成明文的规则或数学运算.

(8) 密钥 (key)：进行加密和解密操作所需要的秘密参数或关键信息.

(9) 密码系统/密码体制 (cryptosystem)：由明文空间、密文空间、密钥间、加密算法、解密算法组成的一个五元集合体.

(10) Alice：常指代信息的发送方，完成明文的加密过程.

(11) Bob：常指代信息的接收方，完成密文的解密过程.

(12) Eve：常指代窃听者，总是试图攻破密码系统，获得消息明文.

我们可以总结出一般密码系统的运行过程，如图 9.1 所示. 通信双方通过使用约定的密钥，先由发送方将明文加密为密文，密文通过非可信信道进行传递. 接收方利用密钥将密文解密为明文，完成整个通信过程. 不同的密码系统，密钥的形式和加密方法的不同，但是整个过程仍然遵循图 9.1 所示的过程.

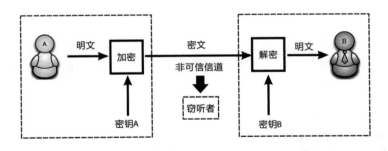

图 9.1　一般密码系统示意图

根据密钥 A 与 B 的同异性，经典密码体系可以分对称密码系统和非对称密码系统. 在对称密码系统，密钥 A 与密钥 B 相同，并且密钥由 A 和 B 事先约定，不被第三方所知. 对于非对称密码系统，密钥 A 与密钥 B 不同. 非对称密码中典型的公钥密码系统要求密码 A 为公钥，可以向第三方公布. 密钥 B 则为私钥，只能为 B 所知.

对称密码体系最主要的问题是如何进行两端的密钥分发管理，即使采用最优秀的算法，但如果密钥在分发时泄露，则整个安全体系毁于一旦. 而非对称密码则有效地避免了密钥分发管理的难题, 如果 A 要发一份秘密信息给 B, 则 A 只需要得到 B 的公钥, 然后用 B 的公钥加密信息, 此加密的信息只有 B 能用其保密的私钥解密; 反之, B 也可以用 A 的公钥加密保密信息给 A.

非对称密码算法一般是基于一些复杂的数学难题. 例如, 广泛使用的 RSA 算法就是基于大整数因子分解这一著名的数学难题. 所以, 公钥密码的安全性始终无法得到严格意义上的数学证明, 而只能依赖于不可靠的计算复杂性. 而随着计算机技术的不断发展, 特别是量子计算技术的进步, 将带来计算能力突破性提升, 有可能使得当前的数学难题瞬时破解, 密码体系安全性难以保障. 例如, 已知质因数分解一个 129 位的阿拉伯数字需要 600 台计算机花费 17 年时间才能完成, 则可以认为在当前通信时效内密码是安全的; 而如果使用一台 2000 个量子比特的量子计算机, 只需要 1 秒钟就可以破解上述问题. 所以量子计算将给经典密码带来巨大的威胁.

9.1.2 密码学发展史

回顾历史, 加密者与窃听者的对抗贯穿了数千年, 双方斗智斗勇促进了密码学的发展, 使之成为一门与人类日常生活息息相关的学科.

1. 古典密码

在人类历史发展的长河中, 密码学并不是现代社会突然出现的事物. 早在约公元前 700 年, 古希腊人就通过将羊皮纸或者皮革缠绕在木棒上再进行书写的方法对信息进行加密. 例如在战争中欲发送 "Retreat to the east", 则可将明文横向写在木棒上 (图 9.2).

图 9.2 密文示意图

由于木棒上的羊皮纸为竖向缠绕, 则将其解下后上面的字母就为: "REOEEATATTH-SRTET", 即成为无法阅读的信息, 我们称这一过程为加密, 称加密后的信息为密文. 接收方接收到羊皮纸后, 可用和发送方相同粗细的木棒, 将其缠绕后阅读. 这一过程被称

量子信息基础与实验
Fundamentals and Experiments of Quantum Information

为解密, 而木棒就是这一保密通信系统中的密钥.

中国古代军事著作《六韬》中的《阴符》篇明确记载了密码加密的思想. 其原文如下:

武王问太公曰:"引兵深入诸侯之地, 三军卒有缓急, 或利或害. 吾将以近通远, 从中应外, 以给三军之用, 为之奈何?"太公曰:"主与将有阴符, 凡八等:有大胜克敌之符, 长一尺; 破军擒将之符, 长九寸; 降城得邑之符, 长八寸; 却敌报远之符, 长七寸; 警众坚守之符, 长六寸; 请粮益兵之符, 长五寸; 败军亡将之符, 长四寸; 失利亡士之符, 长三寸. 诸奉使行符, 稽留者, 若符事泄, 闻者告者皆诛之. 八符者, 主将秘闻, 所以阴通言语, 不泄中外相知之术. 敌虽圣智, 莫之能识."

武王曰:"善哉!"

这里以阴符的长短来代表军情, 从而保证军情传递的保密性. 从现代的观点来看, 这里用到的加密方法属于"替换法". 军情为消息明文, 通过替换将明文转为阴符的长短, 即密文, 军情与阴符长短的对应关系即为密钥.

以上古希腊和中国周代的具体例子其实代表了早期密码学的两个大类, 即"置换密码"和"代换密码". 置换密码是指将明文的位置根据双方事先约定的规则打乱, 接收方再根据规则反向调换位置将密文恢复. 而代换密码是指双方将明文字符代换为事先约定的密文字符, 接收方将密文字符再代换解密为明文字符. 从以上两个例子发生一直到二战末期, 密码学的主要方法就是以上两种方式. 其间出现过各种各样的密码, 例如凯撒密码、维吉尼亚密码、摩尔斯密码和戚继光的"反切码", 甚至二战时期德军的军事专用密码机 Enigma 也都属于这两类的范畴. 我们统称这些保密通信方法为古典密码学.

2. 现代密码学

随着科技的发展, 尤其是电子计算机出现之后, 密码系统变得越来越复杂, 密码学也迈入了新的阶段, 即现代密码学. 现代密码学开端是以美国科学家香农 (Claude Elwood Shannon) 在 1948 年和 1949 年相继发表的两篇论文 *A Mathematical Theory of Communication* 与 *Communication Theory of Secrecy Systems* 为标志. 密码学作为一门学科, 在香农之后随着电子计算机和互联网的出现得到了迅猛发展:电子计算机使得无论是密码设计者还是窃听者都具有了强大的计算能力, 而互联网的出现使得人们对密码系统提出了更多新的要求, 例如身份认证、消息认证和数字签名等. 密码学也从军事等传统应用范围全面进入经济、商务、科学等各个领域, 这一时期也被称为现代密码发展时期.

从现代观点来看, 古典密码没有办法做到无条件安全, 使用"频率分析"等方法可实现对古典密码的破解. 香农的第二篇论文从信息论的角度对密码系统进行了理论分析,并指出只有"一次一密"(One Time Pad, OTP) 的密码系统才是完全不可破解的. 这里"一次一密"指的是密钥空间和明文空间一样大, 因此对于"一次一密"的密码系统来说,最大的问题是密钥分发的困难.

美国国家安全局 1975 年公布的"数据加密标准"(Data Encryption Standard, DES)和 2000 年公布的"高级加密标准"(Advanced Encryption Standard, AES) 均属于对称密码体系, 即通信双方需在保密通信之前完成共同密钥的安全分发. 而随着互联网的出现, 传统的对称密码体系无法解决大网络环境下的保密通信需求: 在网络中保密通信的双方往往可能之前完全没有接触或者完全不相识, 而保密通信又需要在短时间内完成,实现对称密钥安全分配困难.

面对密钥分发难题, 非对称密码系统应运而生. 1976 年, 美国科学家 Whitefield Diffie 和 Martin Hellman 发表了题为 "*New Direction in Cryptography*" 的论文, 正式提出非对称密码系统的思想. 随后, 美国科学家 Ronald L. Rivest、Adi Shamir 和 Leonard Adleman 在 "*A Method for Obtaining Digital Signatures and Public Key Cryptosystems*" 的论文中, 第一次提出可实用的非对称密码系统, 简称为 RSA 加密算法. 我们在第 7.5.1 小节中对 RSA 加密算法作过简要说明, 这里把主要过程重述一遍. RSA 加密算法产生私钥、公钥的流程如下:

(1) 随机寻找两个较大的不同素数 p 和 q, 计算出 $n = pq$ 和 $\phi(n) = (q-1)(p-1)$.

(2) 寻找一个整数 e, 它与 $\phi(n)$ 互素并且可利用辗转相除法得到 d, 可满足 $ed \equiv 1(\mathrm{mod}\,\phi(n))$. 整数对 (e, n) 是公钥, 可以对任何人进行公开; $(d, \phi(n))$ 可以作为私钥, 只能被图 9.1 中的 B 方所拥有.

在加解密过程中, 知道公钥即可对信息进行加密, 而必须知道私钥才能得到加密前的明文. 对于窃听者来说, 在只能得到公钥的条件下去计算私钥, 这个过程等价为知道两个素数之积 n 而对其进行质因数分解这一数学问题. 这一数学问题的计算复杂度巨大, 在 n 足够大的条件下, 以目前的最好的数学方法和经典计算机进行计算, 所需耗费的时间可达几百年以上, 因此认为 RSA 密码是具有计算安全性的.

RSA 密码系统的加、解密过程中, 它不再需要保密通信的双方事先有任何的接触和沟通来建立密钥, 只要一方将自己的公钥向整个网络空间进行广播, 在保证私钥安全的情况下, 任何人都可以与他进行保密通信, 而不被其他人窃听. 这一特点使得公共网络环境下保密通信更加方便快捷, 它对于推动电子商务等互联网产业发展有着突出的贡献, 堪称是现代密码学划时代的进步, 被广泛使用.

3. 量子密码及其优越性

密码系统的安全性, 可用以下准则衡量: ① 破译算法要求的计算能力远大于窃听者能调用的全部计算能力, 此时称之为计算安全性; ② 破解密码等价于求解某一经研究证明确实困难的问题, 此时密码的安全性与问题求解难度高度相关, 称之为可证明安全性; ③ 即使拥有无限的计算资源仍不能破解密码, 密码体系对于任何破译算法都是无条件安全的, 此时称之为无条件安全性. 现用的密码体系 (如上述 RSA 加密算法) 基于计算复杂度算法保证系统的安全性, 随着量子计算带来计算能力突破性进展, 现有密码体系将面临严峻挑战.

量子密钥分发 (quantum key distribution, QKD) 技术为现有保密通信提供了全新的技术手段. 量子密钥分发是指通信的双方以量子力学原理为安全性保证, 产生并分享用于加密和解密消息的随机的、安全的密钥的过程.

所述量子力学基本原理, 包含测量塌缩理论、海森伯不确定性原理以及量子不可克隆定律. 测量塌缩理论表明, 在对一个量子态进行测量时, 除非该量子态原本就处于其本征态上, 否则其会以一定概率塌缩到其本征态, 造成该量子态的改变. 海森伯不确定原理表明, 无法同时确定一个量子系统的非对易物理量, 比如光子的位置和动量, 若确定了光子的动量, 那么该光子的位置则完全不能确定. 量子不可克隆定律表明对于一个未知的量子态, 无法对它进行准确的克隆.

量子比特 (qubit) 在信道中的传输过程中, 根据量子不可克隆定律, 窃听者对未知的量子比特无法精确克隆; 如需克隆, 则其必须对截取的量子比特进行测量, 不确定原理保证窃听者也只能概率性地得到部分信息, 而且测量塌缩原理保证测量会对量子比特造成改变, 而这种由窃听者造成的改变, 合法用户可以通过后期统计计算发现. 综上所述, 合法通信方总是可以通过后期比对发现是否有窃听者的存在.

量子密钥分配基于量子态的制备、传输和测量, 提出了一个远程实时产生安全密钥的方法, 解决密钥远程产生的难题, 可以实现信息论安全的保密通信, 它是量子信息科学的一个重要分支研究方向, 也是目前最接近实用化的量子信息技术. 结合 "一次一密技术" 可以实现信息论安全性的保密通信.

9.2　量子保密通信协议及实现

9.2.1　BB84 协议流程

QKD 协议是整个系统硬件和软件运行的统筹, 包括对于系统光源、编解码方式、探测方案等物理层面的设计, 也包括信息发送、探测顺序以及协议循环和终止条件等系统运行流程的设计.

1984 年, 美国科学家 Charles H. Bennett 和加拿大科学家 Gilles Brassard 提出了第一个量子密钥分配协议, 故简称 BB84 协议. 该协议是最经典也是当前应用最广泛的协议, 具有非常重要的意义. 同时, 该协议的提出也是量子密钥分发技术发展的开端 (图 9.3).

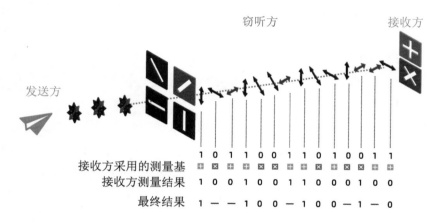

图 9.3　BB84 协议原理示意图

在基于 BB84 协议并采用偏振维度编码的 QKD 系统中, 系统的主要流程描述如下:

(1) 发送方 Alice 制备一系列的光子发送给接收方 Bob, 每个光子的偏振态独立随机地从水平偏振态 $|\rightarrow\rangle$、竖直偏振态 $|\uparrow\rangle$、45° 偏振态 $|\nearrow\rangle$ 和 135° 偏振态 $|\nwarrow\rangle$ 4 个偏振态中选取, 如果 Alice 发送光子的偏振态为水平偏振态 $|\rightarrow\rangle$ 或者竖直偏振态 $|\uparrow\rangle$, 则称 Alice 选择 Z 基制备光子, 如果 Alice 发送光子的偏振态是 45° 偏振态 $|\nearrow\rangle$ 或者 135° 偏振态 $|\nwarrow\rangle$, 则称 Alice 选择 X 基制备光子.

(2) 接收方 Bob 与 Alice 完全独立地随机选取 X 基和 Z 基测量 Alice 发送过来光子的偏振态, 并记录下测量到光子的位置信息.

(3) Alice 和 Bob 对基, 即双方仅保留基相同 (Alice 制备基和 Bob 测量基) 且 Bob 测量到的光子偏振态信息, 双方基不同时则直接抛弃相关信息.

(4) Alice 和 Bob 将保留的光子偏振态信息转换成相应的密钥比特信息, 即对基后保留的光子偏振态、水平偏振态 $|\rightarrow\rangle$ 和右斜 45° 偏振态 $|\nearrow\rangle$ 转换为比特 "0", 竖直偏振态 $|\uparrow\rangle$ 和左斜 45° 偏振态 $|\nwarrow\rangle$ 转换为比特 "1".

(5) Alice 和 Bob 通过经典公开信道对上一步中获得的密钥比特进行处理, 其过程主要分成纠错和保密放大来进行, 纠错就是使得密钥比特一致, 而保密放大 (privacy amplification) 就是将可能泄漏给窃听者的信息剔除掉.

9.2.2　BB84 协议的技术实现

BB84 协议流程实现的关键技术简述如下:

1. 经典比特与量子态的对应原则

BB84 协议中用四个偏振态来进行信息编码, 分别是水平偏振态 $|\rightarrow\rangle$、竖直偏振态 $|\uparrow\rangle$、45° 偏振态 $|\nearrow\rangle$ 和 135° 偏振态 $|\nwarrow\rangle$. 其中, $|\nearrow\rangle = \frac{1}{\sqrt{2}}(|\rightarrow\rangle + |\uparrow\rangle)$; $|\nwarrow\rangle = \frac{1}{\sqrt{2}}(|\rightarrow\rangle - |\uparrow\rangle)$. 对于这四个偏振态, $|\rightarrow\rangle$ 和 $|\uparrow\rangle$ 是一组正交基, 称为水平垂直基, 简称 Z 基; 而 $|\nearrow\rangle$ 和 $|\nwarrow\rangle$ 也是一组正交基, 称为对角基, 简称 X 基.

一组正交基中, 互相正交的量子态分别表征比特 0 和 1. 如表 9.1 所示, 协议规定 Z 基的水平 $|\rightarrow\rangle$ 和竖直 $|\uparrow\rangle$ 偏振态分别表征比特 0 和 1; X 基的右斜 45°$|\nearrow\rangle$ 和左斜 45°$|\nwarrow\rangle$ 偏振态分别表征比特 0 和 1.

表 9.1　相互正交的量子态表征

比特	Z 基	X 基
0	水平偏振态 $|\rightarrow\rangle$	45° 偏振态 $|\nearrow\rangle$
1	竖直偏振态 $|\uparrow\rangle$	135° 偏振态 $|\nwarrow\rangle$

2. 量子态的制备

协议要求, Alice 端随机发送上述四个量子态中的一个. 为了实现四个量子态随机调制, 系统首先生成两比特的随机数 (图 9.4), 第一位比特可以用于选择哪组基制备量子态, 0 代表 Z 基, 1 代表 X 基; 第二位比特用于使用该组下哪个量子态, 比如 0 代表 $|\rightarrow\rangle$ 或 $|\nearrow\rangle$, 1 代表 $|\uparrow\rangle$ 或 $|\nwarrow\rangle$. 对这两比特随机数, 可以定义高位表征密钥比特 (表征编码

信息), 低位为基比特 (表征基矢信息).

总结来说, 两比特随机数共有四种状态: 00、01、10、11, 可分别用于表征量子态 $|\rightarrow\rangle$、$|\nearrow\rangle$、$|\uparrow\rangle$、$|\nwarrow\rangle$.

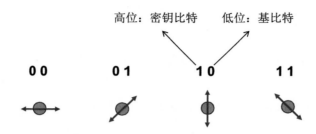

图 9.4　随机数与量子态对应关系示意图

3. 时钟同步

常用的同步方案有电同步和光同步. 电同步就是发送端将自己的参考基准时钟通过电缆传输至接收端, 此方案受限于通信双方间可连接电缆长度, 一般在短距离实验室条件下使用. 光同步即是采用光电转换技术, 在发射端采用基准时钟调制光信号, 光信号经过光纤信道传输至接收端, 经过光电探测器转换为电信号, 进而收端可以复原发端时钟信号, 在实际通信系统中一般采用这种方案.

4. 发端编码

假设 Alice 端发出的随机量子态调制序列, 因为收发两端需要时序同步, 因此我们对脉冲序列需要做位置标注. 如图 9.5 所示, 假设 Alice 端数量为 8 的光脉冲, 则随机数制备模块制备长度为 8 的随机数序列, 实现对应偏振量子态的调制, Alice 端同时根据密钥比特与基比特设定, 获得密钥比特和基比特序列.

5. 量子态的解码与探测

系统的同步时钟传送到接收端后, 收发两端事件个数和序列号对齐. 接收端解码装置采用与发端调制相同个数的随机数, 随机选择测量基. 由于系统只存在 Z 基 (0) 和 X 基 (1) 两种测量基, 所以此方案中的收端随机数可以采用单个比特表征这两个随机状态.

假设, 收端随机制备了如图 9.6 所示的随机数序列, 则测量基如第三行示意 (× 示意 X 基, + 示意水平竖直基). 由于光子经过信道被吸收或散射等作用, 造成光信号衰减, 同时探测器效率不是 100%, 所以探测器响应到的事件个数小于发射端发出的序列个数. 假设探测器响应结果如图 9.6 所示, 其中 1 表示有探测响应, ×表示未有响应. 在有探测响应的位置, 根据测量结果和经典比特与量子态的对应关系, 可以对应获得密钥信息, 这种未经数据处理流程的密钥称为原始密钥.

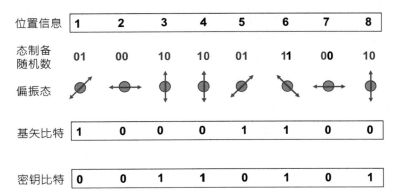

图 9.5　发送方编码量子态及对应比特序列示意图

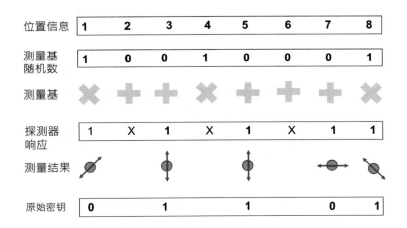

图 9.6　接收方对应解调信息及比特序列示意图

6. 对基

两组基满足如下投影关系:

$$\langle \rightarrow | \uparrow \rangle = \langle \nearrow | \nwarrow \rangle = 0$$

$$\langle \rightarrow | \rightarrow \rangle = \langle \uparrow | \uparrow \rangle = \langle \nearrow | \nearrow \rangle = \langle \nwarrow | \nwarrow \rangle = 1$$

$$|\langle \rightarrow | \nearrow \rangle|^2 = |\langle \uparrow | \nearrow \rangle|^2 = |\langle \rightarrow | \nwarrow \rangle|^2 = |\langle \uparrow | \nwarrow \rangle|^2 = \frac{1}{2}$$

可知, 对于同一组基内的两个正交态, 相互投影概率为 0, 任一量子态对自身投影概率为 1, 而 Z 基中的任一量子态与 X 基中任一量子态投影概率为 50%. 这就表示, 如果利用 Z 基对 $|\rightarrow\rangle$、$|\uparrow\rangle$ 偏振态进行测量, 则会得到一个确定的结果, 也就是说 $|\rightarrow\rangle$ 和 $|\uparrow\rangle$ 是 Z 基的本征态. 而如果用 Z 基对 $|\nearrow\rangle$ 和 $|\nwarrow\rangle$ 进行测量, 由于 X 基于 Z 基非正交, 此时测量结果会随机塌缩到 Z 基的本征态上, 所以无法确定性地判别输出的偏振态. 对于 X 基则有类似的结果. 由于不同基之间的非正交性, 这就满足了不确定性原理的要求, 使得窃听者的攻击行为会被发现.

考虑到 Alice 和 Bob 不同的选基, 测量过程中, 只有当 Alice 和 Bob 选基相同时, Bob 每次测量的结果是确定的, 该次通信会产生密钥. 当选基不同时, 测量结果是一个随机过程, Bob 得到的测量结果和 Alice 的编码信息没有确定关系, 所以不能用来产生密钥.

由于选基不同时, 测量结果与 Alice 的编码信息没有确定关系, 所以不能用来产生密钥, 所以原始密钥并不可以用作通信双方共享的随机数, 而需要收发双方通过测量基比对后, 测量基一致的密钥方可保留, 此流程称为对基.

如图 9.7 所示, 对于第 1、3、7 位, 收发两端采用相同的测量基, 所得的探测结果与发送量子态匹配, 对于第 5、8 位置, 虽然有探测结果, 但是由于随机选择的测量基不匹配, 探测结果对应的 0、1 比特与发端 50% 概率相同, 此位置的原始密钥丢弃. 原始密钥经过对基处理后, 舍弃掉两端基矢不匹配的事件, 此时保留下来的密钥称为筛后密钥.

通过对基流程后可以发现, 在整个过程中, 通信双方只是公布了各自的测量基, 并没有泄露测量得到的结果, 但是得到了一致的筛后密钥 (不考虑窃听和噪声的理想条件下).

7. 后处理

后处理模块主要是对物理系统获得的经典数据进行运算、处理. 为了使得通信双方建立完全一致的密钥, 对基后的密钥数据仍要进行误码估计、比特纠错保密放大流程.

系统中, 由于探测器不完美、信道噪声和攻击者的影响, 会导致收端对基正确时仍产生错误密钥. 比如发送一个光子在信道中被吸收损耗, 但探测器依然响应了噪声信号并记为探测结果, 此时的探测结果转换的密钥即可能为误码比特.

误码估计流程中, Alice 和 Bob 通过公共信道, 将筛后密钥随机地拿出一部分进行比对, 如果此误码值超过系统设定的安全阈值, 则摒弃此次产生的密钥; 若低于设定的安全阈值, 则双方保留剩余的密钥, 进行比特纠错过程.

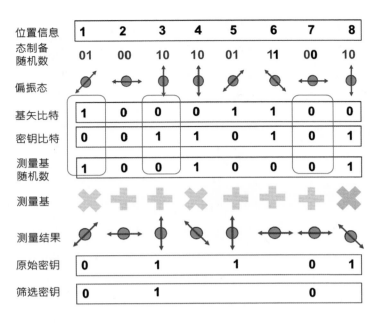

图 9.7　对基数据处理流程示意图

比特纠错阶段 Alice 和 Bob 通过公共信道进行数据协商, 主要利用纠错算法对密钥纠错, 使得处理后的密钥 $K_A = K_B$. 实际纠错方法是在接受方测量完全部量子态后, 发送方传输检验子给接收方, 接收方通过校验矩阵和自己测得的数据恢复出发送方原本想发送的数据.

最后, Alice 和 Bob 通过公共信道, 利用保密增强技术压缩攻击者 Eve 获得的信息量, 使得 Alice 与 Eve 的互信息量 $I(K_A : K_B) \approx 0$, 即窃听者完全不掌握任何关于最终密钥的信息.

9.2.3　BB84 协议窃听行为下的安全性简析

1. 分束攻击

分束攻击, 即 Eve 从信道中将编码的光信号分束出一部分, 通过测量这些光信号来窃取信息.

在经典光通信中, 光信号是经典强光信号, Eve 从中分出一部分光信号进行测量可以获取信息. 但是在量子密钥分配系统中, 分束攻击方案不可能成功. 因为 QKD 系统采用的是单光子光源, 而单光子不可再分, 如果 Eve 设法截获到该光子, 则 Bob 必然没有收到, 则该光子在 Alice 和 Bob 筛选密钥的过程中被丢弃了 (在演示系统中可以观察到密钥量下降), Eve 没有得到有用的信息. 反之, 若 Bob 测到的光子, 则该光子没有被Eve 截获, 也就是安全的.

2. 截取重发攻击

截取重发攻击, 即窃听者将光子从量子信道上截获后测量, 并根据其测量方式和测量结果, 再制备一个量子态传给收方, 从而试图隐藏窃听行为. 该攻击主要包含如下流程: ① Alice 向 Bob 发送一串编码随机比特的偏振光子序列; ② 窃听者 Eve 从信道中截取 Alice 发送的光子; ③ Eve 采用类似于 Bob 的测量装置对发送光子态进行测量; ④ Eve 根据测量结果, 复制一个和测量结果一样的偏振光子态给 Bob; ⑤ Bob 随机选取测量机对 Eve 发送的伪装偏振光子序列测量.

过程中, 由于 Eve 不知道 Alice 端发送的光子态, 所以 Eve 只能随机选取测量基对所截取的光子进行测量. 对于 50%概率选对测量基的量子态, Eve 可以得到正确的测量结果, 并发送正确的量子态给 Bob, 最终 Bob 在对基准确的情况下可以得到正确的结果; 而对于 50%概率选基错误的量子态, Eve 会获得错误的基组下量子态测量结果, 并复制发送到 Bob, 此后 Bob 在对基成功后, 仍有 50%的概率得到误码比特. 因此, 总体来说, 在截取重发攻击中, 即使 Bob 端与 Alice 端对基正确, 仍将产生 25%的误码, 相对于没有窃听者时接近于 0 的误码, 这种高误码很容易区分, 进而感知窃听行为的存在.

9.2.4 量子保密通信的发展

量子密钥分配协议自提出以来, 最初的十年内并没有受到太大的关注. Shor 算法的提出使得人们认识到经典密码的潜在危机, 此后量子密钥分配的理论和实验研究不断进步, BB84 协议的无条件安全性也得到严谨和完善的证明.

第一个量子密钥分发协议由 Bennett 等人于 1992 年实现, 当时只传播了 32 cm. 2005 年, 中国科学技术大学中国科学院量子信息重点室郭光灿院士团队基于相位编码技术在国际上首次经由商用光纤实现了 125 km 量子密钥分发, 2011 年该团队建成世界首个广域量子密码网络 (网络覆盖合肥—巢湖—芜湖 3 个城市); 2014 年, 我国量子保密通信"京沪干线"实现技术验证及应用示范; 2016 年"墨子号"科学实验卫星升空, 量子密钥分发是其三大科学任务之一; 2022 年, 郭光灿院士团队实现无中继 833 km 量子密钥分发, 创造了当时新的世界纪录; 2023 年无中继量子密钥分发距离突破了 1000 km.

在科研成果不断登高的同时, 量子保密通信产业也已如火如荼地展开, 各国量子保密通信网先后建成. 美国 DARPA 量子密码网、欧洲 SECOQC 量子密码网、中国北京四节点全通量子密码网、中国芜湖多层级量子政务网、日本东京量子密码网等城域城际 QKD 网络相继建成. QKD 技术已经取得了快速的发展并迈入实用化进程, 预示着 QKD 技术成为后量子时代保密通信中坚力量的良好前景. 考虑大规模长距离实施部署, QKD 当前也仍然存在一些挑战.

1. 挑战

大规模实用化量子网络铺展存在的一个挑战是 QKD 理论安全性与实际安全性之间的差距. QKD 理想的安全性需要系统采用完美的单光子源和单光子探测器支撑. 然而, 理想的设备实际并不存在, 带来结果是设备缺陷可能会引发安全漏洞, 从而破坏系统实际安全性.

QKD 网络大规模实施面临的另一个挑战便是在具有高通道损耗和退相干特性的信道条件下, 需要做的是提高 QKD 密钥率、提高通信距离, 降低 QKD 设备成本并提高集成度.

物理通信信道引入导致传输损失随距离呈指数增长, 而 QKD 协议的密钥率也线性地与信道的透射率成比例减小, 这就从根本上限制 QKD 系统实际实施的最大距离. 仔细来说, 即使采用理想的单光子源和完美的单光子探测器, 考虑通信光纤典型衰减 0.18 dB/km, 经过 1000 km 理论后透射率为 10~18, 即使是 10 GHz 的理想单光子, 每个实际也只能探测到 0.3 个光子.

同时, 降低成本并提升稳定性也是 QKD 系统研发工程师一直追求的目标. 由于大量使用了高性能的分立型器件, 如窄线宽激光器、高带宽调制器、低噪声光电探测器、单光子探测器、光纤延时线等, 且这些分立型器件组成的光路也较为复杂, 这导致了 QKD 设备的成本、体积、可量产性、可靠性, 都面临一定的挑战, 阻碍了 QKD 设备的大规模商用化发展.

2. 进展

对于实际中设备的不完美带来的安全隐患, 可以通过现有协议进行修正或提出新的协议来解决. 针对实际弱相干光源中的多光子项的安全性, 2003 年 Hwang 提出的诱骗态思想, 2005 年加拿大多伦多大学的 Hoi-Kwong Lo、马雄峰、陈凯和清华大学的王向斌教授分别独立地提出了诱骗态协议, 可以抵抗光子分束攻击. 针对测量端探测器可攻击的漏洞, 学者已提出并在实验中广泛证明了测量设备无关 (MDI)QKD 等协议的安全性和可用性. 此方案中 Alice 和 Bob 都是发送者, 他们将信号发送到不受信任的第三方 Eve, Eve 执行贝尔不等式测量 (BSM). 由于测量设备仅用于后期纠缠后选择, 因此完全可以将其视为一个黑匣子. 因此, MDI-QKD 可以免除探测端所有侧信道攻击影响. 除此之外, MDI-QKD 系统中由于通信双方分别向中间节点发送信息的系统结构, 还具有抵抗通道损耗并扩展通信距离的优势. 基于此协议, 实验已经实现了 404 km 低损耗光纤信道下 (0.16 dB/km) 的 QKD 系统.

同时, 一些新的以突破信道衰减, 提升通信距离和码率为目的的新协议设计也取得了进展, 比如用以提高光子信息容量的高维 QKD、可以提高噪声容限的 RRDPS-QKD 以及突破密钥率—距离限制的 Twins-Field (TF)-QKD 协议.

高维 QKD 每个光子携带信息大于 1 bit, 因此在调制速率受限的条件下, 可以提高光子信息容量. 其在联合攻击下的安全性已经获得了证明. 实验室阶段, 在 20 km 传输距离条件下, 已经获得了每个计数 6.9 bit、密钥率 2.7 MB/s 的测试数据.

Round-Robin(RR)DPS 协议在 2014 年提出. 对比传统的 QKD 协议, 其优势在于该协议无需监测信道扰动对安全性的影响. 目前看来, RR-DPS-QKD 在距离为 50 km 的条件下密钥率约为 10 kbit/s, 尚且不能与更成熟的诱骗态 BB84 协议竞争. RR-DPS-QKD 具有对编码具有鲁棒性的优点, 但也有易受到探测器的攻击的缺点.

在 MDI-QKD 基础上, 2018 年 Z. L. Yuan 新提出的协议 TF-QKD, 理论上可以将 QKD 可运行距离进一步拓展. 2022 年, 中国科学技术大学郭光灿老师团队基于此协议已经将无中继 QKD 系统通信距离纪录刷新到 833 km; 2023 年, 中国科学技术大学刘洋老师团队将数据刷新至 1000 km 水平.

在科研人员也致力设计新的 QKD 协议的同时, QKD 相关的硬件系统也不断升级. 对于采用单光子的 QKD 系统, 探测器性能对密钥率有直接作用, 因此要求探测器效率高、"死时间" 短效率高. 近些年, 基于超导纳米线的 SNSPD 探测器研究进展良好. 在通信波长其量子效率高达 93%, 同时具有死时间短 (约 10 ns)、暗数低 (< 10 Hz)、时间抖动低 (< 100 ps) 的特性, 这将使得安全码率有几近 4 倍的提升, 极具商业价值. 同时具有超短死时间的自差分 InGaAs 雪崩光电二极管和频率上转换探测器也都在不断发展, 以求提升探测端性能. 光纤信道的单位长度传输损耗也逐步降低. 目前, 超低损耗光纤制作技术将光纤的制作已经不是技术难题, 最先进的光纤已经实现光纤衰减 0.142 dB/km, 将来有望进一步降低, 将显著提升超长距离通信网络的性能.

面对通信距离限制, 科研人员提出一种新的解决方案——使用量子中继器. 目前, 量子中继的应用仍然受到量子存储器等硬件的限制. 临时可行的替代方案是采用可信的

量子信息基础与实验
Fundamentals and Experiments of Quantum Information

中继. 依靠现有技术, 可信中继方案已经可以实地部署, 只是过程中需要对中继节点进行严格保护. 我国国盾量子科技股份有限公司已建立了世界上最长的量子安全通信骨干网——京沪干线, 总超过 2000 km. 同时, 安徽问天量子科技股份有限公司也建立了全球首个相位编码广域商用密码网络——宁苏干线. 考虑信道损失和自由空间中的弱退相干特性, 基于卫星作为中继节点的量子通信被寄予厚望. 大气自由空间中的衰减较光纤衰减少, 特别是在地球大气层以上的真空中, 几乎可以忽略不计. 因此, 有希望使用卫星作为中间可信节点, 只要量子态可以穿透地球的大气层. 这种中继方案提供了一种独特的世界规模的量子通信方法.

降低成本和提高稳定性一个重要途径是光子集成. 芯片级集成有助于实现系统形态高度小型化, 使得小巧轻便 QKD 模块可以低成本批量生产. 目前, 基于硅材料、三五族材料和二氧化硅为主的集成光学技术不断取得进展, 但是由于不同功能模块所适配的集成材料体系不一致, 所以如何实现混合集成或在同一个基底上实现整个 QKD 系统光学器件的集成, 仍需将来一段时间的持续努力.

9.3　QKD 系统组成及关键器件

量子密钥分配系统是一套集成光学、电子学、软件控制的复杂系统. 结合前文原理介绍, 本节内容作为理论课和实验课的过渡阶段, 介绍以实现 BB84 协议的 QKD 系统关键器件的原理, 以及在使用过程中的注意事项等.

本节内容主要讲述 BB84 协议 QKD 系统的各个模块, 主要包括制备单个光子的单光子源, 量子态的调制, 实现光传输的光纤信道, 实现单光子探测的单光子探测器, 实现量子密钥分发收发同步的同步系统, 以及整个系统的控制软件和密钥生成软件. 通过这些模块的原理、功能介绍, 让学生的实际实验操作更加规范, 对量子实验中的各器件、模块以及控制系统的功能更加熟悉和理解.

9.3.1　QKD 系统组成

QKD 系统的核心是基于通信双方各自制备的随机数序列, 实现两方共享的相同的随机数序列. 可以实现这一过程的系统协议和结构各异, 但总结来说, 也具有共性, 一般主要包含随机数源、光源、编码、信道传输、解码、探测、后处理等部分 (图 9.8).

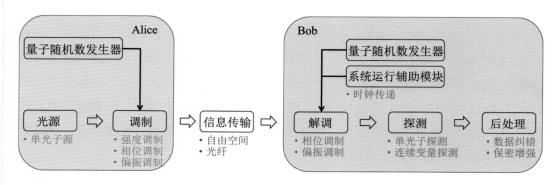

图 9.8　QKD 系统组成概图

　　随机数源是指满足随机性测试的随机数发生器, 产生的随机数用于实现发端任一量子态的随机制备和收端测量基的随机选择. 密钥分发过程中, 信息载体是光子, 所以光源用于发射光子. 基于安全性考虑, 要求传输光子为单光子量级, 方能不可再分, 满足量子不可克隆定理, 所以在实际系统中, 常用强激光经过强衰减后获得的弱相干光源用作系统的光源. 调制模块用于信息编码, 信息的 0/1 比特信息可以编码在光子的相位、偏振、强度等参量上. 携带编码信息的光子经过信道传输到接收 (Bob) 端. QKD 的传输信道与经典通信相同, 主要有光纤信道和自由空间信道.

　　在短距离城域网范围内, 光纤通信网络应用广泛. 考虑不同波长光在光纤中传输的衰减特性 (0.2 dB/km@1550 nm, 0.3 dB/km@1310 nm)(图 9.9), 常用 1550 nm 波段激光器作为光纤通信系统光源. 对于广域网络, 因为 QKD 系统发射光子为单光子量级, 在传输过程中不可放大, 所以长距离下光纤衰减严重影响系统性能. 如欲实现长距离如洲际通信, 常通过自由空间信道, 并以卫星为中继, 实现信息传递. 在自由空间中, 同样考虑大气吸收峰的影响, 可选择 770 nm 和 860 nm 波段光源.

　　辅助模块用以实现收发两端系统的时钟同步. 时钟就是产生时间信号, 包含频率、周期、抖动、漂移等参数. 系统中要求收发两端频率完全相同, 信息的发送、编码、解码与探测时钟同步, 信息的编解码才不会错位.

　　信息经解调模块, 将发端的编码信息解析出来, 然后进入探测模块. 能够探测到单个光子能量量级的光信号的探测器称为单光子探测器. 经过单光子探测器光信号转换为电信号, 经过信号处理转换成比特信息, 再通过数据纠错和保密增强等数据处理手段, 使得双方获得安全且一致的密钥.

量子信息基础与实验
Fundamentals and Experiments of Quantum Information

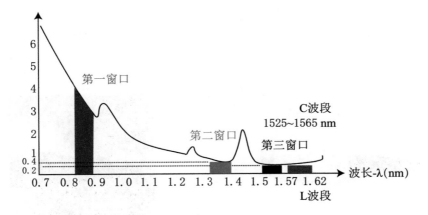

图 9.9　不同波长光束在光纤中传输损耗曲线

9.3.2　光源

在 BB84 协议中, 信息的物理载体是单个光子, 因此在量子密钥分配实验中应当使用某种每触发一次就发射且仅发射一个光子的设备作为光源, 这样的设备被称为单光子光源.

但是到目前为止, 对单光子光源的研究还停留在理论构想和实验验证阶段. 利用单分子、量子点等方法构建的单光子光源普遍存在设备复杂、操控困难的缺点, 并且输出光子的波长也不处在光纤的通信窗口中. 比较常用的方法是用经过强衰减的脉冲激光替代单光子光源, 我们把这种光源称为弱相干光源. 一般使用输出相干光的 DFB 激光器, 输出微瓦 (μW) 级别的光强, 再将其衰减至弱光水平.

DFB 激光器 (图 9.10) 主要以半导体材料为介质, 包括锑化镓 (GaSb)、砷化镓 (GaAs)、磷化铟 (InP)、硫化锌 (ZnS) 等. 半导体激光器优点之一就是可以直接将电信号转换为光信号, 也即直接调制特性. 这是一种最简单的产生光信号的方式, 也是光纤通信中最早采用的调制方法. 其优势在于低成本、低功耗、体积小、可批量生产, 这对于短距离、低成本光纤通信应用极为重要.

DFB 激光器一般通过窄脉冲电路驱动装置 (图 9.11) 触发进行工作, 触发频率 1 kHz~1 GHz 可设置, 如图 9.12 所示, 输出光脉冲可通过光电探头加示波器测得, 在实现量子密钥分配的系统中, 一般光源的重复频率, 表示量子态的制备速率, 所以越高的重复频率将在量子密钥生成的效率上体现直接的作用. 如目前最高的重复频率已有研究团队实现 5 GHz 的光重复频率. 另外, 输出脉冲光的有效宽度也是技术实现上的关键点, 例如 5 GHz 的重复频率, 意味着 200 ps 的周期, 那么考虑脉冲间的串扰, 每个光脉冲的有效宽度应小于 50 ps.

图 9.10　分布式反馈 (DFB) 激光器

图 9.11　激光器驱动电路

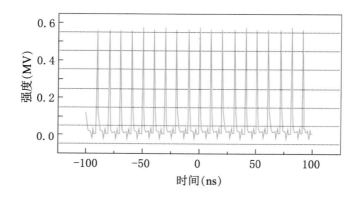

图 9.12　用光电探头加示波器测得的 DFB 激光器输出光脉冲

9.3.3　光纤及光纤器件介绍

1. 光纤及连接

光纤是指传输光的导光纤维, 一般是由纤芯、包层和涂敷层构成的多层介质结构的对称圆柱体 (图 9.13). 光纤是全反射原理的一个重要应用: 光纤纤芯的折射率略高于包层的折射率, 根据光的折射和全反射原理, 当光线射到纤芯和包层界面的角度大于临界角时, 光线全部反射, 从而保证光被限制在纤芯里进行传输. 光纤的应用十分广泛, 由最初的传像、医疗诊断到通信网络, 从长距离光纤通信到光纤传感, 广泛应用于医疗、通信、军事、能源等各种领域.

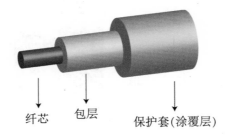

纤芯　　包层　　保护套(涂覆层)

图 9.13　光纤结构

光纤中有一类特殊的光纤是保偏光纤. 当光偏振平行于保偏光纤快、慢轴入射时, 光在保偏光纤中传输中能偏振稳定不变.

光纤接头 (optical fiber splice) 用以将两根光纤联结在一起, 并有保护部件的接续部分, 光纤接头是光纤的末端装置, 光纤接口是用来连接光纤线缆的物理接口. 类型有 FC, SC, ST 等.

FC 是 ferrule connector 的缩写, 表明其外部加强件一般采用金属套, 紧固方式为螺丝扣 (图 9.14). 圆形带螺纹接头, 是金属接头, 金属接头的可插拔次数比塑料要多. 一般电信网络采用, 有一螺帽拧到适配器上. 优点:牢靠、防灰尘. 缺点:安装时间稍长.

图 9.14　FC 接头

接头的类型基本分为 PC, APC, UPC 三种.

PC 是 physical contact 的缩写, 为物理接触. PC 是微球面研磨抛光, 插芯表面研磨成轻微球面, 光纤纤芯位于弯曲最高点, 这样可有效减少光纤组件之间的空气隙, 使两根光纤端面达到物理接触 (图 9.15). PC 接口广泛应用于电信运营商设备上.

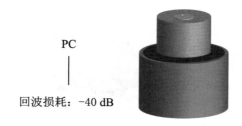

PC

回波损耗：−40 dB

图 9.15　PC 接口

UPC 是 ultra physical contact 的缩写, 为超物理端面. UPC 连接器端面并不是完全平的, 有一个轻微的弧度以达到更精准的对接. UPC 是在 PC 的基础上更加优化了端面抛光和表面光洁度, 端面看起来更加呈圆顶状. 通常被用于以太网网络设备上.

APC 是 angled physical contact 的缩写, 称为斜面物理接触, 光纤端面通常研磨成 8° 斜面. 8° 角斜面让光纤端面更紧密, 并且将光通过其斜面角度反射到包层而不是直接返回到光源处, 提供了更好的连接性能. 一般用于激光器等模块输出应用.

光纤头端面查看使用光纤端面检测仪, 可以观察断面是否污染或损坏, 受污染的端面需要清洁干净 (图 9.16), 这样会减少连接损耗. 损坏的接头需要及时淘汰.

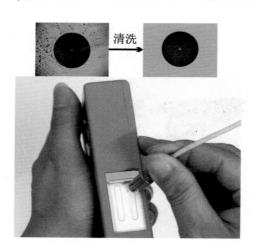

清洗

图 9.16　光纤接口的清洁

注意事项:

① 勿过度弯折光纤, 造成光纤的折断.

② 注意保持光纤表面或端面的清洁, 戴防尘帽.

③ 注意眼睛不要注视光源.

④ 防止侧压和过度拉拽, 以免损伤光纤.

⑤ 防止尖锐物体对光纤的损伤.

光纤法兰盘 (又称光纤适配器、耦合器) 是光纤活动连接器中连接部件 (图 9.17), 光纤之间由适配器通过其内部的开口套管连接起来. 实现连接损耗小于 0.1 dB. 且连接的两端接头必须保证同种类型的接头, 禁止 PC 与 APC 头连接.

图 9.17　法兰

2. 光纤分束器

光纤分束器就是将一根光纤内的波长、能量、偏振等特性进行重新分配到不同光纤内的一种器件. 光纤分束器是对光信号实现分路、合路和分配的无源器件, 是波分复用、光纤局域网、量子密钥分配网络中不可缺少的光学器件.

光纤分束器的原理如图 9.18 所示, 一束光经过光纤连接器进入特定的介质 (通过镀膜控制反射透射的比例), 分为透射和反射两束光沿不同路径输出. 分出的光强比例如: 50:50, 1:99 等. 分束器 (Beam Splitter, BS) 用以实现光束的分束 (port 1→port 2/port 3, 即 pin→port 1/port 2), 由于光路可逆性, 也可以用来实现光的合束 (port 2/port 3→port 1), 其关键参数包含额外损耗、插入损耗和分束比.

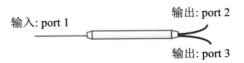

图 9.18　1*2 分束器示意图

213

额外损耗是指器件在分束或者合束时, 输出的总光强与输入光强相比存在损耗, 此值即为额外损耗. 其计算公式为

$$Excess\ Loss(\text{dB}) = 10\lg\frac{P_{\text{in}}(\text{mW})}{P_{\text{put}}(\text{mW})} = 10\lg\frac{P_{\text{port1}}(\text{mW})}{P_{\text{port2}}(\text{mW}) + P_{\text{port3}}(\text{mW})}$$

分束比指的是一束光被分成多束后, 多束光的光强比例, 对于图 9.20 所示 1*2 分束器, 即为 port 2 与 port 3 的功率之比. 常用器件的分光比有 50/50, 60/40, 90/10, 99/1 等.

耦合器的插入损耗指的是耦合器的一个输出分支 (信号输出或低功率输出) 处输入功率与输出功率的比值. 插入损耗总是以分贝 (dB) 为单位. 它一般定义为

$$Insert\ Loss_{(\text{port1}\to\text{port2})}(\text{dB}) = 10\lg\frac{P_{\text{in}}(\text{mW})}{P_{\text{put}}(\text{mW})} = 10\lg\frac{P_{\text{port1}}(\text{mW})}{P_{\text{port2}}(\text{mW})}$$

$$Insert\ Loss_{(\text{port1}\to\text{port2})}(\text{dB}) = 10\lg\frac{P_{\text{in}}(\text{mW})}{P_{\text{put}}(\text{mW})} = 10\lg\frac{P_{\text{port1}}(\text{mW})}{P_{\text{port3}}(\text{mW})}$$

3. 偏振光纤分-合束器

基于光纤的偏振光束合束器 (PBC) 或偏振光束分束器 (PBS) 用于将两束正交偏振光耦合入一根光纤中, 或将一根光纤中含有的正交线偏振光分别耦合到两根输出光纤中. 在该器件中, 方解石棱镜的一侧都具有两根保偏 (PM) 光纤分支, 而另一侧为一根单模 (SM) 光纤. 在两根保偏光纤中, 光纤的慢轴都与一个偏振状态的最大透射方向对准.

PBC 和 PBS 具有一个单模光纤分支和两个保偏光纤分支, 如图 9.19 所示. 如果一个非偏振信号输入到该单模光纤 (端口 3) 中, 方解石棱镜会将光束分为两束正交的线性偏振光束. 每根保偏光纤的慢轴都与从棱镜 (端口 1 和 2) 出射的偏振光的偏振方向一致. PBC 还可以反向应用, 将两束从保偏光纤分支输入的正交偏振光束耦合到一根单模输出光纤中, 此时称为 PBS. 入射到端口 1 和 2 的光束, 其偏振方向应与光纤慢轴对准. 从端口 1 和 2 入射的光束, 如果其偏振方向与光纤快轴对准, 棱镜将会使其从不同方向折射, 最后不会从端口 3 出射. 偏振光束合束器常用于将从两个泵浦激光器出射的光束耦合到一根光纤中, 从而增大对掺铒光纤放大器或拉曼放大器的输入光信号.

PBS 用以将水平和竖直偏振光耦合进入同一根光纤或者将入射光分束成偏振互相垂直的两束光.

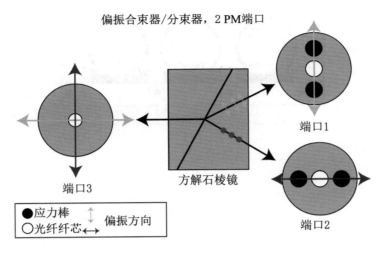

偏振合束器/分束器，2 PM端口

端口1

方解石棱镜

端口3

端口2

● 应力棒
○ 光纤纤芯

偏振方向

图 9.19 偏振分束器示意图

PBS 的两个关键参数为插入损耗和消光比. 实验中配合偏振控制器 PC 可以实现 PBS 测试. 插入损耗的测量与 BS 相似, 调节 PC, 使得入射光偏振与 port 1 透射方向一致, 然后根据公式计算衰减:

$$Insert\ Loss_{(port3\to port1)}(\text{dB}) = 10\lg\frac{P_{in}(\text{mW})}{P_{put}(\text{mW})} = 10\lg\frac{P_{port3}(\text{mW})}{P_{port1}(\text{mW})}$$

同理, 通过调整 PC 使得输入光偏振态为 port2 透射方向, 测试 port3port2 插损.

$$Insert\ Loss_{(port3\to port2)}(\text{dB}) = 10\lg\frac{P_{in}(\text{mW})}{P_{put}(\text{mW})} = 10\lg\frac{P_{port3}(\text{mW})}{P_{port2}(\text{mW})}$$

PBS 的消光比用以衡量互相垂直的偏振态之间的强度耦合, 让本该耦合进入 port 1 的光有部分耦合进入 port 2. 消光比即耦合进入 port 2 的光强与耦合进入 port 1 光强之比. 其方法是线偏光入射, 调节 PC, 使得 PBS 两输出端功率值分别最大和最小, 根据最大值和最小值的比值, 计算消光比的值 ER(extinction ratio), 其计算公式为 (假设入射光为理想线偏光).

$$ER(\text{dB}) = 10\lg\frac{P_{max}(\text{mW})}{P_{min}(\text{mW})}$$

4. 偏振控制器

偏振控制器 (PC) 是利用光纤在外力作用下产生双折射原理, 实现光的偏振态的改变. 如图 9.20 所示, 其中三个环分别等效为 $\lambda/4$, $\lambda/2$, $\lambda/4$ 三种波片, 光波经过 $\lambda/4$ 波片转换为线偏振光, 再由 $\lambda/2$ 波片调整偏振方向, 最后经由 $\lambda/4$ 波片将线偏振光的偏振状态变成任意的偏振态.

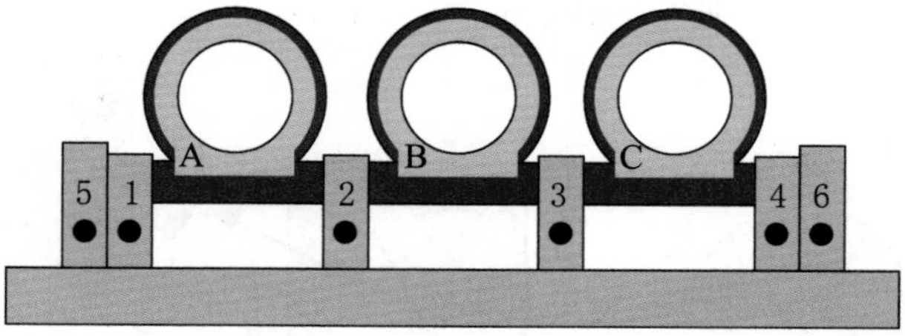

图 9.20　偏振控制器的正面视图

偏振控制器 (PC) 配合偏振分束器 (PBS) 使用, 可以观测到其对偏振的调制效果. 现象为: 当激光器输出的线偏振光输入 PC 后, PC 接 PBS 的合束端, 观察 PBS 两个分束端的输出光强, 可以看到当转动 PC 时, PBS 任一端口输出光强变化, 两分束端光强之和保持相对稳定.

偏振控制器的衰减测量采用 BS 相同的定义, 测量输入输出端的功率, 根据公式计算插入损耗值.

5. 光纤衰减器

衰减器用以实现光束光强的衰减, 是一种非常重要的光学无源器件. 它可按用户的要求将光信号能量进行预期的衰减, 常用于吸收或反射掉光功率余量、评估系统的损耗及各种测试中. 常用的有固定衰减值的衰减器, 如 5 dB, 10 dB, 20 dB 等. 连续可调衰减器, 包括机械可调衰减器、电动可调的手持式衰减器和电可调可集成式衰减器, 根据特定的场合选用合适的光衰减器.

本系统中使用到两种衰减器: 固定衰减器 ATT(图 9.21) 和 MEMS 电动可调衰减器 EVOA(图 9.22). 本系统中所用固定衰减器本质等同于分束比悬殊的分束器. 假设使用 99:1 分束比的分束器, 其 1%输出端相对于输入端引入 20 dB 损耗, 电动可调衰减器 (EVOA) 用以实现衰减连续调节. 基于 MEMS 扭镜的 VOA 以双光纤准直器的两根尾纤作为输入/输出端口, 准直光束被 MEMS 微镜反射偏转, 从而联通输入/输出端口之间的光路. MEMES 微镜的反射偏转角度受控于所供给的直流电压的大小. 在本系统中, VOA 电压数字量 0~4095 对应 0~6 V 电压 (线性关系).

对于器件本身, VOA 中的微镜即使完全对准也存在耦合损耗, 此为器件固有损耗. 对于电动可调衰减器, 设定了电压值后, 需要对实际衰减值进行复核. 其方法是: 先将激光器输出光强测量出来, 并以此为参考光强. 将 EVOA 接入激光器, 调节 EVOA 输入的电压幅值, 并测量输出光强, 获得 EVOA 实际衰减值.

图 9.21　固定衰减器　　　　　　　　　　图 9.22　电动可调衰减器

9.3.4　单光子探测器介绍

单光子探测器 (SPD) 是一种极弱光信号检测设备, 具有计数稳定性高、抗干扰能力强、低噪声、探测效率高等特点, 应用于弱光精密测量分析领域, 在生物、医学、化学等各个领域的发光分析技术中已经得到应用.

1. 单光子探测器原理

单光子探测器的主要部件是雪崩光电二极管 (图 9.23). 雪崩光电二极管 (APD) 是一种高灵敏度的半导体电子设备, 利用光电效应将光转换为电.

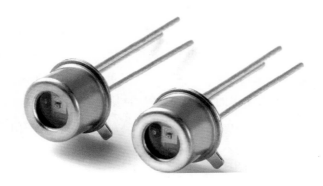

图 9.23　雪崩光电二极管示意图

单光子雪崩二极管是一类具有反向偏置 p-n 结的固态光电检测器, 在其中光生载流子可以通过碰撞电离机制而触发雪崩电流, 实现电信号放大, 进而实现弱信号甄别. 工作在盖格模式下的 APD 无法自动终止其雪崩过程, 持续的雪崩将会烧毁探测器.

同时雪崩过程中无法进行下一次探测. 因此当 APD 自持雪崩后, 为了能够保证下一个信号的准确探测, 需要采用被动抑制、主动抑制和门脉冲工作模式, 淬灭雪崩过程. 门脉冲工作模式的工作时序图如图 9.24 所示, 提供给探测器的触发脉冲, 需要与光脉冲到达时刻完全同步.

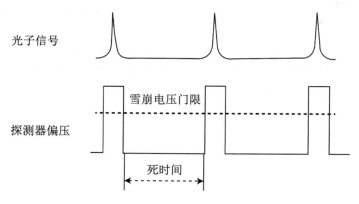

图 9.24　门脉冲工作模式的工作时序图

2. 单光子探测器参数

在量子密钥分发实验中, 单光子探测器是系统的核心器件, 其性能显著影响系统的码率和误码率. 在实验中微弱光通过光纤接口接入单光子探测器, 探测器内的铟镓砷雪崩二极管 APD 接收到光子后激发出电子, 形成电流脉冲, 再由放大器转换为电压脉冲并放大, 经甄别、成形后转换为一个具有固定脉冲幅度和宽度的电压脉冲输出.

在极弱光探测的情况下, 探测器的暗计数和后脉冲等非真实探测计数会引起系统误码率的升高. 所谓暗计数, 是指单光子探测器的 APD 在没有光子进入的情况下, 由于器件本身热噪声存在造成计数输出的情况. 而后脉冲则是指由于上一次雪崩探测后遗留在 APD 中的载流子在随后的随机时刻造成虚假探测器响应的现象. 由于后脉冲的测量需要使用时间分辨仪器, 这里我们不做测量.

探测器的探测效率是单光子探测器的核心指标, 表征着光子入射的 APD 被探测并输出计数的效率 (图 9.25). 在同样参数的系统中, 其值的大小直接影响系统的码率. 对于单光子探测器来说, 其效率与波长相关, 一般效率为 $10\% \sim 20\%$.

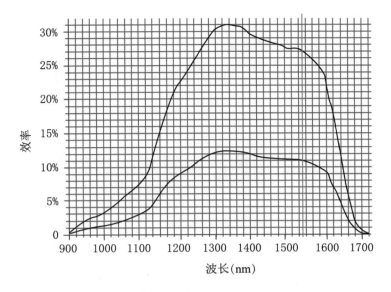

图 9.25　InGaAs/InP 光电二极管的典型光谱响应

9.3.5　红外偏振编码量子密钥分配教学机

在后续的量子密钥分配实验中,我们都会使用到红外偏振编码量子密钥分配教学机(图 9.26)这一仪器. 红外量子密钥分配 (QKD) 教学机是一款面向量子信息教学的专用设备. 本教学机基于 BB84 协议并采用偏振编码,根据量子密钥分配协议流程和关键技术设计了系列实验,仪器组件独立封装,支持自由组配,有助于使用者提升理论知识和动手能力.

图 9.26　"问天量子"生产的红外偏振编码量子密钥分配教学机

该仪器的实验安全注意事项: ① 系统工作在 15 ～ 30 ℃ 的环境中, 尤其避免过高温度下使用本系统. ② 请注意环境灯光强度, 勿使强光入射到单光子探测器. ③ 实验过程中, 请注意光纤接头端面整洁; 断开连接时, 请盖防尘帽. ④ 请勿大力操作光学器件, 请勿大力拉扯光纤.

9.4 关键器件功能和性能参数测试实验

9.4.1 常用光纤器件测试实验

1. 实验过程

系统所用器件参数信息测试方案图见图 9.27.

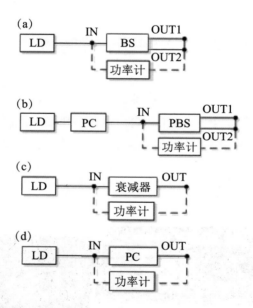

图 9.27 系统所用器件参数信息测试方案图

(1) 分束器测试实验步骤:

① 观察分束器的三个端口的光纤接口类型, 并记录.

② 搭建如图 9.27(a) 示光路, 保持 FC/APC 与 FC/PC 不混接.

③ 打开电子学控制系统电源.

④ 打开上位机软件处理系统; 打开"常规器件功能测试"实验界面.

⑤ 触发激光器 LD-H, 使其工作.

⑥ 测量进入分束器之前的功率, 即激光器输出功率 pin, 分别以 mW 和 dBm 为单位记录.

⑦ 测量 BS 输出端口 OUT 1 的输出功率 pout 1, 分别以 mW 和 dBm 为单位记录.

⑧ 测量 BS 输出端口 OUT 2 的输出功率 pout 2, 分别以 mW 和 dBm 为单位记录.

⑨ 根据公式计算固有损耗, 插入损耗, 分束比.

⑩ 关闭激光器输出.

(2) 固定衰减器测试实验步骤:

① 搭建如图 9.27(c) 所示光路 (法兰式衰减器).

② 触发激光器 LD-H, 使其工作.

③ 测量进入固定衰减器之前的功率, 即激光器输出功率 pin, 分别以 mW 和 dBm 为单位记录.

④ 测量衰减器输出端口 OUT 的输出功率 pout, 分别以 mW 和 dBm 为单位记录.

⑤ 计算固定衰减器衰减值.

⑥ 关闭激光器输出.

(3) 偏振分束器测试实验步骤:

① 理解偏振分束器的三个端口的光纤类型, 并记录.

② 搭建如图 9.27(b) 所示光路.

③ 打开激光器, 使其工作.

④ 测量进入偏振分束器之前的功率, 即 PC 后的输出功率 pin, 分别以 mW 和 dBm 为单位记录.

⑤ 调节 PC, 使得 PBS 输出端口 OUT 1 的功率最小, 记为 pout 1, 分别以 mW 和 dBm 为单位记录; 记录此时端口 OUT2 的功率最大 pout 2 , 分别以 mW 和 dBm 为单位记录.

⑥ 调节 PC, 使得 PBS 输出端口 OUT 2 的功率最小, 记为 pout 2, 分别以 mW 和 dBm 为单位记录; 记录此时端口 OUT 1 的功率最大值 pout 1 , 分别以 mW 和 dBm 为单位记录.

⑦ 根据公式计算端口 3 到端口 1 和端口 2 的损耗及消光比.

⑧ 关闭激光器输出.

(4) 偏振控制器测试实验步骤:

① 保持如图 9.27(b) 所示光路.

② 打开激光器 LD-H, 使其工作.

③ 调节 PC, 观察 PBS 分束端的功率变化, 观察偏振的调节效果.

④ 去掉 PBS, 使其变成如图 9.27(d) 所示光路.

⑤ 测量进入 PC 之前的输入功率 pin, 分别以 mW 和 dBm 为单位记录.

⑥ 测量经过 PC 后的输出功率 pout, 分别以 mW 和 dBm 为单位记录.

⑦ 根据公式计算 PC 的插损, 分别以 mW 和 dBm 为单位记录.

⑧ 关闭激光器输出.

(5) 衰减器校准测试步骤:

① 搭建如图 9.28 所示光路.

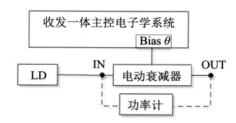

图 9.28 电动可调衰减器测试光路图

② 打开光有源器件子菜单界面.

③ 控制激光器发光, 并测量激光器的输出功率 pin, 以 dBm 为单位记录, 并以此为 0 dB 参考.

④ 从操作界面上设置 VOA 电压值的数字量, 并保存.

⑤ 测量的衰减值.

⑥ 重复上述步骤, 直至完成表格中所有数据测试.

⑦ 点击右上角"生成曲线按钮", 获得驱动电压与衰减曲线.

⑧ 关闭激光器输出.

⑨ 关闭电学控制模块电源, 关闭软件系统.

2. 实验数据

相关数据可记录在表 9.2 中.

表 9.2 实验数据

分 束 器	pin	pout 1	pout 2
接口类型			
功率 (mV)			
功率 (dBm)			
插损 (dB)			
分束比			
固定衰减器	pin	pout	
功率 (mV)			
功率 (dBm)			
衰减			
偏振分束器	pin	pout 1	pout 2
光纤类型			
功率		p_{max}	p_{max}
		p_{min}	p_{min}
插损			
消光比			
偏振控制器		pin	pout
功率 (mW)			
功率 (dBm)			

电动可调衰减器测试表格

电压	衰减	电压	衰减	电压	衰减	电压	衰减
0		1300		2100		2900	
200		1400		2200		3000	
400		1500		2300		3100	
600		1600		2400		3200	
800		1700		2500		3300	
1000		1800		2600		3400	
1100		1900		2700		3500	
1200		2000		2800		3600	

9.4.2　单光子标定与单光子探测实验

1. 实验过程

(1) 单光子标定

理想的单光子光源还停留在实验验证阶段, 在现阶段的量子密钥分发实验中, 比较常用的方法是使用经过强衰减的弱相干激光光源作为通信系统的单光子光源.

实验的偏振 QKD 系统通过调节光路衰减模块, 包括固定衰减器和可调衰减器, 使得密钥分发系统发送端出射光子达到单光子水平, 所需设置衰减值计算过程如下:

假设实验用的激光器参数为: 波长 1550 nm, 重复频率 10 MHz. 单个 1550 nm 光子的能量为

$$E = h\nu = \frac{hc}{\lambda} = 6.626 \times 10^{-34} \times 3 \times \frac{10^8}{1550 \times 10^{-9}} = 1.28 \times 10^{-19} \text{ (J)}$$

式中, h 为普朗克常量, c 为光速, λ 为光波长.

由于我们采用的 1550 nm 激光器的发光重复频率为 10 MHz, 当每个脉冲平均光子数为 1 个光子时, 输出功率为

$$P = nfE = 1 \times 10 \times 10^6 \times 1.28 \times 10^{-19} = 1.28 \times 10^{-12} \text{ (W)}$$

式中, n 为平均光子数脉冲, f 为光触发频率, P 为光功率.

设脉冲激光器发光功率为 P_0, 则从激光发光出口处所加衰减值为

$$Loss = 10 \lg \frac{P_0}{P}$$

时, 单光子制备完成. 例如: 激光器发光功率测量结果为 20 μW, 则所加衰减值为

$$10 \lg \frac{20 \times 10^{-6}}{1.28 \times 10^{-12}} = 61.9 \text{ (dB)}$$

即在脉冲激光器出口处加衰减 61.9 dB, 便可得到平均光子数为 1 个光子/脉冲的激光. 衰减单位 dB(分贝) 是一个无量纲单位, 用以量度两个相同单位数值的相对比值.

由于单个衰减器件难以实现上述 60 dB 以上的衰减, 所以可以使用固定衰减器和可调衰减器组合方式实现. 如果计算出衰减小于 40 dB, 则使用单个可调衰减器即可实现. 当一次性测量两个器件的串联衰减, 可能最终的光强较低, 超出探测极限, 造成测试不准确, 所以实验中可以采取采用分段测量衰减的方法, 两个衰减器在量程范围内分别设置合适的衰减, 以衰减总和保证系统进入信道之前的平均光子数为 1.

实验步骤如下:

① 打开软件处理系统.

② 打开电学控制系统.

③ 打开激光器,使其工作.

④ 测量激光器的输出功率 pin(mW/ dBm).

⑤ 计算输出为 0.6 单光子/脉冲时的目标功率 P(dBm).

⑥ 根据公式,计算应该加的衰减值 Loss.

⑦ 根据衰减器值 Loss 大小,搭建图 9.29 所示光路图 (如 Loss ≤ 40 dB, 则不需要固定衰减器).

⑧ 根据固定衰减值 Loss 2(没有固定衰减器时, 衰减值为 0), 计算可调衰减器需要调节的衰减值 Loss 1.

⑨ 调整可调衰减器驱动电压至合适值,使两个衰减器的衰减值之和与理论计算值相等,并记录所调衰减.

⑩ 关闭激光器输出.

$$Loss\ 1 + Loss\ 2 = Loss$$

图 9.29 单光子标定方案

(2) 单光子探测器的暗计数、探测效率的测量

单光子探测器的暗计数的测试方案是, 调节系统激光器不输出激光, 观测探测器的输出计数, 此计数即为暗计数 D. 探测器的探测效率是单光子探测器的核心指标, 表征着光子入射的 APD, 被探测并输出计数的效率. 在同样参数的系统中, 其值的大小直接影响系统的码率. 对于单光子探测器来说, 其效率与波长相关, 一般效率为 10%~ 20%, 是一个需要标定的物理量. 其标记方法描述如下:假设系统调制的平均光子数 n 为 1, 则对于 $f = 10$ MHz 调制频率的激光器, 在不考虑衰减的情况下, 达到单光子探测器并被计数的探测值 N 为

$$N = f \times n \times \eta + D$$

式中, η 为单光子探测器的探测效率; f, n, D 已知, N 为探测器计数, 则 η 可计算出来. 单光子探测器工作模式为门控模式, 其受到电学控制系统控制, 触发周期等于激光器发

光周期, 或者是激光器触发周期的整数倍. 由于探测器工作时, 需要在脉冲到达探测器时探测器开门探测, 其他时间探测器关闭, 所以需要激光器和探测器的延时对准. 实验中我们以激光器发光为基准, 调整探测器的延时, 使其开门时间对准脉冲到达时间. 其实验方法为调整探测器的延时, 当探测器延时准确时, 光子到达时间与开门时间匹配, 可以获得较大的探测计数; 当光子到达时间与开门时间失配时, 探测计数较小, 根据此方法可以获得探测器延时值.

SPD 探测效率测量实验步骤如下:

① 搭建图 9.30 所示光路.

② 确认完成前面的单光子标定实验的步骤①~⑩, 确保 SPD 前 0.6 单光子/脉冲输出.

③ 确认关闭激光器输出.

④ 打开 SPD 工作开关.

⑤ 观测 SPD 暗计数 D, 并记录.

⑥ 打开激光器输出.

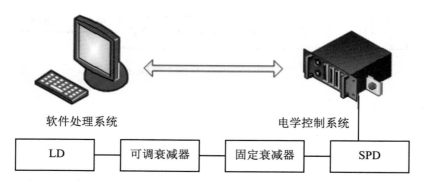

图 9.30　SPD 探测效率测量方案

⑦ 在软件上手动调节 SPD 延时值 (粗延时设置量为 7, 精延时设置量 0~1023), 并读取相应探测计数.

⑧ 当探测计数最大时, 记录此时延时并设置.

⑨ 记录最大探测计数 N.

⑩ 系统此时激光器调制频率 $f = 4$ MHz, 根据公式计算探测效率.

⑪ 关闭激光器输出, 关闭 SPD 输出.

⑫ 关闭电学控制模块电源, 关闭软件系统.

2. 实验数据

相关数据可记录在表 9.3、表 9.4 中.

表 9.3 单光子标定实验记录

名　　称	数　　据
激光器功率 P0 (dBm)	
系统重复频率 (MHz)	
平均光子数 (个/脉冲)	
目标功率 (dBm)	
总衰减值 $Loss$ (dB)	
固定衰减器衰减值 (dB)	
可调衰减器设置值 (dB)	

表 9.4 单光子探测器参数测量

名　　称	数　　据
暗计数 (Hz)	
平均光子数 (个/脉冲)	
探测器计数 (Hz)	
探测效率计算值 (%)	

9.5　基于偏振 QKD 协议量子态制备与测量

9.5.1　实验原理

1. 基于偏振编码 QKD 协议量子态制备方案

光作为一种电磁波, 其电场矢量会在垂直于其传播方向的平面上沿着不同方向震动, 这种性质被称为光的偏振. 本实验所采用的通信协议是 BB84 协议, 在本协议中利用了单光子的四种偏振态来进行编码.

在基于 BB84 协议的 QKD 系统中. 发送方 Alice 需要随机制备水平偏振态 $|\rightarrow\rangle$、

竖直偏振态 $|\uparrow\rangle$、右斜 45° 偏振态 $|\nearrow\rangle$ 和左斜 45° 偏振态 $|\nwarrow\rangle$ 四个偏振态, 我们分别简称 H、V、P、N 态. 实验中, 为了实现所述四个偏振态的制备, 我们使用四个独立的激光器 LD-H, LD-V、LD-P、LD-M. 激光器输出为保偏光纤. LD-H、LD-V 使用偏振分束器 PBS-A1 连接, PBS 两个分束端入射的光在合束端合束, 并自动保持偏振互相垂直. LD-P、LD-M 经过 PBS-A2 合束后偏振同样互相垂直, 再经过偏振控制器 PC-A1 将偏振旋转至 ±45° 方向. 激光器由电子学模块控制, 在每个时刻, 四个激光器中随机地有且只有一个发光, 从而实现四个偏振态的随机制备. 分束器 BS-A1 用以实现光束的合束, 至此实现随机四个偏振态的调制.

2. 基于偏振编码 QKD 协议偏振解码方案

发射端出射的水平、垂直及 ±45° 偏振态光子, 在经过光纤传输后, 由于光纤双折射效应存在, 光子线偏振的偏振态将不能保持, 到达接收端时, 不再是原来的偏振态. BB84 协议要求光的偏振态在发射端坐标系和接收端坐标系的偏振态相同, 方能实现系统解码, 因此偏振编码系统需要找到相应的方法实现两端偏振态参考系对齐.

在接收端解码时, 系统使用偏振控制器 (PC) 对偏振态进行补偿, 将偏振态补偿回发射端偏振态. 协议中设计了系统对基过程, 最后形成密钥的只有对基成功的部分, 也就是发射端和接收端选择相同测量基的时候探测结果可以形成密钥, 所以对于接收端, 如果不是匹配测量基所探测到的计数, 我们不做处理, 直接抛弃.

系统结构图如图 9.31 所示, 在系统发射端, Alice 随机发送四个偏振态, 在接收端 Bob 端, 系统也需要实现四个偏振态选基. 测量基的实现主要通过 BS、PBS 和 PC 实现. 其中 PBS-B1 和 PC-B1 组成 X 基测量基, 另一对 PBS-B2 和 PC-B2 组成 Z 基测量基. 发射端发出光子到达接收端会随机进入 X 基和 Z 基测量光路进行测量. 调节 PC-B1, 使得如果发送的是 X 基并被 X 基测量, 则发送的 H(V) 偏振态只从 PBS-B1 的 OUT1(OUT2) 端口输出 (此时另一端口消光); 如果发送的是 Z 基并被 Z 基测量, 则调节 PC-B2, 使得发送的 P(N) 态, 只从 PBS-B2 的 OUT 1(OUT 2) 端口输出.

具体实现原理详述如下: Alice 端触发 LD-H 发光 (只发射 H 偏振态光子), 调节接收端的 PC-B1, 使得 Alice 端发射的 H 偏振光, 经过偏振分束器 (PBS-B1) 分束后, 从 PBS-B1 的分束端最短臂输出, 并在探测后标注为 SPD-H 计数. 同样调节 Alice 发射 V 光子. 验证 PC-B1 不变的情况下, 其偏振光子从接收端 PBS-B1 另一臂长输出, 被探测并标记为 SPD-V 计数. 同样的, 我们使用另外一组偏振控制器 (PC-3) 和偏振分束器 (PBS4) 将 ±45° 偏振态在收发两端参考系对齐.

在本实验中, 由于单个探测器的制作难度大、成本高, 所以系统使用时用复用的方

量子信息基础与实验
Fundamentals and Experiments of Quantum Information

式实现一个探测器探测四路计数. 即通过控制 PBS 的尾纤长度不同, 使得探测的不同测量基光子序列不同时刻到达探测器, 从光子到达时间可以甄别出所探测到光子的测量基. 假设系统的重复频率为 25 MHz, 脉冲间距为 $T = 40$ ns, 则可以设置两个 PBS 四个输出端的时间间隔为 10 ns, 即 H、V、P、N 偏振的光分别总在 $nT + 0, nT + 10, nT + 20, nT + 30$ ns 的时刻响应, n 为整数个脉冲周期.

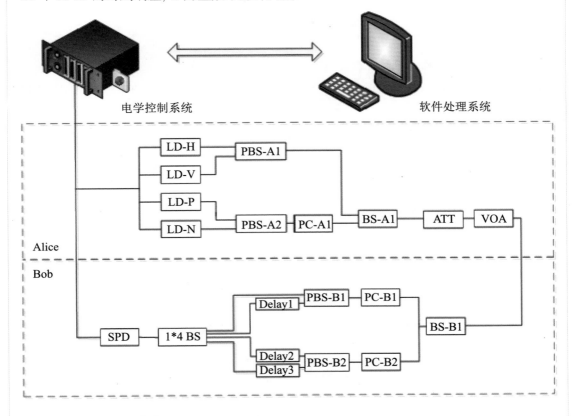

图 9.31　系统发射端光路结构图 (Alice 方区域)

9.5.2　实验过程

① 如图 9.31 所示, 搭建从激光器到 ATT 之前的光路部分.

② 打开上位机软件, 打开偏振态制备与测量实验界面.

③ 打开系统硬件、软件控制模块电源.

④ 触发激光 LD-H, 其他三个激光器不发光.

⑤ 使用功率计测量 BS-A1 合束端 (OUT1 端) 的光功率 P-H.

⑥ 依次测量 LD-V、LD-P、LD-M 激光器单独触发时, BS-1 合束端功率 P-V、P-P、P-M, 并填入实验记录表格.

⑦ 判断四路激光光强大小抖动是否超过 15%. 若超过, 则以四个功率值中的最小值为基准, 微调其他三个光束耦合光路, 使得在 BS-1 处四个激光器单独发光功率大约相同, 记为 P.

⑧ 搭建 BS-A1 后续光路图.

⑨ 将可调衰减器 VOA 设置合适电压值 (不超过 2800).

⑩ 设置 LD-H 激光器延时值扫描起点 (约 8*5 ns, 0*5 ps), 触发激光器 LD-H 延时扫描.

⑪ 当扫描曲线出现抛物线线形的扫描曲线时, 停止扫描, 并读取曲线最大值对应横坐标, 并写入延时扫描值窗口.

⑫ 同理, 扫描 LD-V, LD-P, LD-M 的延时值, 并保存.

⑬ 执行 LD-H 偏振态扫描.

⑭ 调节偏振控制器 PC-B1, 使得 H-DET 计数达到极大值, 且 V-DET 计数极小, 两者比值大于 100:1.

⑮ 保持 PC-B1 调整位置不变, 触发激光器 LD-V; 验证 V-DET 计数应为极大值, H-DET 计数极小值, 两者比值大于 100:1.

⑯ 如果此时极大值与极小值比值小于 100:1, 则重复步骤⑬和步骤⑮, 直至单独触发 LD-H、LD-V 时, 两探测计数比值大于 100:1.

⑰ 保持 PC-B1 调整位置不变, 单独触发 LD-H.

⑱ 调节偏振控制 PC-B2, 使得 P-DET 计数调至最大, 记作 N-pmax.

⑲ 调节偏振控制 PC-B2, 使得 P-DET 计数调至最大值一半, 即 N-pmax/2.

⑳ 单独触发 LD-P, 保持 PC-B1、PC-B2 状态不变, 调节 PC-A1, 使得 P-DET 计数调至最大, 约等于 N-pmax; 此时, M-DET 计数应为极小值, 两者比值大于等于 100:1.

㉑ 保持所有手动偏振控制状态不变, 触发 LD-M, 此时 M-DET 计数应为极大值, P-DET 计数应为极小值, 两者比值大于等于 100:1.

㉒ 若两者比值不大于 100:1, 则重复步骤⑰~㉑.

㉓ 依次独立触发激光器, 并执行偏振态扫描程序, 记录四个偏振态探测结果, 并记录入表格.

㉔ 关闭激光器输出.

㉕ 关闭系统硬件、软件控制模块电源.

9.5.3　实验数据

相关数据记入表 9.5.

表 9.5　实验数据

激 光 器	LD-H	LD-V	LD-P	LD-M
功率 (μW)				
平衡功率 (μW)				
偏振态调节				
	H-DET(Hz)	V-DET(Hz)	P-DET(Hz)	M-DET(Hz)
H 态				
V 态				
P 态				
M 态				
VOA 衰减值 (dB)				

9.6　密钥分发过程数据处理实验

9.6.1　实验原理

量子密钥分发实验中, 协议实施的流程大致描述如下; 发送方 Alice 制备一系列的光子发送给接收方 Bob, 每个光子的偏振态独立随机地从水平偏振态 $|\rightarrow\rangle$、竖直偏振态 $|\uparrow\rangle$、右斜 45° 偏振态 $|\nearrow\rangle$ 和左斜 45° 偏振态 $|\nwarrow\rangle$ 四个偏振态中选取, 如果 Alice 发送光子的偏振态为水平偏振态 $|\rightarrow\rangle$ 或者竖直偏振态 $|\uparrow\rangle$, 则称 Alice 选择 Z 基制备光子, 如果 Alice 发送光子的偏振态是右斜 45° 偏振态 $|\nearrow\rangle$ 或者左斜 45° 偏振态 $|\nwarrow\rangle$, 则称 Alice 选择 X 基制备光子.

接收方 Bob 与 Alice 完全独立地随机选取 Z 基和 X 基测量 Alice 发送过来光子的偏振态, 并记录下测量到光子的位置信息.

Alice 和 Bob 对基, 即双方仅保留基相同 (Alice 制备基和 Bob 测量基) 并且 Bob

测量到光子位置的光子偏振态信息, 双方基不同时则直接抛弃相关信息.

Alice 和 Bob 将保留的光子偏振态信息转换成相应的密钥比特信息, 即对基后保留的光子偏振态按水平偏振态 $|\rightarrow\rangle$ 和右斜 45° 偏振态 $|\nearrow\rangle$ 转换为比特 "0", 竖直偏振态 $|\uparrow\rangle$ 和左斜 45° 偏振态 $|\nwarrow\rangle$ 转换为比特 "1".

Alice 和 Bob 通过经典公开信道对上一步中获得的密钥比特进行处理, 其过程主要分成纠错和保密放大来进行, 纠错就是使得密钥比特一致, 而保密放大 (privacy amplification) 就是将可能泄漏给窃听者的信息剔除掉.

量子密钥分发系统中, 用两位的 bit 编码表示光子信息, 其中个位 bit 代表基矢信息, 十位 bit 代表密钥信息. 例如: Alice 端水平偏振编码为 00, 垂直偏振编码为 10, 右斜 45 度偏振编码为 01, 左斜 45 度偏振编码为 11; 相应的 Bob 端四路探测器探测到信号, 分别也是按照上述编码方式进行编码.

密钥分发的过程中, 光子传输探测后, 会得到一系列的这种两位编码的信息数据, 如何从这些数据中提取出有用信息, 需要原始数据 (raw) 经过对基 (sift)、纠错 (reconcile)、保密放大等过程, 最后得到安全密钥 (key), 以保证密钥的安全性. 当然, 考虑到是否存在窃听, 需要对系统的每次传输过程进行误码估计, 以保证此次的传输数据有效.

Alice 和 Bob 两端传输探测完成后会得到一系列两位编码的信息数据, 首先需要对两端的数据进行对基, 再对对基的数据进行比对, 计算出系统的误码率. 当误码率低于理论安全界限 11% 时, 本次传输有效, 继续进行后续处理过程. 系统对基的过程实例如图 9.32 和图 9.33 所示.

Alice产生的随机序列	0	0	1	1	1	0	1	0	1
Alice选用的基	+	×	+	+	×	×	×	+	×
光子的偏振态	→	↗	↑	↑	↖	↗	↖	→	↖
Bob随机选择的基	+	+	×	+	+	×	+	+	×
Bob的测量结果	→	→	↗	↑	↑	↗	→	→	↖
对基结果	√			√		√		√	√
生成的密钥序列	0			1		0		0	1

图 9.32 密钥分发流程示意图

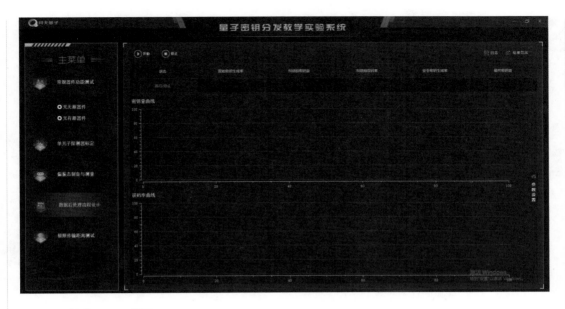

图 9.33　软件界面示意图

9.6.2　实验过程

① 发送端和接收端电路控制模块通电, 启动 QKD 软件.

② 点击 QKD 的发送端控制界面 (Alice-Bob), 勾选中间密钥输出功能; 点击 QKD 的运行按钮; 待系统运行 5~10 s 后, 点击停止按钮. 此时, 记录下系统的平均误码率.

③ 在桌面的自由空间偏振文件夹中查看中间密钥输出的数据, 输出的数据主要包括原始数据 (raw)、对基后数据 (sift)、纠错后数据 (reconcile)、最终安全密钥数据 (key), 对应的发送端分别为: transmitter-raw、transmitter-sift、transmitter-reconcile、transmitter-key, 接收端分别为: receiver-raw、receiver -sift、receiver -reconcile、receiver -key.

④ 打开桌面上的量芯对比工具, 选择文本比较, 进入界面, 点击最上方的会话选项, 比较文件.

⑤ 使用文件对比工具分别打开 transmitter-sift 和 receiver-sift, 然后从中选择部分数据 (例如中间位置 10 行, 若总行数为 1000, 则提取数据比例为 1%) 进行两端的误码估计, 数出错误的个数 (黄色显示) 并计算误码率 (例如总共 100 个二进制数据, 两端有 5 个错误位, 则误码率为 5%).

⑥ 根据实验原理的系统对基过程, 依照表 9.6 的模拟数据, 进行填空, 以了解和学习密钥分发过程的数据处理.

⑦ 关闭系统硬件和软件.

9.6.3 实验数据

相关数据计入表 9.6、表 9.7.

表 9.6　实验数据

序号	名　　称	数　据
1	QKD 系统软件统计误码率	
2	QKD 系统误码估计采样率	
3	手动提取对基后数据比例	
4	对基后数据误码率	

表 9.7　密钥分发过程数据处理分析

位　　置	1	2	3	4	5	6	7	8	9	10	11	12	13	14	15	16
A 编码	00	01	10	11	11	01	00	10	10	11	01	00	00	10	11	01
A 选基 (×/+)																
A 密钥光偏振态																
Bob 选基	×	×	+	+	+	×	+	×	×	+	×	+	×	+	+	×
B 探测	0	0	1	1	0	0	0	0	1	1	0	0	0	1	1	0
对基																
A-Sift-key																
B-Sift-key																
Error 位																

9.7 系统极限传输距离测试实验

9.7.1 实验原理

QKD 系统的核心参数之一是系统的极限传输距离. 系统的极限传输距离受到协议、器件性能、传输条件、后处理算法等各种因素影响. 本实验研究了系统码率随着传输距离变化的关联曲线. 随着传输距离增长, 系统衰减增大, 系统码率降低. 当接收端计数和探测噪声 (包含暗计数和后脉冲) 相当的时候, 系统难以获得编码信息, 从而使得码率急剧下降, 此时系统无法通信.

由于信道距离需要使用长光纤进行模拟, 为了便于实验, 系统采用 VOA 调节衰减的办法来模拟信道传输的衰减, 设定不同的衰减值, 并换算成对应的光纤长度, 进而可以模拟系统的极限传输距离测试. 比如假设光纤衰减值 $\alpha = 0.2$ dB/km. 则当衰减调节为 3 dB 时, 近似相当于通信信道长度为 15 km.

实验中我们对所采用型号的单模光纤的衰减值进行了详细标定.

$$\alpha = \frac{-10}{L} \lg \frac{P_{\text{out}}}{P_{\text{in}}}$$

式中, P_{in} 和 P_{out} 分别表示长光纤之前和之后的光功率; L 是光纤长度. 为了获得普通单模光纤的衰减值 α(dB/km), 需要知道光纤的长度和输入输出光强比. 实验中, 在接入长光纤之前测量激光器输出功率 pin, 然后加入长光纤, 测得该传输距离后的功率值 pout. 光纤长度已知, 则可以获得单位 km 距离上的光纤衰减值 α.

实际光在光纤中传输的过程中, 除了存在衰减, 还存在光纤双折射导致的偏振退化、光纤色散等问题. 偏振退化受到系统环境震动的影响, 所以系统需要偏振纠正, 否则误码率升高, 高速系统由于纠偏难度大, 系统稳定性稍弱. 光纤色散会导致脉冲在传输过程中展宽, 峰值降低, 进而影响系统的调制速度. 由于所述偏振和色散问题都是可以采取措施克服的, 所以我们没有对其模拟, 只采用 VOA 调节衰减的办法模拟了信道的传输衰减.

9.7.2 实验过程

① 打开系统硬件、软件控制模块电源.

② 检查实验结构图如图 9.34 所示 (无长光纤模块, 加入 20dB 的固定衰减器 ATT).

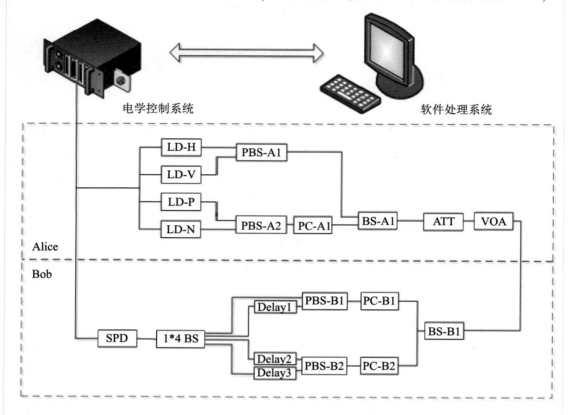

图 9.34 实验结构图

③ 打开单光子探测器.

④ 调节 VOA 的电压值, 以变更系统损耗, 记录对应码率和误码率.

⑤ 当系统误码率超过 10%, 停止增加衰减.

⑥ 根据 Raw-key, 计算此时 VOA 引入的衰减.

⑦ 根据所加衰减, 计算对应光纤长度 (光纤衰减值设定为 0.2 dB/km).

⑧ 通过计算获得系统的极限传输距离.

⑨ 关闭单光子探测器.

⑩ 在激光器输出端, 测量激光器输出功率 P_0.

⑪ 测量单卷 (1 km) 长光纤加入光路后的功率 P_1, 计算单卷光纤的损耗.

⑫ 计算实际光纤损耗系数.

⑬ 关闭激光输出.

⑭ 关闭系统硬件和软件模块.

9.7.3 实验数据

相关数据放入表 9.8.

表 9.8 实验数据

额外增加损耗 (dB)	对应光纤长度 (km)	码率 (bps)	误码率 (%)
极限传输距离 (km)			
$P_0(0 \text{ km/dBm})$			
$P_1(1 \text{ km/dBm})$			
光纤损耗值 (dB/km)			

参考文献

[1] SUSSKIND L, FRIEDMAN A. Quantum mechanics: The theoretical minimum[M]. New York: Basic Books, 2015.

[2] ALBERT D Z. Quantum mechanics and experience[M]. Cambridge: Harvard University Press, 1992.

[3] HUGHES R I G. The structure and interpretation of quantum mechanics[M]. Cambridge: Harvard University Press, 1989.

[4] SHANNON C E. A mathematical theory of communication[J]. ACM SIGMOBILE Mobile Computing and Communications Review, 2001, 5(1): 3-55.

[5] SHANNON C E. Communication theory of secrecy systems[J]. Bell Labs Technical Journal, 1949, 28(4): 656-715.

[6] 郭宏, 李政宇, 彭翔. 量子密码 [M]. 北京: 国防工业出版社, 2016: 18.

[7] DIFFIE W, HELLMAN M. New directions in cryptography[J]. IEEE,Transactions on Information Theory, 1976, 22(6): 644-654.

[8] RIVEST R L, SHAMIR A, ADLEMAN L. A method for obtaining digital signatures and public-key cryptosystems[J]. Communications of the ACM, 1978, 21(2): 120-126.

[9] TITTEL W, RIBORDY G, GISIN N. Quantum cryptography[J]. Physics World, 1998, 11 (3):41.

[10] MAYERS D. Unconditional security in quantum cryptography[J]. Journal of the ACM, 2001, 48(3): 351-406.

[11] MAYERS D. Quantum key distribution and string oblivious transfer in noisy channels[C]//Annual International Cryptology Conference. Springer, 1996: 343-357.

[12] 苗二龙. 自由空间量子密钥分配 [D]. 合肥: 中国科学技术大学, 2006.

[13] 陈彦. 基于单光子源的量子密码术研究 [D]. 成都: 电子科技大学, 2007.

量子科学出版工程

果壳中的量子场论 /（美）徐一鸿（A. Zee）　张建东　等

量子信息简话：给所有人的新科技革命读本 / 袁岚峰

量子系统格林函数法的理论与应用 / 王怀玉

量子金融：不确定性市场原理、机制和算法 / 辛厚文　辛立志

量子计算原理与实践 / 曾蓓　鲁大为　冯冠儒

量子与心智：联系量子力学与意识的尝试 /（美）德巴罗斯　刘桑　等

量子控制系统设计 / 丛爽　双丰　吴热冰

量子状态的估计和滤波及其优化算法 / 丛爽　李克之

量子统计力学新论：算符正态分布、Wigner 分布和广义玻色分布 / 范洪义　吴泽

介观电路中的量子纠缠、热真空和热力学性质 / 范洪义　吴泽　范悦

量子场论导引 / 阮图南

幺正对称性和介子、重子波函数 / 阮图南

量子色动力学相变 / 张昭

量子物理的非微扰理论 / 汪克林　高先龙

不确定性决策的量子理论与算法 / 辛立志　辛厚文

量子理论一致性问题 / 汪克林

量子系统建模、特性分析与控制/ 丛爽

基于量子计算的量子密码协议/ 石金晶

量子工程学：量子相干结构的理论和设计/（英）扎戈斯金　金贻荣

量子信息物理/（奥）蔡林格　柳必恒　等